Topografia

Blucher

ALBERTO DE CAMPOS BORGES

Foi Professor Titular de Topografia e Fotometria da Universidade Presbiteriana Mackenzie
Professor Titular de Construções Civis da Universidade Presbiteriana Mackenzie
Professor Pleno de Topografia na Escola de Engenharia Mauá
Professor Pleno de Construção de Edifícios na Escola de Engenharia Mauá
Professor Titular de Topografia da Faculdade de Engenharia da
Fundação Armando Alvares Penteado (FAAP)

Topografia

aplicada à engenharia civil

VOLUME 2

3ª edição

Topografia: aplicada à engenharia civil, volume 2

2ª edição - 2013
3ª edição - 2018
Editora Edgard Blücher Ltda.

Blucher

Rua Pedroso Alvarenga, 1245, 4º andar
04531-934 - São Paulo - SP - Brasil
Tel.: 55 11 3078-5366
contato@blucher.com.br
www.blucher.com.br

Segundo o Novo Acordo Ortográfico, conforme 5. ed. do *Vocabulário Ortográfico da Língua Portuguesa*, Academia Brasileira de Letras, março de 2009.

Dados Internacionais de Catalogação na Publicação (CIP)
Angélica Ilacqua CRB-8/7057

Borges, Alberto de Campos
Topografia : aplicada à engenharia civil - volume 2 / Alberto de Campos Borges. - 3. ed. - São Paulo : Blucher, 2018.
216 p. : il.

Bibliografia
ISBN 978-85-212-1344-4 (impresso)
ISBN 978-85-212-0765-8 (e-book)

1. Topografia 2. Engenharia civil I. Título

18-1008 CDD 526.98

Índice para catálogo sistemático:
1. Topografia

Homenagem

Este trabalho não seria viável sem as primeiras aulas que tive com o emérito
e inesquecível professor Serafim Orlandi na Universidade Presbiteriana Mackenzie.
Tive, depois, o privilégio de ser seu assistente, antes de assumir a disciplina,
após sua aposentadoria. O professor Orlandi sempre quis publicar este livro
e certamente o teria feito muito melhor, se sua vida não tivesse terminado cedo.
Creio que todos os seus milhares de ex-alunos se associam a esta homenagem.

O autor

Apresentação

O volume 1 foi publicado em 1977 e nele já era anunciado um novo trabalho, no qual seriam tratadas as aplicações da topografia na Engenharia Civil. A complexidade dos assuntos abordados justificam, em parte, essa demora.

Pode ser verificado, na sequência dos diversos capítulos, que, de fato, a Topografia está inserida em todas as atividades da Engenharia Civil. Desde a obtenção de plantas com curvas de nível, indispensáveis para a elaboração de qualquer projeto, até a locação desses projetos. Quando aparece a necessidade de executar um trabalho de terraplenagem, é indispensável que, antes de qualquer máquina começar a operar, se faça um levantamento planialtimétrico para se conhecer o modelo original do terreno; em seguida, deverá ser feito um planejamento do que se precisa executar, calculando-se com relativa precisão os volumes de corte e aterro necessários. Esse planejamento, desde que racionalmente feito, resultará em economia, pela diminuição de horas trabalhadas pelas máquinas, e num correto pagamento pelo trabalho.

Mas é no projeto, na locação e na execução de estradas que a aplicação da Topografia atua de forma mais intensa. Essas aplicações estão abordadas desde o capítulo 9 até o capítulo 17. Não foi encontrada uma publicação em português que trate dessas aplicações da Topografia. Mesmo entre obras internacionais, são poucos os livros sobre esses temas.

Os trabalhos de arruamentos e loteamentos necessitam de grande ajuda da Topografia, quer no levantamento da gleba, seguindo no projeto, e, finalmente, para locação do projeto.

Conteúdo

1

Medidas indiretas de distâncias

Quando acontecem dificuldades ou impossibilidades de obtenção de distâncias por medidas diretas, podemos conseguir indiretamente. É apenas a utilização de uma solução matemática que nos é dada pela trigonometria, onde os valores angulares e lineares necessários são obtidos pelos equipamentos e métodos topográficos. Lembrando que os teodolitos podem medir ângulos horizontais e verticais com grande precisão e uma ou mais distâncias diretas podem também ser medidas com grande exatidão, os resultados finais poderão satisfazer ao grau de certeza necessário, seja qual for. Apenas para exemplificar, vamos mostrar dois modelos de aplicação.

EXEMPLO 1 Na Figura 1.1, vista em planta, a distância AB é que deve ser determinada. Para isso, foram escolhidos dois outros pontos auxiliares, C e D. Para a solução planimétrica, isto é, para a obtenção da distância horizontal AB, devemos medir os quatro ângulos horizontais $\hat{1}$, $\hat{2}$, $\hat{3}$ e $\hat{4}$ e a distância também horizontal CD. A solução matemática é muito simples e vamos apresentar a sequência de cálculo apenas como sugestão.

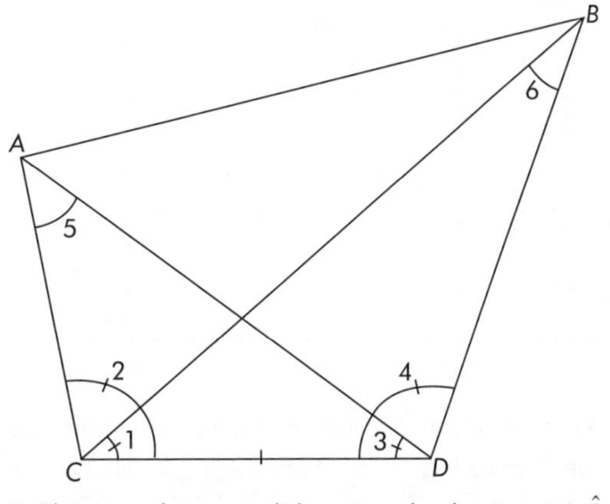

Figura 1.1 Planta; valores medidos: ângulos horizontais $\hat{1}$, $\hat{2}$, $\hat{3}$ e $\hat{4}$ e distância horizontal CD.

Solução planimétrica – sequência de cálculo

a) *no triângulo ACD* (Figura 1.1)

Valores conhecidos: ângulos horizontais $\hat{2}$ e $\hat{3}$ e distâncias horizontais CD.

Valores a serem calculados: distâncias horizontais CA e DA pela lei dos senos.

b) *no triângulo BCD:*

Valores conhecidos: ângulos horizontais $\hat{1}$ e $\hat{4}$ e distância horizontal *CD*.

Valores a serem calculados: distâncias horizontais *CB* e *DB* pela lei dos senos.

c) *no triângulo ABC:*

Valores conhecidos: ângulo horizontal $\widehat{2-1}$ e distâncias horizontais *CA* e *CB*.

Valor a ser calculado: distância horizontal *AB*, aplicando a lei dos cossenos.

d) *no triângulo ABD:*

Valores conhecidos: ângulo horizontal $\widehat{4-3}$ e distâncias horizontais *DA* e *DB*.

Valor a ser calculado: distância horizontal *AB*, aplicando lei dos cossenos.

Verifica-se que a distância horizontal *AB*, (H_{ab}) é obtida pelos dois triângulos finais *ABC* e *ABD*. Trata-se apenas de uma verificação de cálculo, porque como em ambas as soluções partimos dos mesmos dados, obviamente os resultados devem ser iguais, salvo engano de cálculo. Significa que se houver erro nos dados, os dois resultados serão iguais, logicamente ambos errados. Por isso, a verificação dos dados deve ser efetuada no campo com medidas repetidas, quantas vezes forem necessárias para dar o grau de confiança que se deseje.

Solução altimétrica: sequência dos cálculos (Figura 1.2)

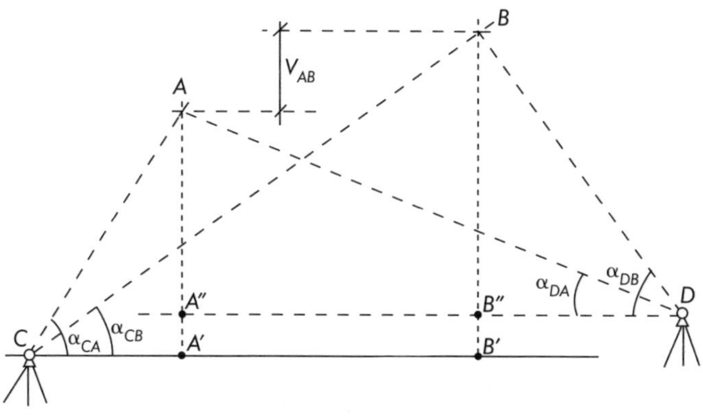

Figura 1.2 Vista em elevação; valores medidos: ângulos verticais de C para A(α_{CA}), de C para B(α_{CB}), de D para A (α_{DA}) e de D para B(α_{DB}).

e) *triângulo CAA′*

Valores conhecidos: ângulo vertical α_{CA} e distância horizontal *CA′*.

Valor a ser calculado: $AA' = CA' \text{ tg } \alpha_{CA}$.

f) *triângulo CBB′*

Valores conhecidos: ângulo vertical α_{CB} e distância horizontal *CB′*.

Valor a ser calculado: $BB' = CB' \text{tg } \alpha_{CB}$.

g) *triângulo DAA″*

Valores conhecidos: ângulo vertical α_{DA} e distância horizontal DA''.

Valor a ser calculado: $AA'' = DA'' \text{ tg } \alpha_{DA}$

h) *triângulo DBB″*

Valores conhecidos: ângulo vertical α_{DB} e distância horizontal DB''.

Valor a ser calculado: $BB'' = DB'' \text{ tg } \alpha_{DB}$.

Cálculo da distância vertical (V_{AB}):

V_{AB} = BB′ – AA′ verificado por $V_{AB} = BB'' - AA''$.

Na hipótese das duas distâncias verticais não coincidirem, pode ter ocorrido erro de cálculo ou erro nos dados. Por isso, deve-se proceder inicialmente a uma verificação nos cálculos. Caso o resultado se repita, o erro será nos dados e pela disparidade maior ou menor, optar pela sua aceitação ou não.

EXERCÍCIO 1.1

Dados planimétricos:	Dados altimétricos:
$\hat{1} = 31^\circ\ 15'\ 41''$	$\alpha_{CA} = 18^\circ\ 04'\ 34''$
$\hat{2} = 99^\circ\ 20'\ 08''$	$\alpha_{CA} = 18^\circ\ 38'\ 08''$
$\hat{3} = 35^\circ\ 33'\ 52''$	$\alpha_{CA} = 15^\circ\ 12'\ 45''$
$\hat{4} = 102^\circ\ 04'\ 39''$	$\alpha_{CA} = 38^\circ\ 20'\ 12''$
$\overline{CD} = 345{,}428$ m	

Solução planimétrica

$$\hat{2} - \hat{1} = 68^\circ\ 04'\ 27'' \qquad \hat{4} - \hat{3} = 66^\circ\ 30'\ 47''$$

$$\hat{5} = 180^\circ - \left(\hat{2} + \hat{3}\right) = 45^\circ\ 06'\ 00'' \qquad \hat{6} = 180^\circ \left(\hat{1} + \hat{4}\right) = 46^\circ\ 29'\ 40''$$

$$\overline{CA} = \overline{CD}\,\frac{\text{sen }\hat{3}}{\text{sen }\hat{5}} = 283{,}631 \text{ m} \qquad \overline{DA} = \overline{CD}\,\frac{\text{sen }\hat{2}}{\text{sen }\hat{5}} = 481{,}200 \text{ m}$$

$$\overline{CB} = \overline{CD}\,\frac{\text{sen }\hat{4}}{\text{sen }\hat{6}} = 464{,}428 \text{ m} \qquad \overline{DB} = \overline{CD}\,\frac{\text{sen }\hat{1}}{\text{sen }\hat{6}} = 246{,}467 \text{ m}$$

$$H_{AB} = \sqrt{\overline{CA}^2 + \overline{CB}^2 - 2\left(\overline{CA} \times \overline{CB}\right)\cos\left(\hat{2} - \hat{1}\right)} = 444{,}7080 \text{ m}$$

$$H_{AB} = \sqrt{\overline{DA}^2 + \overline{DB}^2 - 2\left(\overline{DA} \times \overline{DB}\right)\cos\left(\hat{4} - \hat{3}\right)} = 444{,}7086 \text{ m}$$

Solução altimétrica

$$\left.\begin{aligned} AA' &= GA' \text{ tg } \alpha_{CA} = 92{,}5740 \text{ m} \\ BB' &= CB' \text{ tg } \alpha_{CB} = 156{,}6182 \text{ m} \end{aligned}\right\} V_{AB} = 64{,}0442 \text{ m}$$

$$\left.\begin{aligned} AA' &= DA' \text{ tg } \alpha_{DA} = 130{,}8519 \text{ m} \\ BB' &= DB' \text{ tg } \alpha_{DB} = 194{,}9041 \text{ m} \end{aligned}\right\} V_{AB} = 64{,}0522 \text{ m}$$

A diferença verificada entre as duas distâncias verticais, como foi comentado no texto, ocorre por pequenos erros nos ângulos verticais. No exemplo, a diferença foi de 0,008 m, que, em geral, pode ser aceita.

EXEMPLO 2 Neste exemplo os dois pontos auxiliares *C* e *D* estão colocados entre os pontos A e B, cuja distância queremos determinar. Será medida a distância horizontal CD e os quatro ângulos horizontais $\hat{1}$, $\hat{2}$, $\hat{3}$ e $\hat{4}$, Na sequência de cálculo vamos seguir um caminho mais topográfico, utilizando rumos e coordenadas parciais.

Solução planimétrica – Sequência de cálculo

a) no triângulo *ACD* (Figura 1.3)

Valores conhecidos: ângulos horizontais $\hat{1}$ e $\hat{2}$ e distância horizontal *CD*.

Valores a serem calculados: distâncias horizontais *CA* e *DA* pela lei dos senos.

b) no triângulo *BCD*

Valores conhecidos: ângulos horizontais $\hat{3}$ e $\hat{4}$ e distância horizontal *CD*.

Valores a serem calculados: distâncias horizontais *CB* e DB pela lei dos senos.

c) assumida a direção *CD* e o sentido *CD* como norte; como consequência temos:

rumo de $CA = N\,\hat{1}\,W$

rumo de $DA = S\,\hat{2}\,W$

rumo de $CB = N\,\hat{3}\,E$

rumo de $DB = N\,\hat{4}\,W$

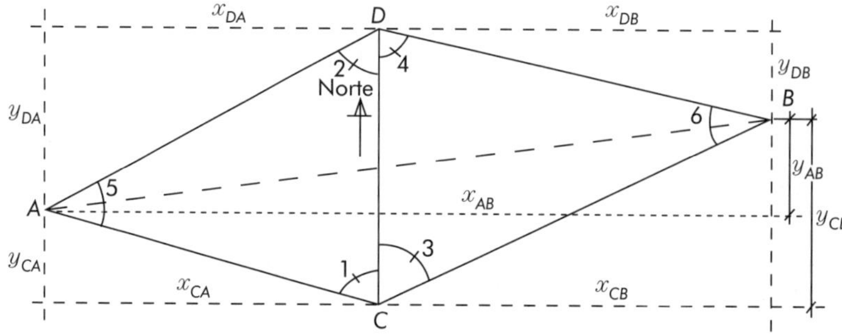

Figura 1.3 Planta; valores medidos: ângulos horizontais $\hat{1}, \hat{2}, \hat{3}$ e $\hat{4}$ e distância horizontal CD.

d) cálculo das coordenada parciais dos quatro lados

e) cálculo das coordenadas parciais do lado *AB*

$$x_{AB} = x_{CA} + x_{CB} = x_{DA} + x_{DB} \qquad y_{AB} = y_{CB} - y_{CA} = y_{DA} - y_{DB}$$

f) cálculo de H_{AB} por Pitágoras

$$H_{AB} = \sqrt{x^2\,AB + y^2\,AB}$$

Solução altimétrica – sequência dos cálculos (Figura 1.4)

g) no triângulo vertical CAA'

$$AA' = CA' \text{ tg } \alpha_{CA}$$

h) no triângulo vertical CBB'

$$BB' = CB' \text{ tg } \alpha_{CB}$$

i) $V_{AB} - BB' - AA'$

j) no triângulo DAA'

$$AA' = DA' \text{ tg}\alpha_{DA}$$

k) no triângulo DBB'

$$BB' = DB'\text{tg}\alpha_{DB}$$

l) $V_{AB} = BB' - AA'$

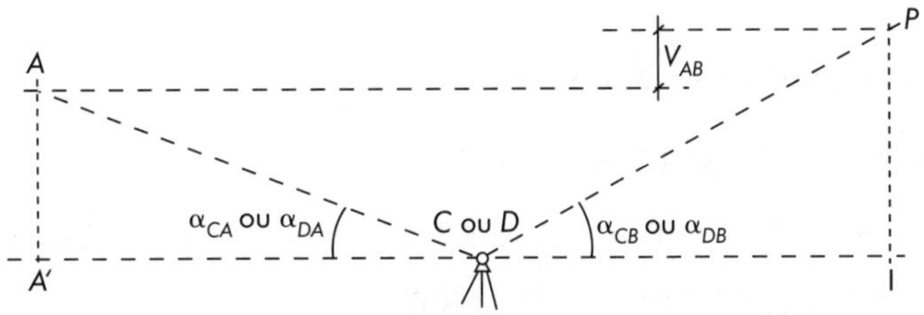

Figura 1.4 Elevação: valores medidos: ângulos verticais α_{CA}, α_{DA}, α_{CB} e α_{DB}.

EXERCÍCIO 1.2

$\hat{1} = 78° \; 41' \, 37''$ $\quad \alpha_{CA} = +11° \; 47' \, 21''$

$\hat{2} = 66° \; 21' \, 16''$

$\hat{3} = 54° \; 09' \, 12''$ $\quad \alpha_{CB} = +22° \; 54' \; 01''$

$\hat{4} = 79° \; 55' \, 20''$

$CD = 322{,}813 \text{ m}$ $\quad \alpha_{DA} = +8° \; 18' \, 43''$

$\hat{5} = 180° - \left(\hat{1} + \hat{2}\right) = 34° \; 57' \; 07''$ $\quad \alpha_{DB} = 23° \; 41' \; 53''$

$\hat{6} = 180° - \left(\hat{3} + \hat{4}\right) = 45° \; 55' \; 28''$

$$CA = CD \frac{\text{sen } \hat{2}}{\text{sen } \hat{5}} = 516{,}1748 \text{ m} \qquad DA = CD \frac{\text{sen } \hat{1}}{\text{sen } \hat{5}} = 552{,}5468 \text{ m}$$

$$CB = CD \frac{\text{sen } \hat{4}}{\text{sen } \hat{6}} = 442{,}4027 \text{ m} \qquad DB = CD \frac{\text{sen } \hat{3}}{\text{sen } \hat{6}} = 364{,}2255 \text{ m}$$

rumo CA = N 78° 41′ 37″ W

rumo DA = S 66° 21′ 16″ W

rumo CB = N 54° 09′ 12″ E

rumo DB = S 79° 55′ 20″ E

Tabela 1.1

Lado	Comprimento	Rumo	Coordenadas parciais			
			x		y	
			E	W	N	S
C-A	516,1748	–		506,1573		
D-A	552,5468	–		506,1572	101,1989	221,6141
C-B	442,4027	–	358,6059			
B-B	364,2255	–	358,6059		259,0790	63,7340

$x_{AB} = 506{,}1573 + 358{,}6059 = 864{,}7632$

$y_{AB} = 259{,}0790 - 101{,}1989 - 157{,}8801$

verificação:

$x_{AB} = 506{,}1572 + 358{,}6059 - 864{,}7631$

$y_{AB} = 221{,}6141 - 63{,}7340 = 157{,}8801$

$AB = \sqrt{864{,}7632^2 + 157{,}8801^2} = 879{,}0572 \text{ m}$

$AA' = 516{,}1748 \text{ tg } 11° \, 47' \, 21'' = +\,107{,}7327 \text{ m}$ $\qquad V_{AB} = 79{,}1480\text{m}$

$BB' = 442{,}4027 \text{ tg } 22° \, 54' \, 01'' = +\,186{,}8807 \text{ m}$

$AA'' = 552{,}5468 \text{ tg } 8° \, 18' \, 43'' = +\,80{,}7255$ $\qquad V_{AB} = 79{,}1427\text{m}$

$BB'' = 364{,}2255 \text{ tg } 23° \, 41' \, 53'' = +\,159{,}8682$

DETERMINAÇÃO DA COTA DE UM PONTO INACESSÍVEL

Um ponto A está situado em lugar inacessível; podemos determinar sua cota (elevação) por medidas indiretas. Para isso usamos dois pontos auxiliares M e N (Figura 1.5). Devemos medir a distância horizontal MN e os ângulos também horizontais $\hat{1}$ e $\hat{2}$. N vista em elevação, vemos que o ângulo vertical α_{MA} também deve ser medido; trata-se do ângulo vertical que a linha de vista de M para A faz com o plano horizontal.

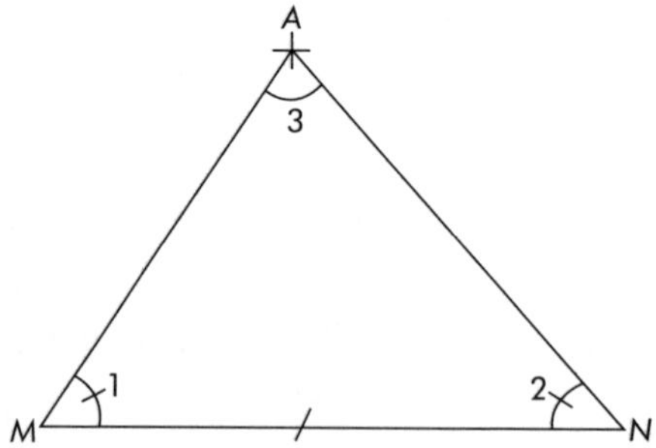

Figura 1.5 Planta; valores a serem medidos: distância horizontal MN; ângulos horizontais 1 e 2. Ângulo vertical de visada de M para A ou de N para A.

A sequência do cálculo é bastante simples e rápida. Pela lei dos senos, calculamos a distância horizontal *MA*, que na vista em elevação é representada por *MA'*. Em seguida calculamos $AA' = MA' \text{ tg } \alpha_{MA}$. A cota de *A* será a cota de *M* somada com *AA'*. A cota de *M* é a cota da estaca colocada no solo somada com a altura do aparelho (A.A.) Acompanhar com as Figuras 1.5 e 1.6.

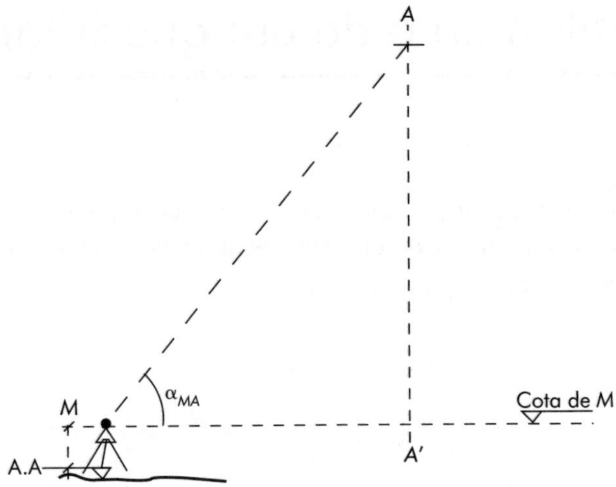

EXEMPLO 1.3

$MN = 248{,}325$

$\hat{1} = 41° \; 19' \; 33''$ $\qquad \alpha_{MA} = +28° \; 53' \; 54''$

$\hat{2} = 52° \; 28' \; 01''$ $\qquad AA = 1{,}524$

Cota da estaca em $M = 741{,}348$ m

$\hat{3} = 180° - (\hat{1} + \hat{2}) = 86° \; 12' \; 26''$

$$MA = 248{,}325 \frac{\text{sen } 52° \; 28' \; 01''}{\text{sen } 86° \; 12' \; 26''} = 197{,}3545$$

$AA' = 197{,}3545 \text{ tg } 28° \; 53' \; 54'' = +108{,}938$ m

Cota $A = 741{,}348 + 1{,}524 + 108{,}938 = 851{,}810$ m

Figura 1.6 Vista em elevação.

2

Teste do distanciômetro eletrônico – levantamento de um quadrilátero

Com o objetivo de observar a praticidade e a precisão do distanciômetro eletrônico ELDI-2, foi estabelecido um quadrilátero com visibilidade também nas duas diagonais.

A Figura 2.1 representa o quadrilátero.

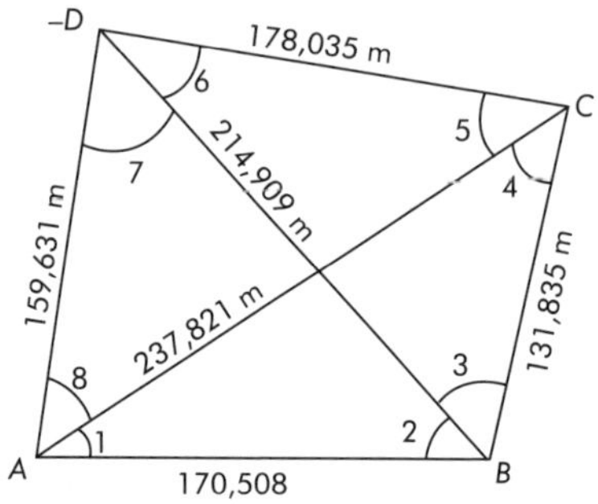

Figura 2.1

QUADRILÁTERO

1 – Foram marcados 4 pontos *A*, *B*, *C*, *D*, formando um quadrilátero com condições de visibilidade nas duas diagonais *AC* e *BD*, com o objetivo de testar instrumento recém-comprado pela Faculdade de Engenharia da Fundação Armando Alvares Penteado (FE-FAAP), ou seja, o distanciômetro eletrônico ELDI-2. Os pontos foram fixados da Praça Charles Miller (em frente ao Estádio do Pacaembu).

2 – Para medição dos ângulos foi utilizado o TH2 (graduação centesimal), no qual se acoplou o ELDI-2. Os prismas de reflexão foram aplicados em tripés, formando 2 conjuntos. A terceira visada, somente para efeito de medição dos ângulos horizontais, foi feita para fio de prumo pendente num terceiro tripé; posteriormente, este tripé era substituído por um dos dois refletores, para usar-se o ELDI-2.

3 – Os ângulos horizontais foram obtidos por diferenças de leituras (leitura final – leitura inicial). Para verificação, foram efetuadas duas séries de leitura. Na estaca *D*, por falta de comparação no momento das leituras, a 2ª série resultou em valores disparatados e por isso abandonados. As diferenças entre 1ª e 2ª série foram aceitáveis e já que o objetivo principal era testar o distanciômetro, simplesmente foi adotada a

1ª série. O fechamento angular dos triângulos e do quadrilátero foi satisfatório, sendo o maior erro entre eles de 0,00111 grados, ou seja, cerca de 3,8 segundos sexagesimais.

4 – A distribuição do erro de fechamento angular não obedeceu às regras normais, por dois motivos: por causa da finalidade do trabalho e por ter sido considerado pequeno o erro. Por isso, procuramos ajustar os quatro triângulos, abandonando a quinta casa decimal e alterando o menos possível a quarta casa decimal.

5 – Para que a verificação do erro de fechamento linear fosse feito por coordenadas, arbitrariamente fixou-se rumo 100 grados ESTE para o lado *AB* e os demais rumos foram calculados pelos ângulos já ajustados.

6 – Os erros de fechamento lineares foram constatados nas abcissas (*ex*) e nas ordenadas (*ey*) e depois por "Pitágoras" o *Ef* (erro de fechamento absoluto). O erro de fechamento relativo foi calculado por $M = \frac{P}{Ef}$ onde *P* é o perímetro e expresso por 1:M.

7 – Os erros relativos encontrados foram:

a) no triângulo *ABC* 1:23.857
b) no triângulo *CDA* 1:50.042
c) no triângulo *BCD* 1:16.097
d) no triângulo **DAB** 1:86.515
e) no quadrilátero 1:20.645

8 – Conclusão: pode-se considerar o teste como altamente satisfatório, pelas seguintes razões:

a) o operador não tinha suficiente prática no manejo do ELDI-2
b) os ângulos horizontais poderiam ser medidos com maior número de séries em trabalhos reais.
c) o estacionamento dos prismas, nos pontos visados, foram, feitos por auxiliares também com pouca prática. Um dos prismas foi adaptado no tripé da mira horizontal do DKRT, cuja verticalidade é controlada por bolha circular de baixa sensibilidade, podendo apresentar excentricidade da estação em até 10 ou 20 milímetros.
d) com todas essas condições, o erro médio de 1:20.000 pode ser considerado como muito bom.

Observações: durante o teste verificaram-se os seguintes fatos:

a) a visada para o bastão com o refletor duplo apresenta variações até cerca de 2 cm, em virtude da oscilação do mesmo na mão do auxiliar.
b) a visada do ELDI-2, passando pouco acima do teto dos carros (caso da visada de *B* para *C*), apresenta também variação até quase 20 milímetros; o mesmo não ocorreu nas demais visadas, onde a variação da medida pelo ELIDI – 2 oscilou no máximo em cerca de 4 a 5 milímetros.

c) penso que devemos nos preocupar, no futuro, com a crescente rapidez e precisão na colocação dos refletores nas estacas. Este, nos parece, o ponto mais vulnerável do método.

Em seguida aparecem as anotações de caderneta e a sequência de cálculo.

O ajuste angular foi feito com 4 decimais, sem obedecer as regras, em virtude de os erros serem muito pequenos.

A B C	*B C D*
1 = 36.3343	3 = 61,9642
2 = 52.4588	4 = 49,2427
3 = 61.9642	5 = 46,8392
4 = 49.2427	6 = 41,9539
200.0000	200,0000

C D A	*D A B*
5 = 46.8392	7 = 57,3589
6 = 41.9539	8 = 53,8480
7 = 57.3689	1 = 36,3343
8 = 53.8480	2 = 52,4588
200.0000	200,0000

Anotações de caderneta

Estaca	Ponto visado	Leitura do circ. horizontal		Ângulo zenital	Distância
		1ª série	2ª série		
A	D(1.11)	107.35560	184.89390	104.77205	160.090
1.42	C(1.66)	161.20277	238.74315	104.99965	238.564
	B(1.66)	197.53650	275.07790	106.48070	171.425
B	A(1.66)	77.36895	108.53025	93.36010	171.405
1.45	D(1.11)	129.82715	160.97290	98.33140	214.954
	C(1.66)	191.79172	222.93710	100.52980	131.840
C	B(1.19)	55.07220	80.06900	99.49805	131.840
1.48	A(1.15)	104.31532	129.31072	95.02092	238.544
	D(1.66)	151.15472	176.15052	97.33058	178.188
D	C(1.66)	143.15830	resultados disparados	102.52412	178.178
1.44	B(1.66)	185.11245		101.70205	215.015
	A(1.15)	242.47062		95.46405	160.026

Sequência de cálculo

	Ângulos horizontais		Adotada a 1ª série		erro
	1ª série	2ª série			
1	36.33373	36.33375	36.33373		
2	52.45820	52.44265	52.45820		
3	61.96457	61.96420	61.96457		
4	49.24312	49.24172	49.24312	199,99962	0.00038
5	46.83040	46.83980	46.83904		
6	41.95415		41.95415		
7	57.35817		57.35817	199,99889	0.00111
8	53.8417	53.84925	53.84717	399,99851	0,00149

Grados		Segundos
0,001	=	3",24
0,0001	=	0",324

Redução das distâncias ao plano horizontal

Lado	Ang. vert. (grados)	Ang. vert. graus	Correção (minutos)	Ang. vert. corrigido	Co-seno
A – B	–6,48070	–5° 49,96	–3,52	–5° 53,48	0.9947183
B – A	+6,63990	+5° 58,55	–3,52	+5° 55,03	.9947019
B – C	–0,52980	–0° 28,61	–4,59	–0° 33,20	.9999533
C – B	+0,50195	+0° 27,11	–4,59	+0° 22,52	.9999785
C – D	+2,66942	+2° 24,15	–3,38	+2° 20,77	.9991617
D – C	–2,52412	–2° 16,30	–3,38	–2° 19,68	.9991747
D – A	+4,53595	+4° 04,94	–3,76	+4° 01,18	.9975604
A – D	–4,77205	–4° 17,69	–3,76	–4° 21,45	.9971094
A – C	–4,99965	–4° 29,98	–2,53	–4° 32,51	.9968598
C – A	+4,97908	+4° 28,87	–2,53	+4° 26,34	.9970003
B – D	+1,66860	+1° 30,10	–2,81	+1° 27,29	.9996777
D – B	–1,70205	–1° 31,91	–2,81	–1° 34,72	.9996204

Perímetro

P = 640,009

Lado	Dist. inclin.	Dist. horiz.	Dist. hor. média
A-B	171,425	170,520	
B-A	171,405	170,497	170,508
B-C	131,840	131,834	
C-B	131,840	131,837	131,835
C-D	178,188	178,039	
D-C	178,178	178,031	178,035
D-A	160,026	159,636	
A-D	160,090	159,627	159,631
A-C	238,564	237,815	
C-A	238,544	237,828	237,821
B-D	214,954	214,885	
D-B	215,015	214,933	214,909

Rumos adotados e calculados

Lado	Rumo (grados)	Rumos (graus)	Seno	Co-seno
A-B	100,0000 E	E 90° 00,000 E	1	0
B-C N	14,4230 E	N 12° 58,842 E	0.224 6228	0.974 4458
C-D N	89,4951 W	W 80° 32,735 W	.986 4167	.164 2627
D-A S	9,8177 W	W 8° 50,156 W	.153 6054	.988 1322
A-C N	63,6657 E	N 57° 17,948 E	.841 5026	.540 2720
C-A S	63,6657 W	W 57° 17,948 W	.841 5026	.540 2720
B-D N	47,5412 W	N 42° 47,225 W	.679 2758	.733 8820
D-B S	47,5412 E	S 42° 47,225 E	.679 2758	.733 8820

Foi adotado o rumo de $A - B$ = 100,0000 grd E

Fechamento do quadrilátero

Lado	Coords. Parciais			
	x		y	
	E	W	N	S
A-B	170.508		0	0
B-C	29.613		128.466	
C-D		175.617	29.245	
D-A		24.520		157,737

200.121 200.137 157.711 157.737

$e_x = 0{,}016$ $e_y = 0{,}026$

$E_f = 0{,}031$ $P = 640.009$

$$M = \frac{640.009}{0.031} = 20.645 \quad \text{Erro relativo 1:20,645}$$

Fechamento de triângulos

ABC

Lado	E	W	N	S
A – B	170,508		0	0
B – C	29,613		128,466	
C – A		200,126		128,488

200,121 200,126 128,466 128,488

$e_x = 0{,}005$ $e_y = 0{,}022$

$P = 539{,}164$

$E_f = 0{,}0226$

Erro relativo 1:23,857

CDA

Lado	E	W	N	S
C – D		175,617	29,245	
D – A		24,520		157,737
A – C	200,126		128,488	

200,126 200,137 157,733 157,737

$e_x = 0{,}011$ $e_y = 0{,}004$

$P = 575{,}487$

$E_f = 0{,}0115$

Erro relativo 1:50,042

BCD

Lado	E	W	N	S
B – C	29,613		128,466	
C – D		175,617	29,245	
D – B	145,982			157,735

175,595 175,617 157,711 157,735

$e_x = 0{,}022$ $e_y = 0{,}024$

$P = 524{,}779$ $E_f = 0{,}0326$

Erro relativo 1:16,097

DAB

Lado	E	W	N	S
D – A		24,520		157,737
A – B	170,508		0	0
B – D		145,982	157,735	

170,508 170,502 157,735 157,737

$e_x = 0{,}006$ $e_y = 0{,}002$

$E_f = 0{,}0063$ $P = 545{,}048$

Erro relativo 1:86,515

Pelos cálculos constata-se que o fechamento planimétrico foi bastante satisfatório: erro de fechamento 1:41.500.

Já os fechamentos altimétricos nos dois sentidos deixaram a desejar. Deveriam ser lidos ângulos verticais também com a luneta invertida. Isso não foi feito, porque a montagem do distanciômetro sobre o teodolito impede.

Neste exercício foi utilizado o geodímetro modelo 12A da AGA, montado sobre o teodolito THEO – 010A da Zeiss (Figura 2.2).

Dados da caderneta de campo

Estaca	Ponto visado	Leitura do círculo horizontal	Leitura do círculo vertical (Z = ang. zenital)	Distância (leitura do geodímetro
A/1,42	C/1,47	151° 14′50″	87° 02′25″	289,943
	B/1,38	181° 36′07″	84° 12′40″	152,233
B/1,44	A/1,47	286° 00′22″	95° 45′30″	152,225
	C/1,32	49° 55′41″	90° 10′33″	176,322
C/1,41	B/1,38	283° 28′30″	89° 51′07″	176,325
	A/1,47	309° 11′49″	92° 55′14″	289,917

Cálculos dos ângulos horizontais

$A = 181° 36'07'' - 151° 14'50'' = 30° 21'17''$

$B = 49° 55'41'' - 286° 00'22'' = 123° 55'19''$

$C = 309° 11'49'' - 283°28'30'' = 25° 43'19''$

$\Sigma = 179° 59'55''$

erro de fechamento angular $= 0° 00'05''$

Ângulos horizontais corrigidos/Cálculo dos ângulos verticais

$A = 30° 21'19''$

$B = 123° 55'21''$

$C = 25° 43'20''$

$\Sigma = 180° 00'00''$

$\alpha = 90 - z$

$AC = + 2° 57'35''$ $CA = - 2°55'14''$

$AB = + 5° 47'20''$ $BA = - 5° 45'30''$

$BC = - 0° 10'33''$ $CB = + 0° 08'53''$

Fazendo rumo AB = N 0° 00′00″

Temos: rumo BC = N 56° 04′39″ W

rumo CA = S 30° 21′19″ E

Cálculo das distâncias horizontais (H) e verticais (V)

Lado	Distância	Âng. vertical	H	H(médio)	V
A-C	289,943	+2° 57′35″	289,556		+14,971
C-A	289,917	–2° 55′14″	289,540	289,548	–14,772
A-B	152,233	+5° 47′20″	151,457		+15,355
B-A	152,225	–5° 45′30″	151,457	151,457	–15,273
B-C	176,322	–0° 10′33″	176,321		–0,541
C-B	176,325	+ 0° 08′53″	176,324	176,323	+0,456

Lado	Rumo	Distância	Coordenadas parciais			
			x		y	
			E	W	N	S
A-B	N 0°	151,457			151,457	
B-C	N 56° 04'39" W	176,323		146,312	98,401	
C-A	S 30° 21'19" E	289,548	146,326			249,853

$$P = 617{,}328 \quad 146{,}326 \quad 146{,}312 \quad 249{,}858 \quad 249{,}853$$

$$e_x = 0{,}014 \qquad e_y = 0{,}005$$

Ainda com a finalidade de praticar e experimentar os distanciômetros eletrônicos, mostramos a seguir o levantamento de um triângulo aplicando triangulação e trilateração (Figura 2.2).

Por problema de visibilidade no local do exercício, o triângulo montado ficou com ângulos muito agudos nos vértices A e C; isso prejudica a precisão.

$$E_f = \sqrt{0{,}014^2 + 0{,}005^2} = 0{,}014866$$

$$M = \frac{P}{E_f} = \frac{617{,}328}{0{,}14866} = 41{,}526$$

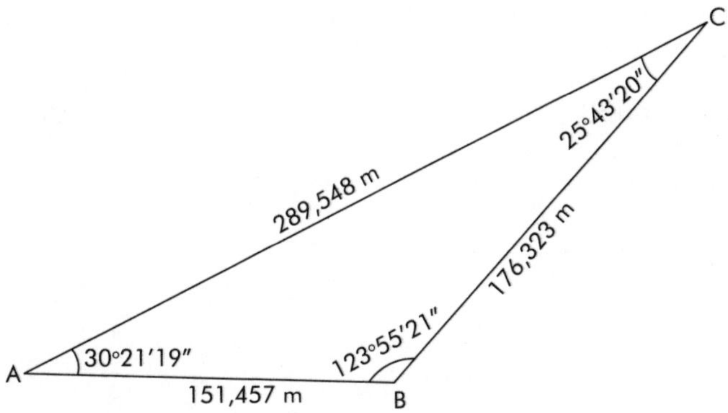

Figura 2.2

Cálculo das cotas, assumindo cota A = 100,000

Sentido *ABCA*			Sentido *ACBA*		
Cota *A*	=	100,000	Cota *A*	=	100,000
	+	1,42		+	1,42
	+	15,355		+	14,971
	–	1,38		–	1,47
C&R	–	0,002	C&R	–	0,005
Cota *B*	=	115,393	Cota *C*	=	114,916
	+	1,44		+	1,41
	–	0,541		+	0,456
	–	1,32		–	1,38
C&R	–	0,002	C&R	–	0,002
Cota *C*	=	114,970	Cota *B*	=	115,400
	+	1,41		+	1,44
	–	14,772		–	15,273
	–	1,47		–	1,47
C&R	–	0,005	C&R	–	0,002
Cota *A*	=	100,133	Cota *A*	=	100,095

erro = 0,133 erro = 0,095

3

Divisão de propriedades (partilhas)

A divisão de uma propriedade ocorre em diversas e diferentes situações, algumas vezes, quando dois ou mais sócios preferem se separar; outras quando, pelo falecimento de seu proprietário, seus descendentes preferem ficar com suas parcelas separadas. Acontecem partilhas também quando o proprietário deseja vender parte de suas terras. As partilhas podem ser judiciais ou amigáveis. O primeiro caso ocorre quando as partes não chegam a um acordo e o processo vai para o Judiciário.

Quando a divisão é feita baseando-se em uma linha já existente, a tarefa da topografia é a de medir essa linha divisória e cada uma das partes, para a determinação de suas áreas. Supondo por exemplo, que a propriedade é atravessada por um córrego e que ele seja escolhido como linha divisória, a topografia fará um levantamento planimétrico geral e calculará as áreas de cada parcela de um e de outro lado do córrego.

Há ocasiões, no entanto, que é necessário separar determinada área. Para essa hipótese é que serão desenvolvidas as soluções geométricas que se seguem.

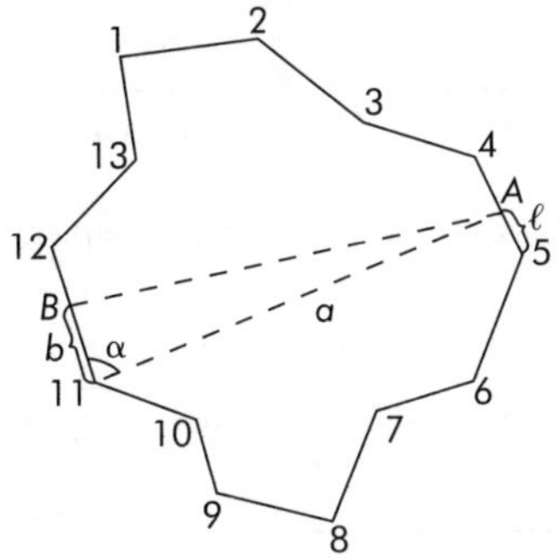

Figura 3.1

1ª hipótese: separar determinada área, usando o ponto A como origem.

Sequência de cálculo (acompanhar com a Figura 3.1)

1° Calcular as coordenadas totais do ponto A em função da poligonal e de $\underline{l}$, já que se conhece o rumo de 4-5 e as coordenadas das estacas 4 e 5.

2° calcular a área A-5-6-7-8-9-10-11-A.

3° Calcular o rumo e o comprimento $\underline{a}$ de 11-A por diferenças de coordenadas de A e de 11.

4° Calcular o ângulo α entre os lados 11-12 e 11-A por diferença de rumos.

5º Calcular $\underline{b}$ em função da área que falta para ser acrescentada à área (A-5-6-7-8-9-10-11-A) para se chegar à área requerida e que deve ser preparada.

Trata-se de resolução de triângulos:

$$b = \frac{2 \text{ área } A - 11 - B}{a \text{ sen } \alpha}$$

6º Conhecido b, calcular as coordenadas totais do ponto B.

7º Calcular o rumo e o comprimento de A-B.

Resta como providência final, locar a linha AB no terreno.

2ª hipótese: separar uma área com uma linha de rumo dado.

Sequência de cálculo (acompanhar com a Figura 3.2)

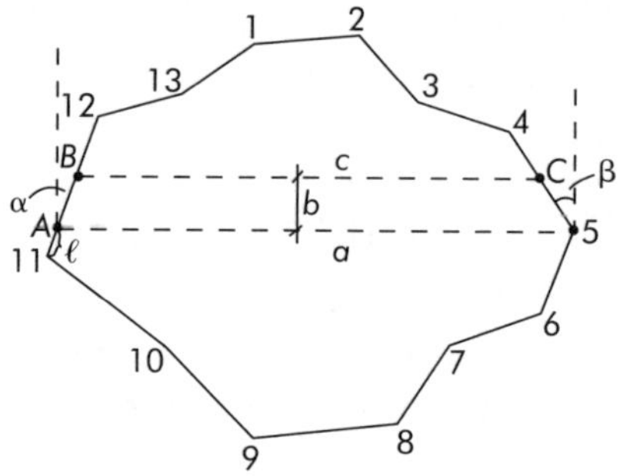

$$c = a - bd \qquad b = \frac{2S}{(a+c)}$$

$$c = a - \frac{2Sd}{a+c} \qquad c(a+c) = a(a+c) - 2Sd$$

$$ac + c^2 = a^2 + ac - 2Sd$$

$$c^2 = a^2 - 2Sd \qquad c = \sqrt{a^2 - 2Sd}$$

Figura 3.2

1º A partir do ponto 5 e com rumo dado, calcular as coordenadas do ponto A e os comprimentos $\underline{l}$ e $\underline{a}$.

2º Calcular a área (5-6-7-8-9-10-1 l-**A**-5), que deve se aproximar da área a ser separada, errando por falta.

3º Calcular a área a ser acrescentada (S).

4º Determinar os ângulos α e β por diferença de rumos.

5º Área (5.A.B-C-5) $= S = \dfrac{a+c}{2} b \quad \therefore \quad b = \dfrac{2S}{(a+c)}$

$c = a - b \text{ tg}\alpha - b \text{ tg}\beta \qquad c = a - b \ (\text{tg}\alpha + \text{tg}\beta)$

fazendo $\text{tg}\alpha + \text{tg}\beta = d$

Assim se determina o comprimento c:

6º $b = \frac{2S}{(a+c)}$ assim se determina a altura $\underline{b}$ do trapézio,

7º $A - B = b$ tgα e $5 - C = b$ tgβ

8º Calcular as coordenadas dos pontos B e C e locar estes pontos no terreno.

9º Finalmente, locar a reta BC

Em seguida, será feito um exercício aplicando a 2ª hipótese.

EXERCÍCIO 3.1 Baseado ainda na Figura 3.2

Dados:

coordenadas de 5: $X_5 = +212{,}45$ $Y_5 = +20{,}72$ m

coordenadas de 11: $X_{11} = 0$ $Y_{11} = 0$

coordenadas de 12: $X_{12} = 33{,}12$ $Y_{12} = 41{,}30$

coordenadas de 4: $X_4 = 196{,}74$ $Y_4 = 75{,}21$

Rumo dado de 5-A = 90° W

Supõe-se que, após o cálculo da área (5-6-7-8-9-10-1 l-A-5) faltem 1.232 m² (área a ser acrescentada) $S = 1232$ m²

$$\text{Rumo } 11-12 = \text{arc tg } \frac{33{,}12}{41{,}30} = NE\ 38°{,}7274 \text{ ou } NE\ 38°43'39''$$

$$\therefore \quad \alpha = 38°{,}7274$$

$$\text{Rumo } 4-5 = \text{arc tg } \frac{212{,}45-196{,}74}{20{,}72-75{,}21} = \frac{15{,}71}{-54{,}49} = SE\ 16°{,}0828 \text{ ou}$$

$$SE\ 16°04'58'' \qquad \beta = 16°{,}0828$$

$$d = \text{tg } \alpha + \text{tg } \beta = 1{,}0902 \qquad Y_A = 20{,}72 \text{ m}$$

$$X_A = 20{,}72 \text{ tg } 38°{,}7274 = 16{,}62 \text{ m} \therefore l = \sqrt{20{,}72^2 + 16{,}62^2} = 26{,}56 \text{ m}$$

Cálculo de a: $a = \sqrt{(212{,}45-16{,}62)^2 + (20{,}72-20{,}72)^2} = 195{,}83$ m

Cálculo de c: $c = \sqrt{a^2 - 2Sd} = \sqrt{195{,}83^2 - 1232 \times 1{,}0902} =$

$$c = 188{,}8469 \sim c = 188{,}85 \text{ m}$$

$$b = \frac{2S}{a+c} = \frac{2 \times 1232}{195{,}83 + 188{,}85} = 6{,}4053\text{s} \ \sim \ b = 6{,}41 \text{ m}$$

Verificação: calculo da área pelas coordenadas dos vértices

$X_B = 16{,}62 + 6{,}41 \text{ tg } 38{,}7274 = 21{,}76$ m

$Y_B = 20{,}72 + 6{,}41 = 27{,}13$ m $\qquad$ *B-C-5-A-B*

$X_C = 21{,}76 + 188{,}85 = 210{,}61$

$Y_C = 27{,}13$

$X_A = 16{,}62$

$Y_A = 20{,}72$

$X_5 = 212{,}45$

$Y_5 = 20{,}72$

$$S = \begin{matrix} B & C & 5 & A & \\ \frac{21{,}76}{27{,}13} & \frac{210{,}61}{27{,}13} & \frac{212{,}45}{20{,}72} & \frac{16{,}62}{20{,}72} & \frac{21{,}76}{27{,}13} \end{matrix}$$

(+)			(–)		
21,76 × 27,13	=	590,3488	210,61 × 27,13	=	5.713,8499
210,61 × 20,72	=	4.363,8392	212,45 × 27,13	=	5.763,7685
212,45 × 20,72	=	4.401,9640	16,62 × 20,72	=	344,3664
16,62 × 27,13	=	450,9006	21,76 × 20,72	=	450,8672
		9.807,0526			12.272,8514

$$\frac{2465{,}7988}{2} = 1.232{,}8994 \text{ m}^2$$

A diferença final de 0,8994 m^2 é a consequência dos arredondamentos dos valores intermediários.

Nas 2 hipóteses a área previamente separada deve ser próxima daquela requerida, cabendo na 1ª hipótese ao triângulo acrescentar a porção que falta e na 2ª hipótese, ao trapézio fazer o mesmo.

4

Efeito C & R – curvatura e refração

O efeito C & R é a soma algébrica das influências da curvatura da terra, e da refração atmosférica nas visadas longas.

Com o emprego cada dia mais comum dos distanciômetros eletrônicos, os nivelamentos trigonométricos são cada vez mais empregados. Entende-se por nivelamentos trigonométricos aqueles que usam linhas de vistas inclinadas, devendo-se conhecer o comprimento delas e sua inclinação a partir do plano horizontal (Figura 4.1)

l = distância direta obtida com o distanciômetro

α = ângulo vertical lido no círculo vertical

A.A. – altura do aparelho

d = distância vertical entre B e o ponto visado D

$V = l \text{ sen } \alpha$

Cota B = Cota $A + A.A. - V - d$

O ponto D, no caso de emprego do distanciômetro eletrônico, é o prisma refletor.

V = distância vertical

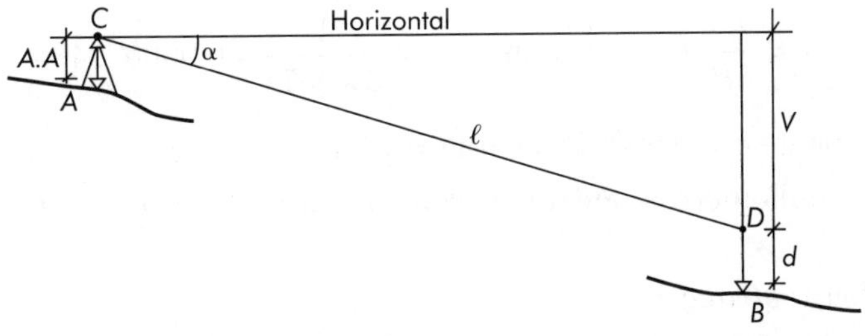

Figura 4.1

A curvatura da terra e a refração atmosférica, porém, devem ser consideradas para se fazerem as respectivas correções.

Vejamos inicialmente o efeito da *curvatura* (Figura 4.2)

$$R + c = \sqrt{R^2 + l^2}$$

$$\therefore \quad c = \sqrt{R^2 + l^2} - R$$

Considerando o raio médio da terra = 6371 km para l = 1 km temos

$$c = \sqrt{6371^2 - 1^2} = 0{,}000078 \text{ km}$$

ou c = 0,078 m

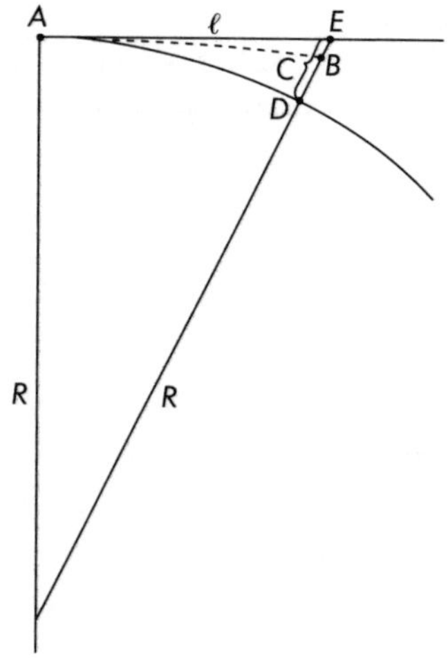

Figura 4.2

Constata-se que o valor c é muito pequeno, comparado com o raio da terra e com as distâncias l

Então $(R + c)^2 = R^2 + l^2$

$$R^2 + 2Rc + c^2 = R^2 + l^2 \therefore l^2 = c\,(2R + c)$$

$c = \dfrac{l^2}{2R + c}$ anulando o valor de c no numerador por ser muito pequeno:

$$c = \frac{l^2}{2R} \text{ para } l = 1 \text{ km} \qquad c = \frac{1}{2 \times 6371} = 0{,}00007848$$

ou aproximadamente c = 0,0000785 para l = 1 km;

Para $l = K$ quilômetros, entrando com K em quilômetros, c em metros, será: $c = 0{,}0785\,K^2$.

Agora o efeito *refração:*

A refração atmosférica faz com que uma linha de vista vá caindo gradualmente à medida que avança. Por isso ela diminui o efeito da curvatura. Na Figura 4.2 o raio visual vai de A para B e não para E, em função da refração. Na prática considera-se que a refração diminui o efeito curvatura em 14%.

$$0{,}07848 \times 0{,}86 = 0{,}0674928 = 0{,}0675$$

então C & R = $0{,}0675\,K^2$ onde K é a distância direta em quilômetros (obtida por distanciômetros eletrônicos ou telurômetros).

Cálculo da diferença de cotas entre A e B com visadas recíprocas para eliminar o efeito C & R.

Na Figura 4.3, $A\ E$ é a altura do aparelho.

$B\ C$ é a altura do prisma refletor

$$V_{AB} = \frac{V_{AB_A} + V_{AB_B}}{2} \qquad (1)$$

V_{AB_A} = distância vertical AB obtida a partir de A

V_{AB_B} = distância vertical AB obtida a partir de B

$DC = ED$ tgα quando se conhece a distância horizontal ED

$DC = EC$ senα quando se usa a distanciômetro eletrônico, portanto conhece-se a distância direta.

DF = C&R para ED, então

$$\left.\begin{array}{l} V_{AB_A} = V_{AB} \text{ a partir de } A = AE + DF + EC \text{ sen } \alpha - BC \\ V_{AB_B} = V_{AB} \text{ a partir de } B = BE' + D'F' + E'C' \text{ sen } \beta - AC' \end{array}\right\} \text{com visadas recíprocas}$$

Substituindo em (1)

$$V_{AB} = \frac{AE + DF + EC \text{ sen } \alpha - BC - BE' - D'F' + E'C' \text{ sen } \beta + AC'}{2}$$

mas $DF = D'\ T'$ $\quad AE$ = A.I. $\quad BE'$ = A.I′ $\quad BC = l_c$ $\quad AC' = l'_c$

$$V_{AB} = \frac{EC \text{ sen } \alpha + E'C' \text{ sen } \beta}{2} + \frac{(A.I - l_c) + (l'_c - A.I')}{2}$$

A.I. = altura do instrumento em A.

A.I′ = altura do instrumento em B.

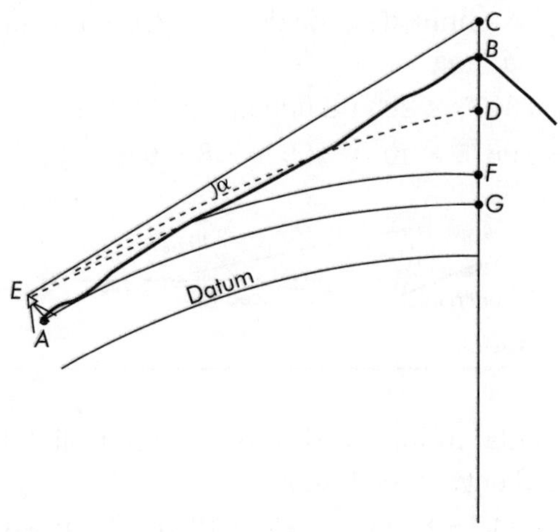

Figura 4.3

EXERCÍCIO 4.1

$$\text{De } A \text{ p/} B \begin{cases} EC = 404{,}153 \\ \alpha = 1^\circ\ 48'\ 26'' \\ A.I. = 1{,}558 \\ l_c = 1{,}521 \end{cases} \qquad \text{De } B \text{ p/} A \begin{cases} E'C' = 404{,}161 \\ \beta = -1^\circ\ 48'\ 38'' \\ A.I'. = 1{,}560 \\ l'_c = 1{,}587 \end{cases}$$

$$V_{AB} = \frac{404{,}163 \text{ sen } 1^\circ\ 48'\ 26'' + 404{,}161 \text{ sen } 1^\circ\ 48'\ 38''}{2} +$$

$$+ \frac{(1{,}558 - 1{,}521) + (1{,}587 - 1{,}560)}{2}$$

$$= 12{,}757706 + 0{,}032 = 12{,}789706 \cong 12{,}790 \text{ m}$$

o efeito C&R foi anulado C&R = 0,0675 × $0{,}404162^2$ = 0,011 m

se Cota A = 29,935 ∴ Cota B = 29,935 + 12,790 = 42,725 m

V_{AB_A} é a distância vertical AB, a partir de A para B.

V_{AB_B} é a distância vertical AB, a partir de B para A.

V_{AB_B} é a média aritmética.

$$V_{AB} = \frac{V_{AB_A} + V_{AB_B}}{2}$$

Intervisibilidade (curvatura da terra)

EXERCÍCIO 4.2 De um ponto na costa marítima, queremos visar para um ponto numa ilha distante 20 km do continente. Calcular a altura de torres em duas hipóteses: 1ª uma só torre na ilha ou no continente; 2ª duas torres iguais, uma no continente outra na ilha. Condição: a linha de vista deverá passar, no mínimo, 2 metros acima do nível d'água na maré máxima.

1ª hipótese: h_1 = 0,0675 × 20^2 + 2.000 m = 29,000 m

2ª hipótese: h_2 = 0,0675 × 10^2 + 2,00 m = 8,750 m

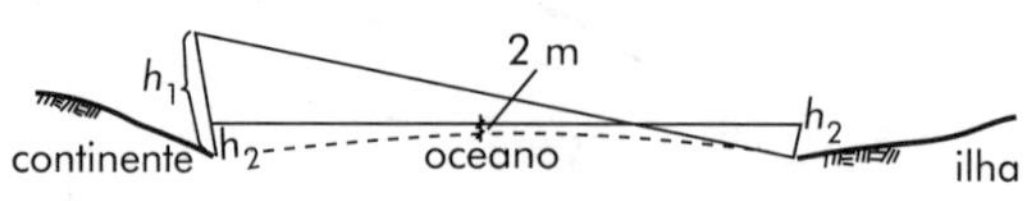

Figura 4.4

EXERCÍCIO 4.3 Calcular as alturas das torres para visibilidade entre os pontos A e B, havendo um ponto C entre eles. Dados:

AB = 20 km AC = 8 km CB = 12 km (Figura 4.5)

Cota A = 350 m Cota B = 1.400 m Cota C = 770 m

Solução: $C\&R_{8\text{ km}}$ = 0,0675 × 8^2 = 4,32m

$C\&R_{20\text{ km}}$ = 0,0675 × 20^2 = 27,00 m

770 – 350 – 4,32 = 415,68 m

1.400 – 350 – 27,00 = 1.023,00 m

$$1.023\,\frac{8}{20} = 409,20 \text{ m} \qquad 415,68 - 409,20 = 6,48 \text{ m}$$

$$6,48\,\frac{20}{12} = 10,80 \text{ m} \qquad 6,48\,\frac{20}{8} = 16,20 \text{ m}$$

Respostas: 1ª hipótese: uma torre de 10,80 m em *A*.

2ª hipótese: uma torre de 16,20 m em *B*.

3ª hipótese: duas torres iguais de 6,48 m em *A* e *B*.

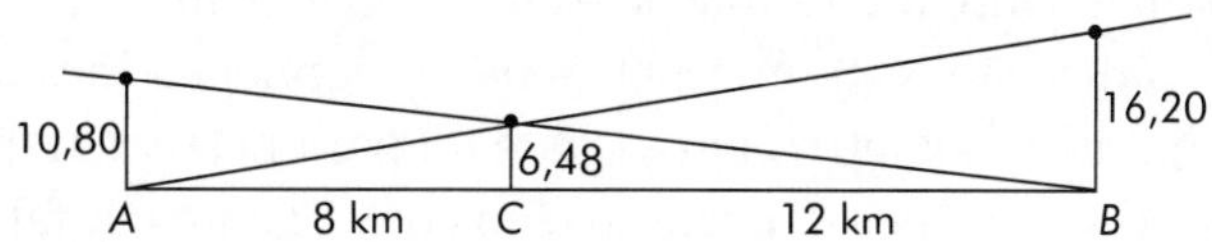

Figura 4.5

5

Convergência dos meridianos

Nas obras de engenharia que abrangem grandes distâncias, não se pode esquecer que iremos trabalhar sobre uma superfície curva e não plana. Uma das consequências deste fato é que a direção N–S num ponto não é paralela à mesma direção N–S em outro ponto, a alguns quilômetros para Oeste ou para Leste. Isto porque todas as direções N–S dirigem-se aos polos, portanto são convergentes. A falta de paralelismo é mais acentuada quanto mais se aproxima dos polos e é nula no equador. Portanto depende da latitude do lugar. Por outro lado, aumenta com a distância leste-oeste dos dois pontos, dependendo assim da diferença de longitude entre eles. Quando os dois pontos não estão na mesma latitude, usa-se a latitude média.

Nos levantamentos destinados a projetos de linha de transporte, sejam rodovias, sejam ferrovias, linhas de transporte de energia elétrica etc., utilizam-se poligonais abertas e portanto sem controle dos erros de fechamento, tanto linear como angular. Para diminuir a falta de controle do erro angular, são programadas determinações da direção do norte verdadeiro ou geográfico de distância em distância. Geralmente a cada 10 km. Com isso, os azimutes das linhas, que vêm sendo calculados através dos ângulos, podem ser controlados (Figura 5.1).

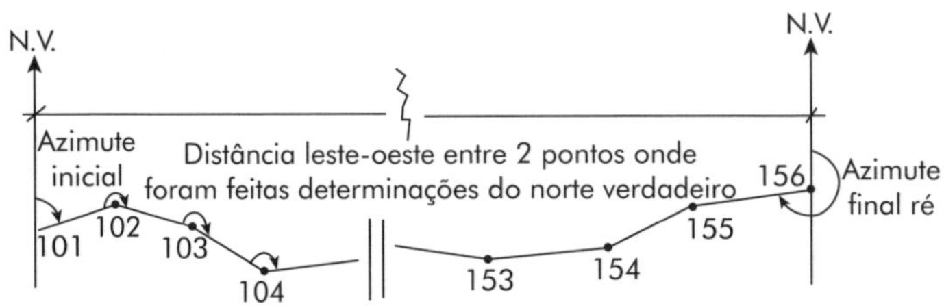

Figura 5.1

O azimute da linha 101 – 102 foi obtido a partir de uma determinação do meridiano, através de observações astronômicas de boa precisão. O azimutes das linhas seguintes foram calculados através dos ângulos horizontais. Ao chegar à estaca 156 é feita nova determinação do meridiano, podendo assim verificar o erro angular cometido no trecho 101 – 156. Deve-se acrescentar ou subtrair, porém, a convergência entre os 2 meridianos, da estaca 101 e da estaca 156, já que entre eles deverá haver uma diferença de longitude, ou seja, uma distância leste-oeste. A fórmula para cálculo da convergência dos meridianos (c.m.) empregada é cm. (em graus) = $\Delta\lambda$ sen φm

onde $\Delta\lambda$ = diferença de longitude entre os 2 pontos em graus

e φm = média das latitudes dos 2 pontos.

Verifica-se que, para o emprego desta fórmula, deve-se conhecer a longitude (λ) e a latitude (φ) dos 2 pontos, o que demanda observações demoradas. Para simplificar, podemos obter a latitude média (φm) de mapas da região onde se está trabalhando e a diferença de longitude em função da distância leste-oeste caminhada entre os 2 pontos, aplicando-se a fórmula

$\Delta\lambda = \dfrac{180 \times l}{\Pi\, R}$ onde l é a distância leste-oeste entre os 2 pontos e R *é* o raio da terra para a latitude aproximada da região

O valor de 1 deverá ser calculado pelos comprimentos e azimutes dos lados da poligonal entre os 2 pontos, ou seja, 1 = diferenças das abscissas totais; 1 = $XB - XA$ sendo A e B os 2 pontos.

EXEMPLO Latitude média da região obtida pelos mapas: φm = 23°27′ $X_A - X_B$ = 8.240 m → 8,24 km

Raio da terra na região: R = 6.370 km

Solução $\Delta\,\lambda = \dfrac{180 \times 8{,}24}{\Pi \times 6.370} = 0°{,}0741157 \rightarrow 0°\ 04'\ 26''{,}8$

c.m. = 0°,0741157 × sen 23°27′ = 0°,0294943 → cm. =0°01′46″,2

Resposta: a convergência dos meridianos é de 0° 01′46″,2

Outro exemplo:

Baseado no Anuário do Observatório de São Paulo (Água Funda), sabemos que ele está situado na latitude φ = –23°39′06″,9 e longitude λ = 46°37′21″,6.

Pelo Anuário do Observatório Nacional (Rio de Janeiro) sabemos que está situado na latitude φ = – 22°53′42″,15 e longitude λ = 43°13′22″,005.

Calcular a convergência dos meridianos e a distância entre os 2 observatórios.

Cálculo da latitude média

23°039′06″90
22°53′42″,15
46°32′49″,05 ÷ 2 = 23°16′24″,525

Diferença de longitude

46°37′21″,600 – 43°13′22″,005 = 3°23′59″,595 → 3°,3998875

c.m. = 3°3998875 × sen 23°16′24″,525 = 1°20′36″,113

Raio da terra na latitude 23°27′ ≅ 6.370 km.

$\cos c = \cos \Delta\lambda \cos \Delta\varphi + \text{sen } \Delta\lambda \text{ sen } \Delta\varphi$

$\Delta\lambda = 3°3998875 \qquad \Delta\varphi = 0°,7568750$

$\text{Cos } c = 0,99893'62 \qquad c = 2°6430125$

$$\text{compr. arco} = \frac{\Pi Rc}{180} = \frac{\Pi \times 6370 \times 2°6430125}{180} = 293,8434 \text{ km}$$

O cálculo do comprimento do arco é baseado no esquema da Figura 5.2

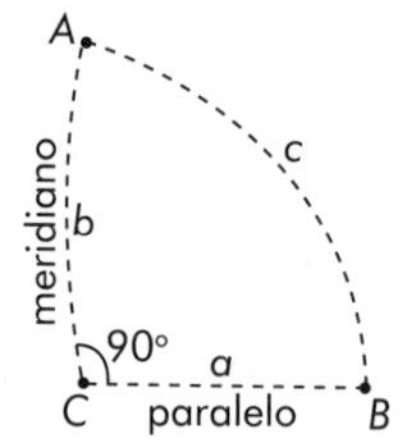

Figura 5.2

A e B são pontos de coordenadas geográficas conhecidas.

C é um ponto ideal que tem longitude de A e latitude de B.

b = diferença de latitude entre A e B em graus = $\Delta\varphi$.

a = diferença de longitude entre B e A em graus = $\Delta\lambda$.

c = comprimento de arco ligando A e B em graus.

$\cos c = \cos a \cos b + \text{sen } a \text{ sen } b$.

Comprimento do arco $c = \dfrac{\Pi R.c}{180}$ onde R = raio da Terra.

6

Curvas de nível – formas – métodos de obtenção

a) GENERALIDADES

São linhas que ligam pontos, na superfície do terreno, e têm a mesma cota (mesma altitude). É uma forma de representação gráfica de extrema importância. Fácil é explicar por quê. A planimetria possui uma forma de representação gráfica perfeita, que é a planta (projeção horizontal). Nela, os ângulos, aparecem com sua verdadeira abertura e as distâncias exatas, naturalmente reduzidas pela escala do desenho. Enquanto isso, a altimetria só conta com a representação gráfica em perfil (também chamado de vista lateral, vista em elevação, corte etc.). Mas o perfil só representa a altimetria de uma linha (seja reta, seja curva ou quebrada), mas não de uma área. Então a visão geral fica altamente prejudicada, pois precisaríamos de um número imenso de perfis do mesmo terreno em posições e direções diferentes, para termos uma visão panorâmica e nunca poderíamos visualizá-los todos ao mesmo tempo.

Ora, as curvas de nível serão representadas na planta abrangendo uma área, o que permite ao usuário experimentado uma visão imaginativa geral da sinuosidade do terreno. Qualquer técnico experiente, observando uma planta com curvas de nível, é capaz de visualizar vales, grotas, espigões, divisores de água pluviais, terrenos mais íngremes ou menos inclinados, terrenos mais sinuosos (acidentados) e menos irregulares, elevações etc. por um simples e cuidadoso exame. Vejam as armas que ele passa a possuir então para imaginar projetos conscientes e adaptados ao terreno em que serão implantados.

Bem, vamos a alguns exemplos de terrenos representados por curva de nível. As vezes, apelamos ao exagero para explicar melhor. É o que acontece na Figura 6.1. Supondo um terreno com o exagero que aparece na vista em elevação, cortado por planos horizontais equidistantes; o valor *i é* chamado de intervalo entre curvas de nível, no caso 20 m. Na planta, aparecem desenhados os traços de corte de cada plano com a superfície do terreno: são exatamente as curvas de nível com intervalo de 20 metros que representam o terreno. Naturalmente, os pontos realmente definidos são as interseções com o eixo *A B* da planta, pois os traçados das curvas são por pura imaginação, já que não temos informações sobre eles. Mas, note-se que apenas observando a planta sabemos que a encosta $O\ B$ à direita é mais íngreme do que a encosta $O\ A$ à esquerda, porque suas curvas de nível estão mais próximas umas das outras. Esse é o primeiro indício de que plantas com curvas de nível permitem visualizar o terreno altimetricamente. Outras tentativas de representação gráfica que procuraram substituir as curvas de nível não puderam sequer ser comparadas a sua eficiência, tais como: hachuras, variações de cores conforme a altitude etc.

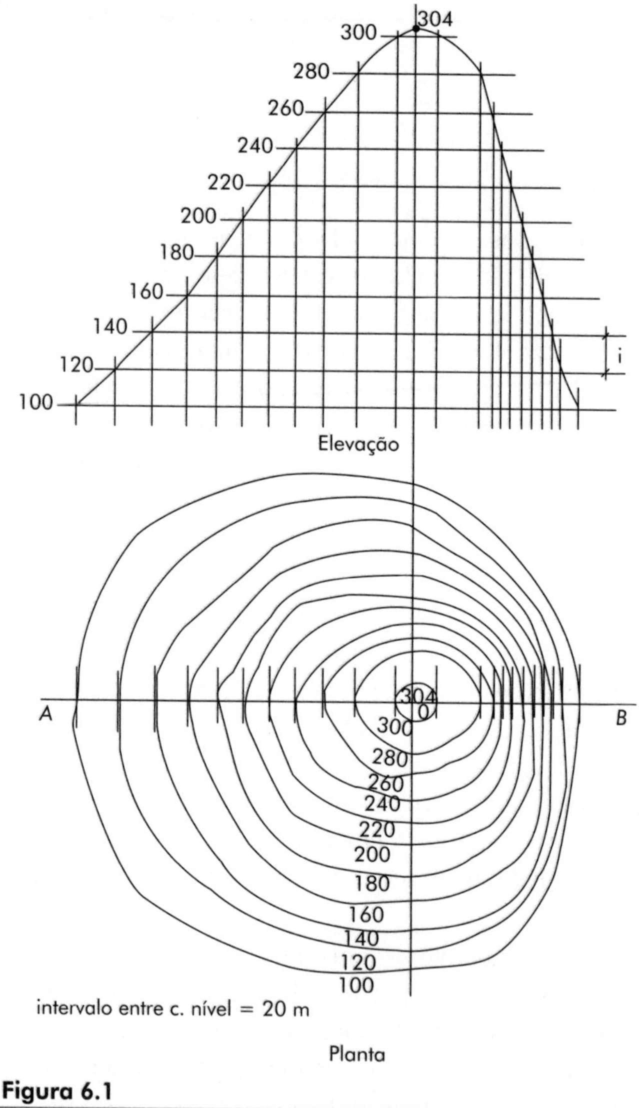

Figura 6.1

Vejamos outras formas de terreno com a correspondente representação em curvas de nível. A Figura 6.2 mostra um plano inclinado de modo uniforme. A Figura 6.3 mostra um terreno com superfície e em curva, mas ainda com inclinação uniforme. A Figura 6.4 mostra um terreno com inclinação desuniforme; começa com pouca inclinação, aumenta e depois diminui. A Figura 6.5 mostra 2 tipos de terrenos diferentes, ou seja, caso levemos em conta as cotas assinaladas à esquerda (110, 100, 90, 80), teremos um espigão; é um terreno de curva convexa e um divisor de águas de chuva; caso as cotas sejam da direita (170, 180, 190, 200), teremos uma grota com forma côncava e é um recolhedor de águas de chuva. É importante lembrar que a gravidade faz com que as águas de chuva caminhem na linha de maior declive, que é logicamente a linha perpendicular às curvas de nível (menor distância horizontal para descer à mesma altura).

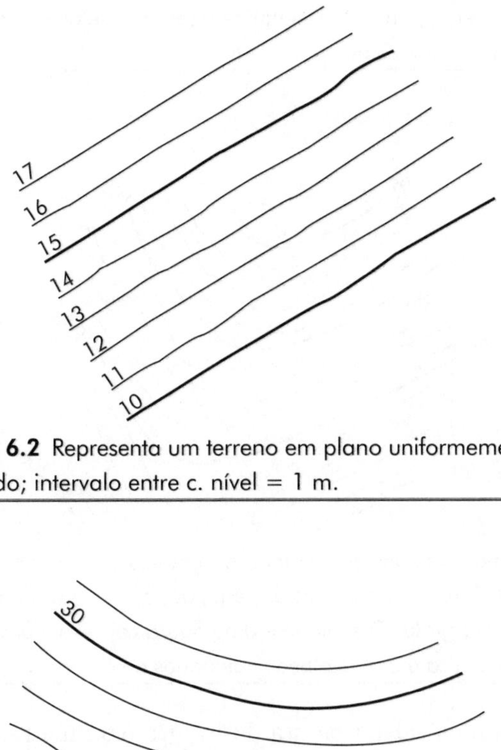

Figura 6.2 Representa um terreno em plano uniformemente inclinado; intervalo entre c. nível = 1 m.

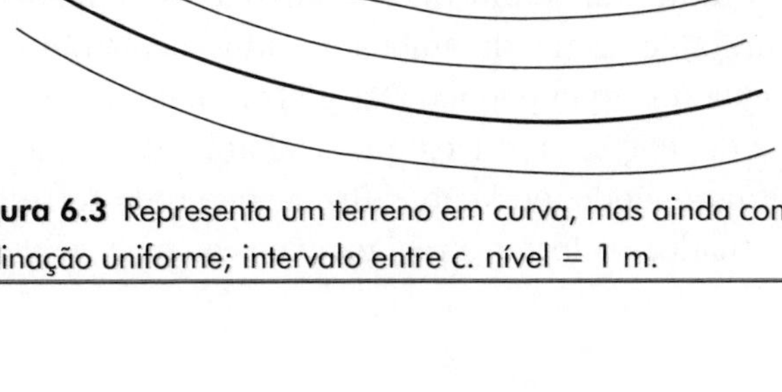

Figura 6.3 Representa um terreno em curva, mas ainda com inclinação uniforme; intervalo entre c. nível = 1 m.

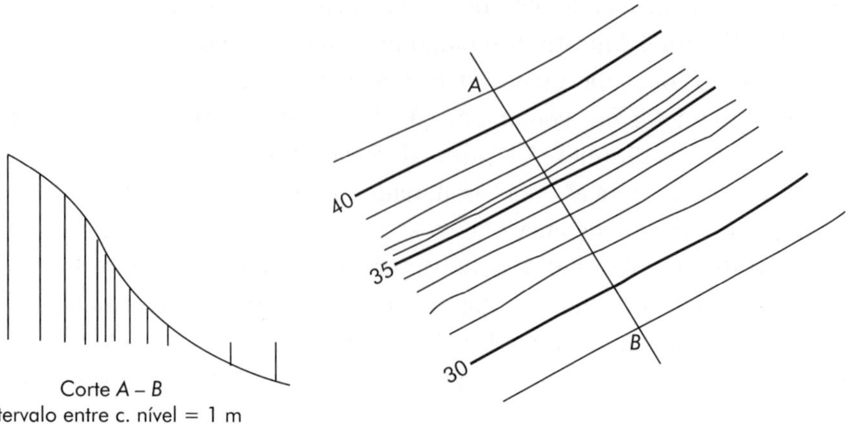

Figura 6.4 Um terreno que, paulatinamente, tem seu declive aumentado de *A* para *B* e depois diminuído, como aparece no corte *A* – *B*.

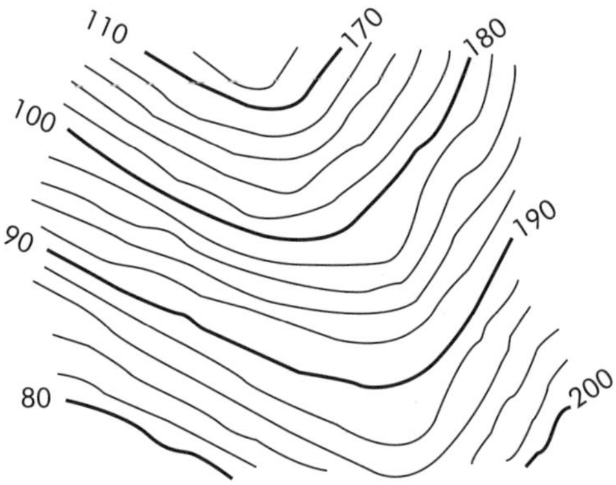

Figura 6.5 Representa dois tipos de detalhes topográficos; caso as cotas válidas sejam da esquerda (110, 100, 90, 80), teremos um espigão; caso sejam da direita (200, 190, 180, 170), teremos uma grota. O espigão é uma figura convexa e um divisor de águas. A grota é uma figura cônica e um recolhedor de águas de chuva.

Agora tentaremos mostrar na planta da Figura 6.6 uma região mais vasta, onde aparecem muitas curvas de nível, mesmo considerando o maior intervalo de 10 m. Mostra o nascimento, à direita, de um vale. Vejam que as inúmeras convergências da águas de chuva, através de grotas de ambos os lados, acabarão forçosamente originando um curso d'água nem que pequeno, seja através da descida de águas superficiais, seja por águas de lençóis freáticos que acabarão aflorando em nascentes das diversas grotas. A grosso modo, podemos afirmar que todo terreno tem esta forma, mesmo ou mais acentuada, conforme a região menos ou mais acidentada.

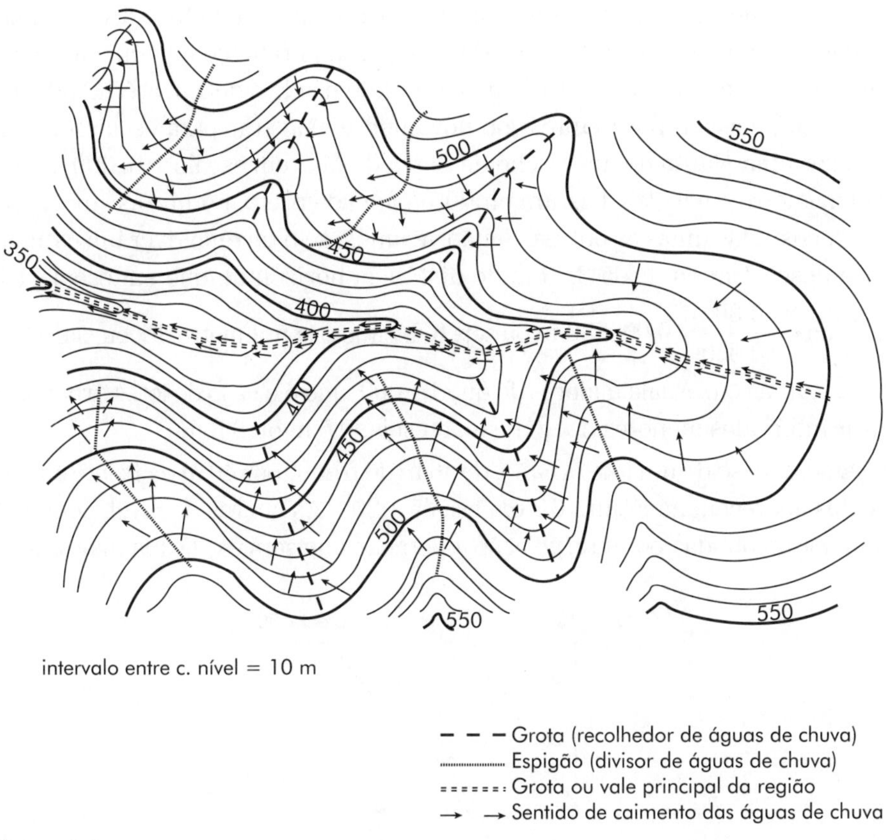

Figura 6.6

Bem, até o momento podemos consolidar o que aprendemos:

1) curvas de nível são linhas que ligam pontos de mesma altitude na superfície do terreno.
2) intervalo entre curvas de nível é a diferença de altitude entre duas curvas consecutivas.
3) o intervalo entre curvas de nível deve ser constante na mesma representação gráfica.
4) as águas de chuva correm perpendicularmente às curvas de nível, porque esta direção é a de maior declividade.
5) espigão é um divisor de águas de chuva.
6) grota é um recolhedor de águas de chuva.

b) INTERVALO ENTRE CURVAS DE NÍVEL

Os intervalos mais usados entre curvas guarda a sequência 1, 2 e 5. Ou seja, intervalos de 1 m, 2 m, 5 m, 10 m, 20 m, 50 m, 100 m, 200 m, 500 m. Fora estes intervalos surgem esporadicamente os intervalos de 2,5 m, 25 m e 250 m. O intervalo escolhido em cada trabalho depende basicamente de 2 fatores: a escala da planta e a declividade ou sinuosidade do terreno, mais o da escala. Em geral, porém, com pequenas variações, podemos dizer que, até escalas 1:1.000, o intervalo usado é de 1 m até 1:2.000, o intervalo é de 2 m, e assim por diante. Vou novamente exagerar para esclarecer; caso se queira fazer uma planta de um trecho da Serra do Mar em escala 1:10.000, com curva de nível de metro em metro, bastará pintar o papel de preto, porque as curvas de nível estarão encostadas umas às outras. Senão vejamos: se o terreno tiver um caimento de 30%, ele desce 1 m em cada 3,30 m de distância horizontal, que em escala 1:10.000 aparece como $\frac{3,30}{10.000} = 0,000330$ m ou seja 3 décimos de milímetro. Ficou claro?

Para plantas em escala maiores do que 1:1.000, que é o caso de lotes urbanos, podemos usar intervalos menores do que 1 m, ou seja, 0,5 m ou 0,2 m.

Vejamos o caso de um lote urbano, de 16 m de frente por 40 m da frente aos fundos, cujas cotas aparecem na Figura 6.7 em escala 1:200. As curvas de nível, com intervalo de 0,5 m, foram obtidas por interpolação, operação que será explicada mais adiante.

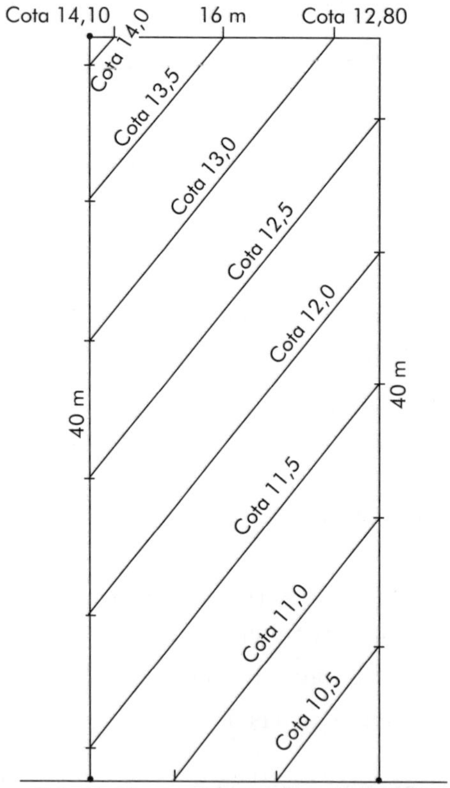

Figura 6.7 Curvas de nível de 0,5 em 0,5 m em planta com escala 1:200. As cotas obtidas no terreno foram apenas as dos 4 cantos.

c) ERROS DE INTERPRETAÇÃO GRÁFICA NAS CURVAS DE NÍVEL

Por falta de atenção ou por desconhecimento, algumas vezes surgem erros técnicos imperdoáveis. Vejamos alguns:

1 – Nenhuma curva de nível pode desaparecer ou aparecer repentinamente. Ver a Figura 6.8. Veja que o terreno na seção *A B* terá de passar da cota 33 para a cota 35 sem atravessar a cota 34: absurdo!

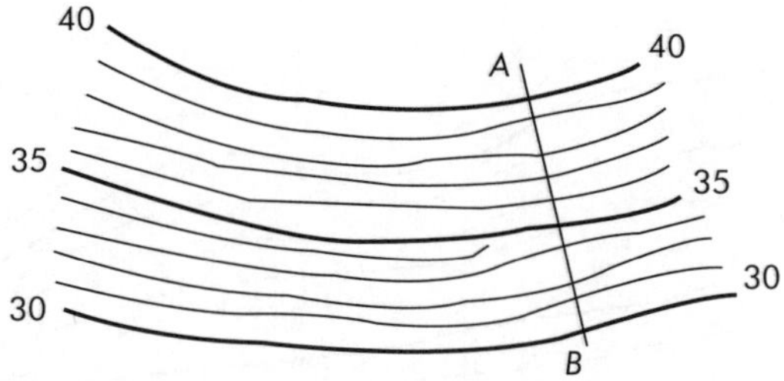

Figura 6.8 A curva de nível de cota 34 desapareceu repentinamente; erro técnico, fruto de desatenção.

Na Figura 6.9, duas curvas estão se cruzando. Por desconhecimento das regras básicas, a seção *C D* do terreno tem uma forma absurda.

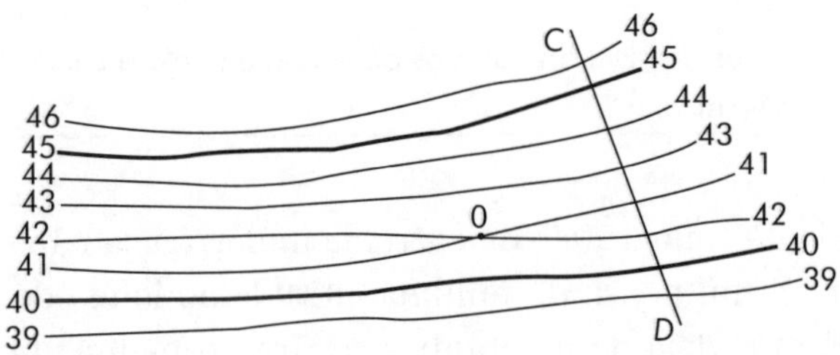

Figura 6.9 As curvas 41 e 42 cruzam-se no ponto 0, o que torna absurdo o terreno no corte CD, pois o terreno passa da cota 40 para 42 sem passar pela cota 41; o mesmo acontece entre as cotas 41 e 43, sem passar pela cota 42.

Mais um erro técnico aparece na Figura 6.10, este menos fácil de ser percebido. Veja que as curvas de nível, que aparecem com cotas iguais de cada lado da cota 78, mostram que o terreno desce para esta cota, portanto forma um vale. O que é impossível é o fato do fundo do vale coincidir na cota 78 em toda a sua extensão, ou seja, tratar-se de vale cujo fundo ("talveg") é horizontal para a esquerda e para a direita. Não existe terreno com esta forma, mesmo porque as águas de chuva ficariam retidas, formando-se um lago. Baseado na afirmação de que uma curva de nível não pode desaparecer, conclui-se que toda curva de nível é uma linha fechada. Se ela não fecha no desenho, é porque este representa apenas uma parcela do terreno. Caso ampliássemos a representação, fatalmente veríamos o seu fechamento. Então todas as curvas da Figura 6.10 devem se fechar (unir-se) à direita da figura e a curva 78 não teria por onde continuar.

Figura 6.10 As curvas de nível andam aos pares, no entanto a curva 78 aparece isoladamente. Erro técnico.

Existe um acidente topográfico de extrema importância para a engenharia. Trata-se da "garganta". É um ponto de mínima altitude ao longo de uma sequência de pontos elevados. Esta cadeia de montanhas separa normalmente 2 vales de grande importância. Então, quando queremos atravessar de um vale para o outro com qualquer via de transporte, seja uma rodovia, seja uma ferrovia, uma linha de transmissão de energia elétrica, um oleoduto etc., este ponto de mínima altitude (garganta) é o local ideal para a travessia, pois subiremos menos de um lado e desceremos menos do outro. Costuma-se chamar de ponto obrigatório de passagem. A Figura 6.11 mostra a forma das curvas de nível de uma garganta. Vejam que o ponto A é o ideal para atravessar do lado B para o lado C, porque é o de mínima altitude.

Um profissional experimentado, quando elabora um anteprojeto de estrada, começa marcando todas as gargantas que encontra na planta do trecho, pois elas serão passagens bem prováveis do percurso.

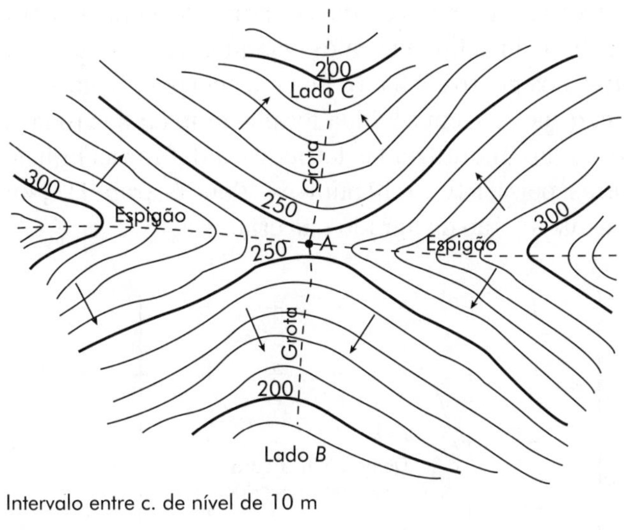

Figura 6.11 Representação das curvas de nível de uma "garganta". O ponto A é um ponto de mínima altitude no divisor de águas, representado pela linha tracejada - - -.

MÉTODO DE OBTENÇÃO DAS CURVAS DE NÍVEL

Até chegarmos ao ponto de conseguir traçar numa planta as curvas de nível, devemos proceder a uma série de medidas no terreno caso se aplique qualquer dos processos topográficos. Outra forma será o emprego de aerofotogrametria. Iremos nos restringir aos métodos topográficos. São três:

1) quadriculação.
2) irradiação taqueométrica.
3) seções transversais.

Vamos descrevê-los inicialmente, para depois compará-los.

1° Método da quadriculação

É o processo de maior precisão, quase perfeito se executado corretamente, porém o mais demorado e dispendioso. Facilmente aplicável para pequenas áreas e impossível para grandes glebas. Atividades no campo:

a) fazer a quadriculação do terreno, colocando estacas em cada vértice dos quadrados.
b) proceder ao nivelamento geométrico de todas as estacas.

A quadriculação será feita com o emprego do teodolito, para dar as direções, e a trena, para a marcação das distâncias. De início escolhe-se uma direção básica e vamos colocando estacas de *d* em *d* metros. Em seguida serão tiradas perpendiculares nos pontos mais favoráveis, que também receberão estacas cada *d* metros. E, de acordo com as condições locais, será completada a quadrícula, como mostra a Figura 6.12. A direção básica escolhida foi a linha *C*; após esfaqueá-la de *d* em *d* metros, foram tiradas perpendiculares nos pontos *C*-3 e *C*-10; estas perpendiculares também foram estaqueadas de *d* em *d* metros, em seguida foram completadas todas as demais linhas *A*, *B*, *D*, *E*, *F*, *G*, *H* e *I*. Foram utilizadas letras para definir as linhas, numa direção e algarismos nas outras, pois 9 letras e 13 números identificaram 117 pontos. Lembram-se do jogo de "batalha naval", tão do agrado das crianças?

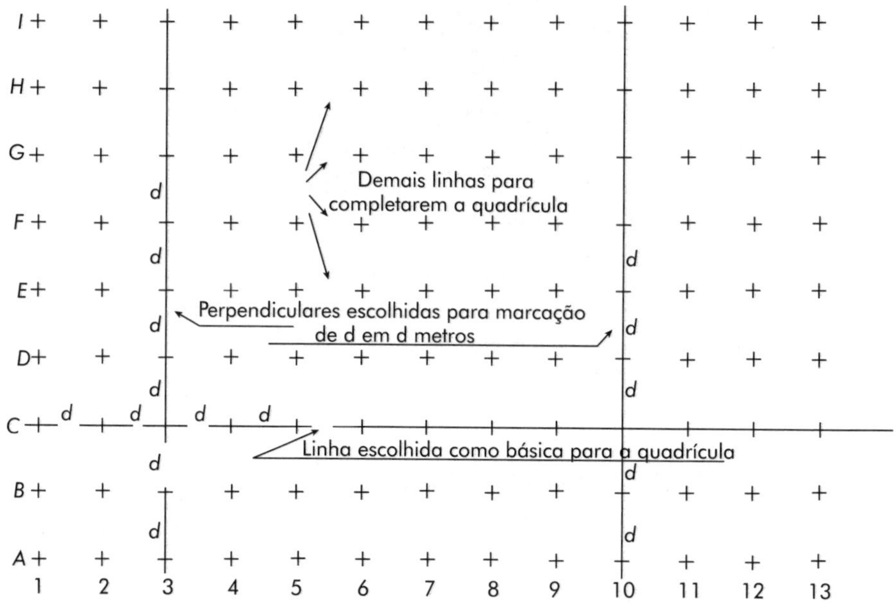

Figura 6.12 Exemplo de quadriculação.

A operação seguinte no campo será o nivelamento geométrico de todas as estacas.

A quadriculação é muito trabalhosa e demorada, enquanto que o nivelamento geométrico é extremamente rápido.

ESCOLHA DO VALOR *d*

Nota-se facilmente que quanto menor for *d* mais trabalho e tempo gastaremos na quadriculação, porém a precisão do trabalho será maior, pois acompanharemos melhor a sinuosidade do terreno. Por isso, caberá ao profissional escolher o valor mais indicado para *d*, em função da sinuosidade da superfície do polo, das dimensões do terreno e da maior ou menor necessidade de precisão. Depende também do comprimento da trena que usaremos. Por exemplo: se usarmos uma trena de 20 m, não é inteligente usar *d* = 30m, pois o trabalho será maior. Em geral, os valores mais usados para *d* são 20 m ou 10 m.

No escritório, iniciamos pelo desenho da quadrícula na escala escolhida. Em seguida procedemos à interpolação para marcar no desenho os pontos de cota inteira. Finalmente, ligando os pontos de mesma cota, são traçadas as curvas de nível.

INTERPOLAÇÃO

Trata-se de uma atividade simples, pois considera-se o terreno como uma linha reta entre os 2 pontos de cota conhecida, determinando assim os pontos de cota inteira existentes entre eles. A interpolação pode ser feita pelo método gráfico ou pelo método analítico, ambos simples.

Alguns exemplos de interpolação gráfica.

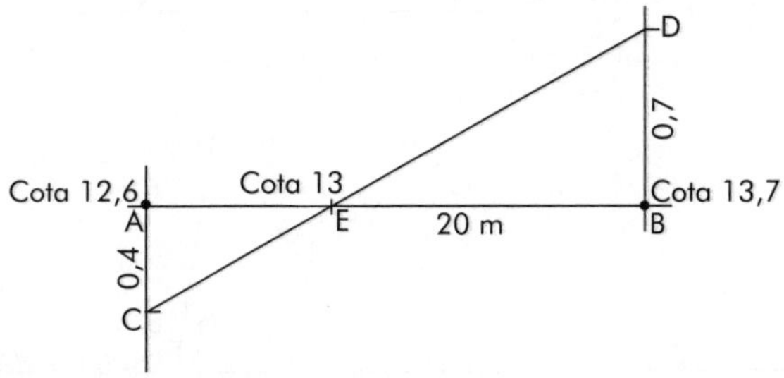

Figura 6.13 Interpolação gráfica.

Na Figura 6.13 os pontos de cotas conhecidos são *A* e *B*, distantes entre si de 20 m, em escala 1:200. Pelos pontos *A* e *B* foram traçadas 2 retas paralelas, não necessariamente perpendiculares a AB. Nelas foram marcadas as distâncias 0,4 e 0,7 em qualquer escala, contanto que iguais. São os valores para chegar de 12,6 a 13 (0,4) e de 13,7 a 13 (0,7). Obtemos os pontos *C* e *D*. Traçando a reta *CD*, ela cruza *AB* em *E*, que é justamente o ponto de cota 13 na reta *AB*. A interpolação analítica é baseada na semelhança dos triângulos *ACE* e *BDE*

$$\frac{AE}{AB} = \frac{AC}{AC + BD} \quad \text{no caso} \quad AE = 20\frac{0,4}{1,1} = 7,27 \text{ m}$$

Conhecendo-se *AE* (7,27), o ponto E será marcado na reta *AB* usando-se a mesma escala 1:200.

Outro exemplo

Foram traçadas as retas *AC* e *BD* paralelas entre si (Figura 6.14), Na reta *BD* foram marcados os pontos 18, 19, 20 e 21 em distâncias de 0,4 e depois de 1,0 em 1,0 em qualquer escala escolhida. Na reta *AC*, a partir de *A*, foram marcadas os pontos 21, 20, 19 e 18 em distâncias de 0,8 e depois de 1,0 a 1,0 nas mesma escala usada em *BD*. Liga-se o ponto 18 de *BD* com o ponto 18 em *AC*; esta reta cruzou com *AB* em *E*, que é o ponto de cota 18. Em seguida foram tiradas as retas paralelas 19-*F*, 20-*G* e 21-*H*.

Interpolação analítica: a reta *AB* mede 22,4 m. Então:

$$BE = 22,4\frac{0,4}{21,8 - 17,6} = 2,13 \text{ m} \qquad 0,4 = 18,0 - 17,6$$

$$BF = 22,4\frac{1,4}{21,8 - 17,6} = 7,47 \text{ m} \qquad 1,4 = 19,0 - 17,6$$

$$BG = 22,4\frac{2,4}{21,8-17,6} = 12,80 \text{ m} \qquad 2,4 = 20,0-17,6$$

$$BH = 2,24\frac{3,4}{21,8-17,6} = 18,13 \text{ m} \qquad 3,4 = 21,0-17,6$$

21,8 – 17,6 = 4,2 é a diferença total de cota entre *A* e *B*.

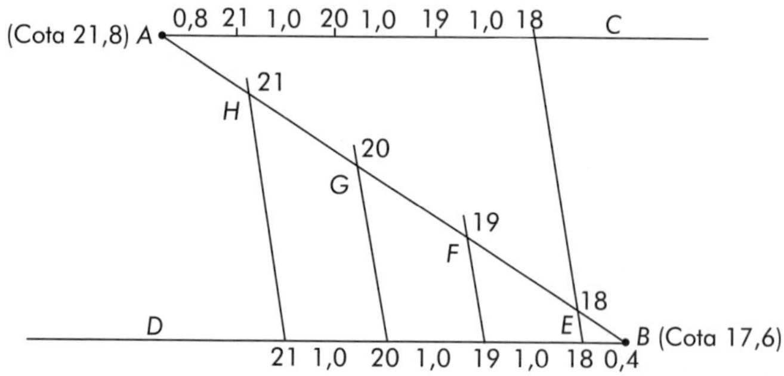

Figura 6.14 Interpolação gráfica.

A Figura 6.15 apresenta o resultado final da aplicação do método da quadriculação num retângulo de 80 m × 120 m. A quadrícula foi feita de 20 em 20 metros. Para facilitar os cálculos as cotas foram arredondadas para uma decimal (dm) e a interpolação foi analítica. Deve-se ressaltar de que, na prática, o arredondamento não deve ser feito, mantendo-se no cálculo as cotas até a casa dos centímetros obtidos no nivelamento geométrico do campo. Por outro lado, o uso do milímetro é um exagero, pois não modifica em nada o resultado obtido e aumenta substancialmente os trabalhos no campo e no escritório.

2° *Método da irradiação taqueométrica*

Atividades no campo

a) estabelecimento e levantamento planimétrico das poligonais principais e secundárias.

b) nivelamento geométrico das poligonais principais e secundárias.

c) irradiação taqueométrica.

a) Estabelecimento e levantamento planimétrico das poligonais

Este é um processo aplicável em terrenos de maior porte, onde o método da quadriculação se torna impróprio pelo tempo e custo inaceitáveis. Procurando dar um exemplo: caso a Figura 6.16 esteja em escala 1:5.000, o terreno nela representado teria aproximadamente 450.000 m, cerca de 45 hectares ou ainda 18 alqueires.

Pode-se imaginar facilmente a total impossibilidade econômica de quadricular um terreno deste porte, se compararmos com o retângulo da Figura 6.15, cuja área é de 9.600 m^2, menos de 1 hectare. A poligonal principal foi estabelecida com 33 estacas (de 0 a 32) acompanhando os limites do terreno. Em seguida foram estabelecidas 5 poligonais secundárias. A poligonal A saindo da estaca 14 da principal e chegando na estaca 30, com 14 lados; a poligonal B, de 11 a 19 com 11 lados; a poligonal C, de 9 a 22, com 12 lados; a poligonal D, de 5 a 26 com 12 lados; e a poligonal E, de 2 a 28 com 8 lados.

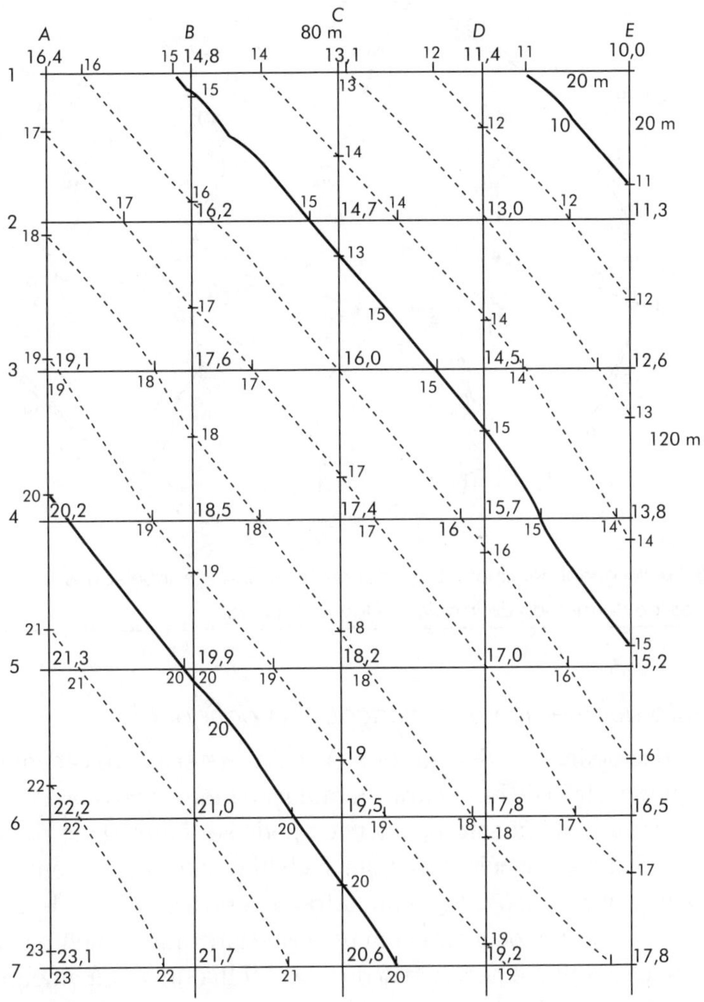

Figura 6.15

A escolha destas poligonais é livre, porém o profissional deve fazê-lo de modo racional, para que de suas estacas possam ser atingidas taqueometricamente todas as regiões do terreno, para isso devemos lembrar que o alcance taqueométrico é de, no máximo, aproximadamente 80 m, para ser possível a estima do milímetro na mira.

O levantamento planimétrico das poligonais deve ser feito por caminhamento com teodolito e trena. Os ângulos horizontais devem ser medidos e verificados e as distâncias com medidas à trena por ida e volta, para verificação. A tolerância no erro de fechamento angular deve ser de $\sqrt{n}$ em minutos, sendo n o número de estacas na poligonal principal. Para as poligonais secundárias pode-se aceitar $2\sqrt{n_1}$, sendo n_1, o número de estacas na poligonal secundária. O erro de fechamento linear na poligonal principal deverá ser, no máximo, de 1:2.000 e nas poligonais secundárias de 1:1.000.

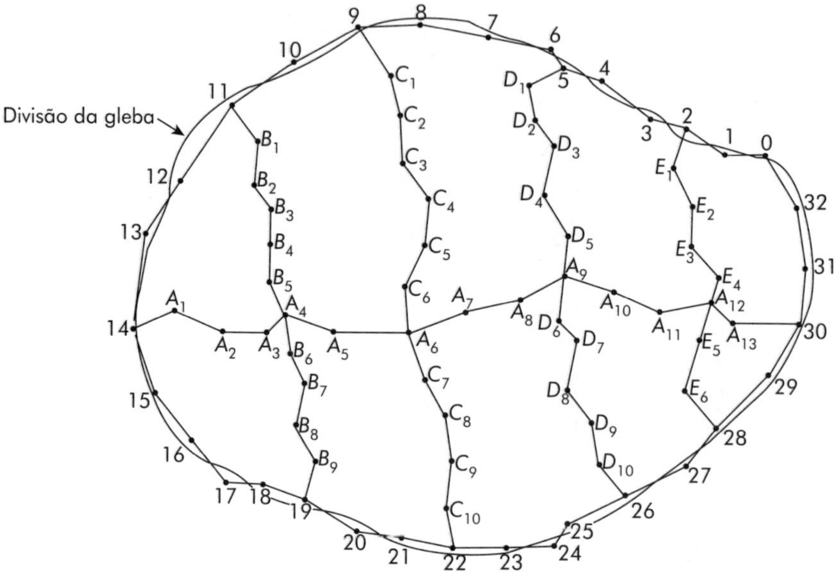

Figura 6.16 Poligonal principal e 5 poligonais secundárias estabelecidas para aplicação do método de irradiação taqueométrica.

b) Nivelamento geométrico das estacas das poligonais

As estacas das poligonais devem ter suas cotas determinadas com precisão centimétrica, porque servirão de base para a irradiação taqueométrica. Por isso, somente o caminhamento por nivelamento geométrico pode ser empregado na determinação destas cotas. A poligonal principal, por ser fechada, não exigirá contranivelamento, caso o fechamento altimétrico esteja enquadrado dentro do limite de 1 cm por quilômetro percorrido. O mesmo ocorrerá com os posteriores nivelamentos das poligonais secundárias. Como sempre, é necessário que se escolha um equipamento apropriado, e o nível para esta atividade deverá ser de boa precisão, de preferência com parafuso de elevação para ajuste de bolha para cada visada. Ressalte-se que o nível deve ser verificado, tendo a linha de vista paralela ao eixo da bolha.

c) Irradiação taqueométrica

Esta atividade é aquela que dá nome ao método. A Figura 6.17 procura exemplificá-la. O taqueômetro foi estacionado na estaca A_7. A visada inicial foi para A_6, como origem dos ângulos horizontais. A mira foi colocada apoiada diretamente no terreno em pontos aleatórios, porém escolhidos com bom senso. O taqueômetro visa para a mira onde são feitas as 3 leituras (superior, central e inferior); é lido o ângulo vertical no círculo vertical e o ângulo horizontal no círculo horizontal. É uma operação rápida,

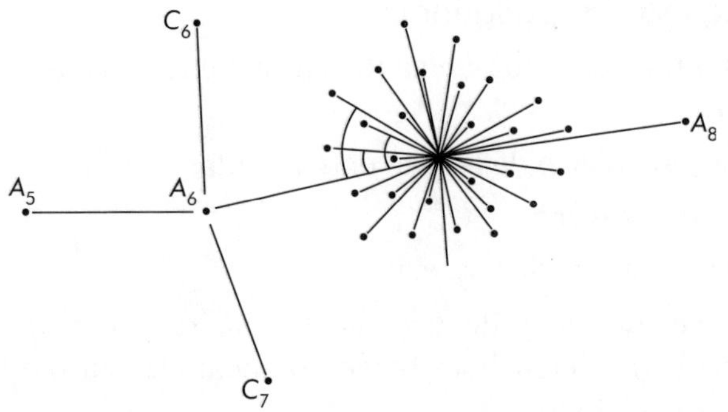

Figura 6.17 A partir da estaca A_7 foram visados inúmeros pontos dispersos pelo terreno até o alcance da taqueometria. Para obtenção dos ângulos horizontais foi usada a visada para A_6 com referência.

onde um topógrafo experiente consome de 2 a 3 minutos e em seguida visa outro ponto. É mesmo aconselhável que hajam 2 auxiliares, cada um com uma mira para acelerar o trabalho. Desta forma, em 8 horas de trabalho diário, torna-se possível a visada para cerca de 200 pontos. Os 2 auxiliares que segurarão as miras *A* e *B* devem ser previamente instruídos para colocarem-se em pontos tanto distantes quanto possível de uma mira a outra, tendo em vista que o terreno não mude sensivelmente de declividade, para maior rendimento. Vemos um exemplo na Figura 6.18.

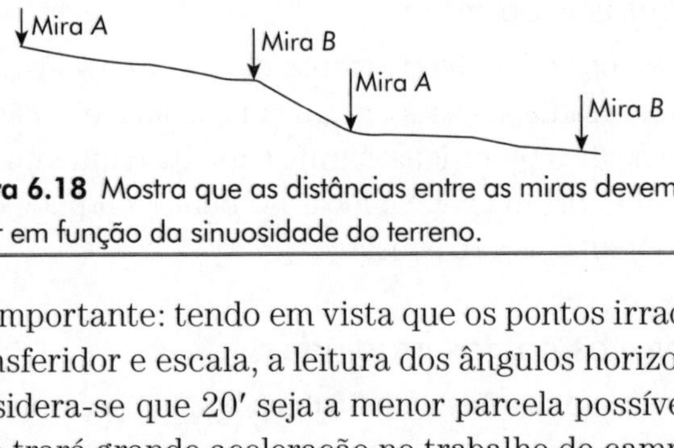

Figura 6.18 Mostra que as distâncias entre as miras devem variar em função da sinuosidade do terreno.

Outro aspecto importante: tendo em vista que os pontos irradiados serão locados no desenho por transferidor e escala, a leitura dos ângulos horizontais pode variar de 20 em 20′, pois considera-se que 20′ seja a menor parcela possível de ser distinguida no transferidor. Isso trará grande aceleração no trabalho de campo.

O emprego de taqueômetros autorredutores na irradiação taqueométrica irá acelerar tanto os trabalhos de campo como, principalmente, os de escritório. Destaque-se o modelo K1RA, da fábrica KERN, como o mais rápido e eficaz nesta operação. O ideal será o emprego de distanciômetros eletrônicos, somente proibitivos pelo seu alto preço.

ATIVIDADES NO ESCRITÓRIO

a) cálculo e desenho das poligonais.
b) locação dos pontos irradiados.
c) interpolação.
d) traçado das curvas de nível.

a) cálculo e desenho das poligonais

As poligonais serão calculadas, com toda a sequência exposta no nosso volume 1, isto é:

- ❏ determinação do erro de fechamento angular
- ❏ distribuição deste erro
- ❏ cálculo das coordenadas parciais
- ❏ determinação dos erros de fechamento linear: e_x (erro nas abcissas) e_y (erro nas ordenadas) e_f (erro de fechamento linear absoluto) e 1:M (erro de fechamento linear relativo)
- ❏ desde que aceito o erro de fechamento linear relativo, devemos proceder ao reajuste das coordenadas por um dos dois métodos expostos:
- ❏ procura do ponto mais a oeste
- ❏ cálculo das coordenadas totais com origem no ponto mais a oeste.
- ❏ cálculo da área da poligonal principal por um dos dois métodos expostos: método das duplas distâncias meridianas ou método das coordenadas totais, também conhecido como método das coordenadas dos vértices.

O desenho das poligonais será feito com as coordenadas totais, após a quadriculação do papel.

b) Locação dos pontos irradiados

Desde que não se possua um instrumento de desenho sofisticado chamado coordenatógrafo, os pontos irradiados serão localizados com a direção dada por transferidor e a distância por escala. O coordenatógrafo é um instrumento onde pode-se entrar com ângulo horizontal e distância e ele locará o ponto, ou pode-se ainda entrar com as coordenadas ortogonais x e y (cartesianas).

c) Interpolação entre os pontos irradiados

Tendo em vista as explicações sobre interpolações já fornecidas anteriormente, vamos apenas ressaltar alguns aspectos:

Os pontos a serem interpolados estarão dispostos de maneira desordenada e não em forma de quadrícula, como no 1° processo. Então é importante saber quais as interpolações que devem ser feitas e quais as que não devem ser feitas. Para isso, vamos citar 3 regras:

1ª Somente interpolar entre pontos imediatamente próximos

2ª Não cruzar direções de interpolação

3ª Não passar uma direção de interpolação muito perto de pontos de cota conhecida.

A Figura 6.19 tentará explicar. Procuramos mostrar o desrespeito a cada uma das 3 regras. Quando ocorrerem o desrespeito a estas regras, as curvas de nível resultarão deslocadas, deformadas e, certas vezes, até com indeterminações. Para mostrar estes erros, vamos usar o exemplo da Figura 6.20. Pode-se notar neste exemplo que uma inadequada interpolação entre *A* e *D* faria supor que o terreno fosse uniformemente inclinado entre estes 2 pontos, quando na realidade apresenta menor aclive entre *A* e a reta *B-C* e um maior aclive entre *B-C* e *D*.

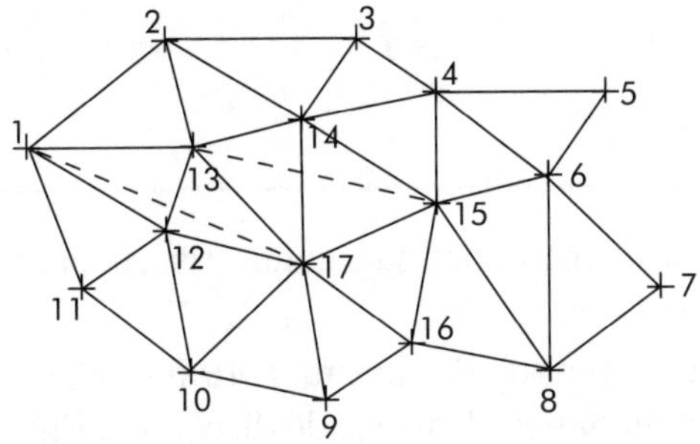

Figura 6.19 As linhas contínuas representam as interpolações correta. A linha tracejada 13-15 desrespeita a 2ª regra. A linha tracejada 1-17 desrespeita a regra 3ª, porque passa muito perto da estaca 12. Uma eventual interpolação entre as estacas 2 e 15 desrespeitaria a 1ª regra, pois desconheceria a existência da estaca 14 de cota conhecida.

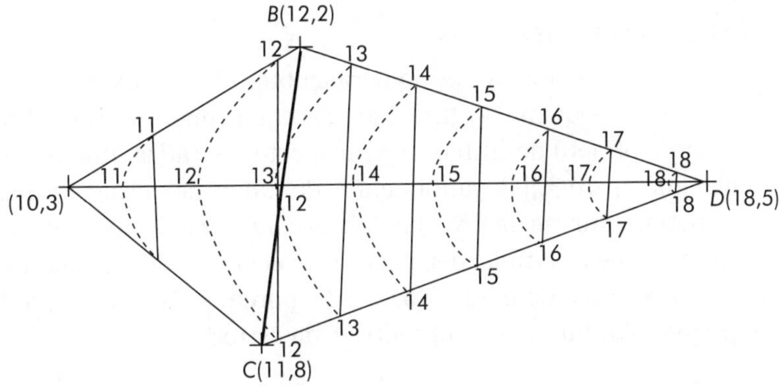

Figura 6.20 Caso fossem feitas apenas interpolações corretas *AB*, *BC*, *AC*, *CD* e *BD*, as curvas de nível seriam as linhas contínuas. Acrescentada a interpolação incorreta *AD*, passariam a ser as tracejadas que, como se vê, foram repuxadas para o lado de *A*, inclusive obrigando a curva 13 a atravessar a reta *BC*, onde não pode haver pontos com esta cota.

d) traçado das curvas de nível

Após obtermos diversos pontos de mesma cota, obtidos por interpolação, devemos ligá-los por uma linha contínua, formando a curva de nível. Porém também aqui devemos obedecer a certas regras. A ligação não deve ser feita enquanto não forem obtidos muitos pontos da mesma cota e mesmo outros de outras cotas. Isso porque poderão ser ligados erradamente. Veja que havendo apenas três pontos de mesma cota (1, 2, 3), existem 4 possibilidades de ligação; vê-se na Figura 6.21 *a*, *b*, *c*, *d*.

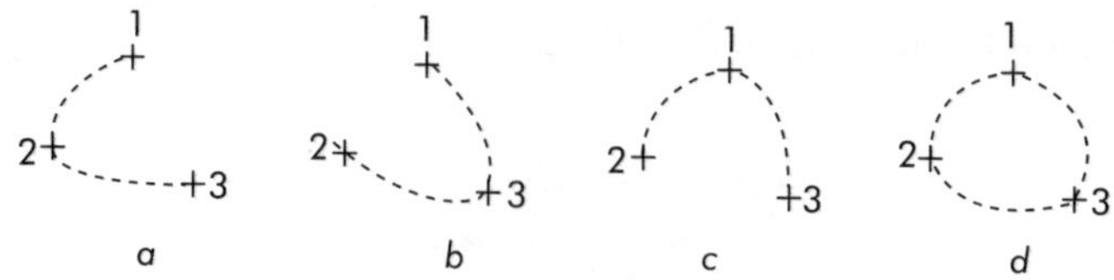

Figura 6.21

Só saberemos qual a ligação correta quando tivermos outros pontos da mesma cota e de outras cotas também.

A ligação dos diversos pontos de mesma cota deverá ser através de uma linha contínua e intuitiva, sem mudanças bruscas de direção. A Figura 6.22 tenta mostrar o traçado da curva.

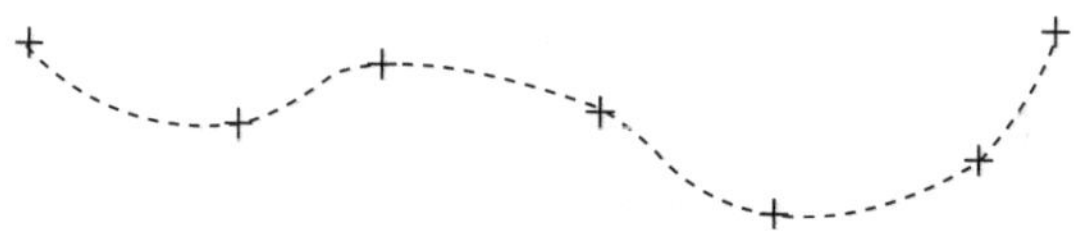

Figura 6.22

3° Método das seções transversais

Este método é especificamente usado para a obtenção de curvas de nível em faixas, isto é, terrenos com pequena largura e longos comprimentos. É fácil relacioná-lo imediatamente com o projeto de linhas de transporte: estradas, linhas de transmissão, adutoras, oleodutos, etc. Em levantamentos de linhas de ensaio (linhas básicas), por exemplo, são obtidas curvas de nível em faixas com cerca de 300 m de largura com o comprimento previsto pela estrada, dezenas ou até centenas de quilômetros. Trata-se de método onde a precisão é de média qualidade, porém suficientemente boa para a elaboração do projeto planimétrico e altimétrico da estrada.

ATIVIDADES NO CAMPO

a) estabelecimento e levantamento planimétrico da poligonal.

b) nivelamento geométrico da poligonal.

c) levantamento plano-altimétrico das seções transversais.

a) Estabelecimento e levantamento planimétrico da poligonal

Inicialmente são colocadas as estacas 0, I, II, III, IV etc. que estabelecem uma poligonal cujo percurso foi previamente escolhido por um anteprojeto. Em seguida fará o levantamento planimétrico desta poligonal, com medidas dos ângulos horizontais com teodolitos de alta precisão (mínimo de 10″ de leitura), devidamente verificados por repetição. Como orientação, geralmente prefere-se os azimutes verdadeiros, partindo-se da determinação do meridiano (norte verdadeiro) na 1ª estaca, como visadas ao sol ou estrelas. Convém proceder verificação a cada 5 km, com novas visadas aos astros. Não se pode esquecer de levar em conta a convergência dos meridianos, mormente em altas latitudes. A razão destes cuidados está no fato de se tratar de levantamento de uma poligonal aberta, portanto sem possibilidade de verificação do erro de fechamento angular. Desvios angulares, mesmo pequenos iniciais, podem deslocar grandes distâncias nos pontos mais afastados. Na medição do comprimento dos lados aproveita-se para a colocação de estacas de d em d metros (o valor de d *é* de livre escolha do profissional, porém em estradas usa-se 20 m como padrão). Toma-se ainda cuidado de se manter o valor d nas estações de mudança de direção. Ou seja, para d = 20 m, caso a distância medida entre 19 em I (Figura 6.23) seja 7,28 m, a estaca 20 será colocada de modo a que I – 20 seja 12,72 m, totalizando portando o valor d – 20 m. Este procedimento facilita a identificação do local onde nos encontramos, pois o número da estaca multiplicado por 20 m indica a distância em que estamos da estaca zero; por exemplo: na estaca 2123 estamos a 42.460 m da origem.

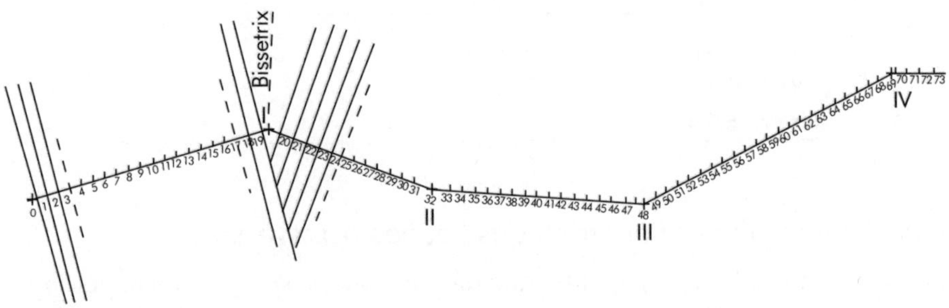

Figura 6.23

b) Nivelamento e contranivelamento geométrico das estacas

Para isso dividimos a extensão total em trechos de 3, 4, 5 quilômetros e fazemos o nivelamento geométrico seguido do contranivelamento de todas as estacas, as dos vértices (algarismos romanos no nosso exemplo) e as de d em d metros (algarismos arábicos). É bom lembrar que, que para aceleração dos trabalhos, pode-se fazer o nivelamento dos trechos simultaneamente, posteriormente acertando todos eles à mesma referência de nível. Nestes nivelamentos geralmente aceitamos erros de até 1 cm por quilômetro, reajustando em seguida. Deve-se empregar níveis de boa precisão, sejam automáticos ou tipo inglês com parafuso de elevação, testados diariamente antes do início do trabalho do dia, na sua principal condição de paralelismo entre eixo da bolha e linha de vista. Apesar de ter sido mostrado no volume 1 o procedimento para este teste, vamos repeti-lo aqui.

Próximo do local de guarda dos níveis e, portanto, de onde eles sairão pela manhã, mantemos 2 estacas A e B distantes cerca de 60 m (Figura 6.24), cuja diferença de cota (a) deve ser previamente conhecida. Nas estacas A e B podem ser mantidas permanentemente 2 miras, quem sabe já em desuso, escoradas por madeiras. Cada topógrafo estacionará seu nível atrás de A e mais próximo possível, contanto que possa focalizar a mira. Com a bolha rigorosamente centrada fará a leitura l_1, na mira A. E, imediatamente, calculará qual deverá ser a leitura l_2 em B para que a linha de vista seja horizontal: $l_2 = l_1, + a$. Em seguida, verifica se obtém este valor l_2; caso contrário ajustará para esta leitura. Esta operação poderá dispender no máximo 5 minutos e evitará o uso do nível desretificado. Simples, não é verdade? Caso B tenha cota superior a A: $l_2 = l_1 - a$. Para os níveis automáticos, procede-se da mesma forma, podendo-se ajustar o dispositivo do automatismo caso desregulado.

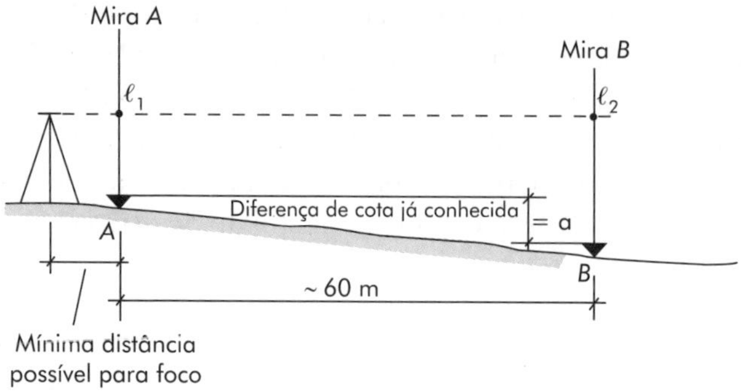

Figura 6.24

c) *Levantamento planoaltimétrico das seções transversais*

Esta é fase do trabalho de campo que dá nome ao processo que vai obter cotas de pontos diversos dentro da faixa a ser levantada. Originalmente, este levantamento era feito com aparelhos expeditos (rápidos) e de baixa precisão como pantômetro, níveis de mão ou clinômetros (clisímetros). Atualmente, dá-se preferência ao emprego de taqueômetros, especialmente os autorredutores.

Emprego de taqueômetros

O taqueômetro será estacionado em cada uma das estaca de d em d metros (arábicas) e girando 90° a partir da visada inicial, feita ao longo da poligonal, estará visando para a perpendicular. Ao longo da perpendicular fará leituras de mira e ângulos verticais para, por taqueometria, obter distâncias horizontais e cotas de diversos pontos para um e outro lado, até seu alcance. Em seguida, o taqueômetro será estacionado no último ponto alcançado de cada lado, continuando até o limite da cada lado previsto para o levantamento da faixa. O emprego do taqueômetros autorredutores acelera o trabalho de campo e principalmente o de escritório nos cálculos. Vê-se na Figura 6.23 que nas estações de mudança de direção, para o lado externo, ficará uma região não levantada; pode-se então tirar uma bissetriz como seção na estaca I, por exemplo.

Emprego de equipamentos rápidos e de baixa precisão

Pantômetros. São parelhos elementares que possuem 2 linhas de vista perpendiculares entre si, geralmente através de pínulas; podem ser chamados também de esquadros. Um deles é o pantômetro de cilindro; trata-se de uma peça cilíndrica com 2 conjuntos de pínulas formando 2 linhas de vista perpendiculares (Figura 6.25) onde o cilindro é mostrado em vista lateral e em corte; as duas visadas *A* e *B* são perpendiculares entre si. Ele é acoplado sobre um tripé, com possibilidade de ser verticalizado.

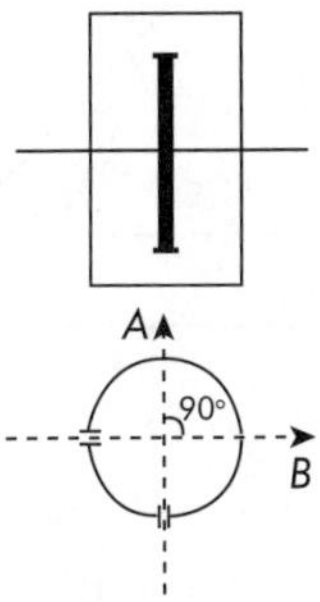

Figura 6.25 Pantômetro de cilindro.

Dirigimos uma linha de vista na direção da reta da poligonal e a outra linha de vista mostrará o alinhamento da seção transversal. Naturalmente a precisão é pequena, mas a operação será muito mais rápida do que a de um teodolito. Existem outros tipos de esquadros, como o de prisma, por exemplo; trata-se de um acessório de pequeno porte munido de um prisma de 45°. Vemos pelas Figura 6.26a e 6.26b que a linha de vista que sai (*B*) é sempre perpendicular a que entra (*A*). Segura-se o prisma com as mãos estando-se sobre a estaca da poligonal, de forma que a linha de vista *B* vise ao longo da reta da poligonal. A linha de vista *A* estará na perpendicular, onde procuramos alinhar outra baliza, de forma que as duas se completem conforme mostra a Figura 6.26a. Note-se que a baliza da seção transversal é vista por fora do prisma, enquanto que a outra é vista por dupla reflexão no prisma. O problema da refração é anulado, pois a linha vista inicialmente passa do ar para o cristal e posteriormente do cristal para o ar, portanto anulando o desvio.

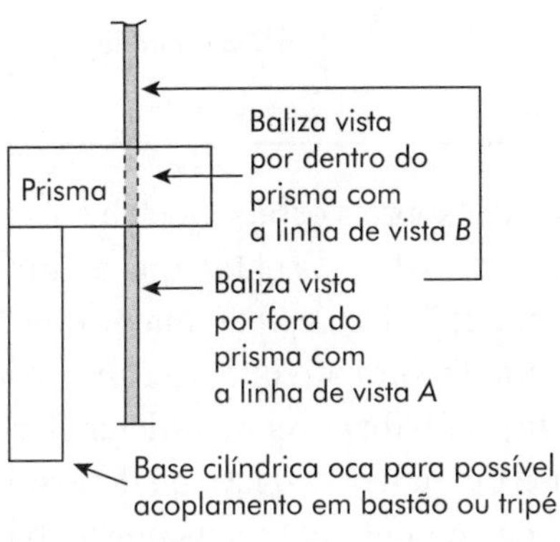

Figura 6.26a Vista lateral.

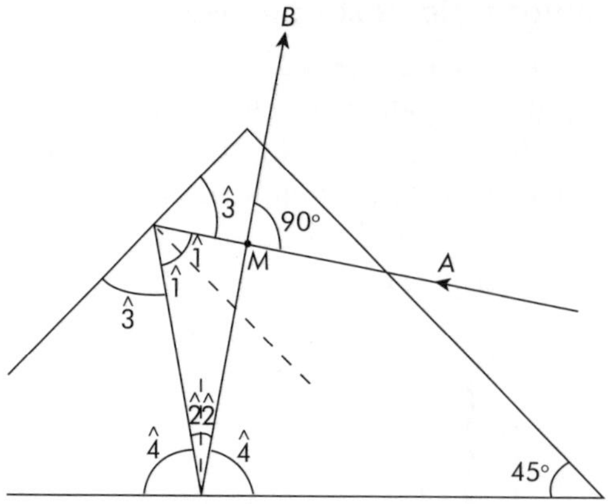

$\hat{1} = 90° - 3$

$\hat{2} = 90° - 4$

$\hat{1} + \hat{2} = 180° - (\hat{3} + \hat{4})$

$\hat{3} + \hat{4} = 180° - 45° = 135°$

$\hat{1} + \hat{2} = 45°$

$2 \times (\hat{1} + \hat{2}) = 90°$

Portanto o ângulo $\underline{M}$ é reto

Figura 6.26b Esquadro de prisma.

Nível de mão. É também um acessório de baixa precisão, que procura os pontos de cota inteira diretamente no campo.

A Figura 6.27 mostra o nível de mão em corte longitudinal e depois em corte transversal. O tubo poderá ser de seção quadrada ou circular. Segura-se o nível com a mão (sem tripé) procurando ver a bolha centrada no retículo e faz-se a leitura de mira. Como o tubo não possui lentes, o alcance do aparelho é muito limitado (cerca de 10 metros) e assim mesmo para leitura apenas até centímetros. Mas o nivelamento e leitura são tão rápidos que podemos afastar ou aproximar a mira de forma a obter uma leitura predeterminada, para que esteja sobre um ponto de cota inteira. Vamos exemplificar na Figura 6.28.

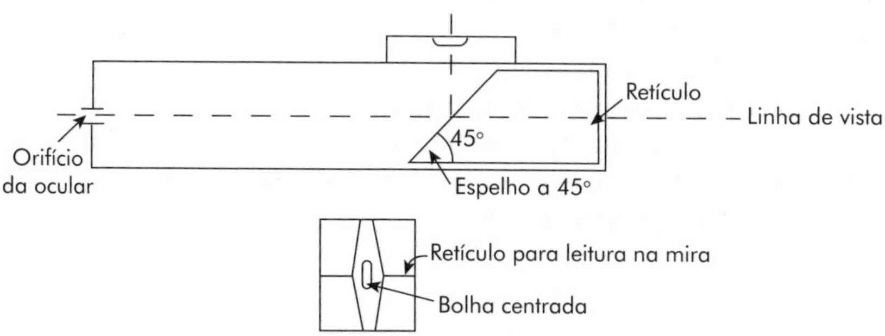

Figura 6.27 Nível de mão.

O nível de mão está colocado sobre a estaca n, cuja cota conhecida é 15,26 a 1,50 m acima, seguro junto a uma baliza; sabemos então que a mira só estará sobre um ponto de cota 15 quando a leitura for 1,76, isto é, 0,26 maior que 1,50. Em seguida, baliza e nível irão para cota 15 e a mira descerá até que a leitura seja 2,50 m, isto é, 1 m maior que a altura do nível (1,50 m) na baliza. As distâncias horizontais m_1, m_2 etc. serão medidas com trena. A rapidez do manejo e o fato de determinar pontos de cota inteira diretamente no terreno, até certo ponto compensam sua baixa precisão.

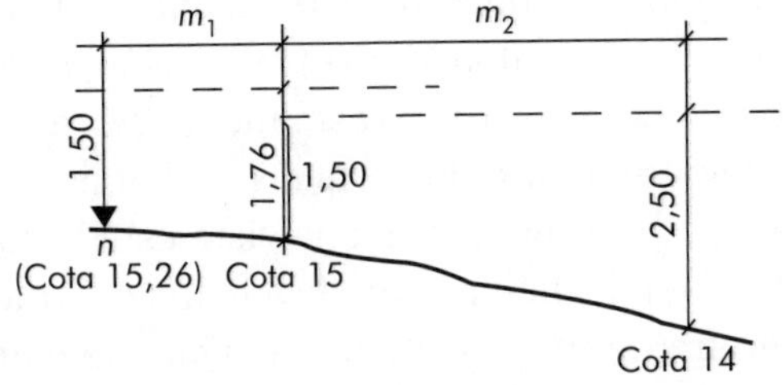

Figura 6.28

Crê-se que numa seção de 100 m poderá errar até cerca de 0,50 m na cota. Este erro não deslocará exageradamente as curvas de nível. Mas para isso deverá ser verificado que quando a bolha estiver centrada a linha de vista seja horizontal. Esta verificação é muito simples e rápida. Vamos mostrá-la na Figura 6.29. Usamos 2 pontos no terreno, distante 8 a 10 m (*A* e *B*). Com o nível de mão em *A* a 1,50 de altura faremos a leitura l_1 em *B*. Depois com o nível em *B* faremos a leitura l_2 em *A*.

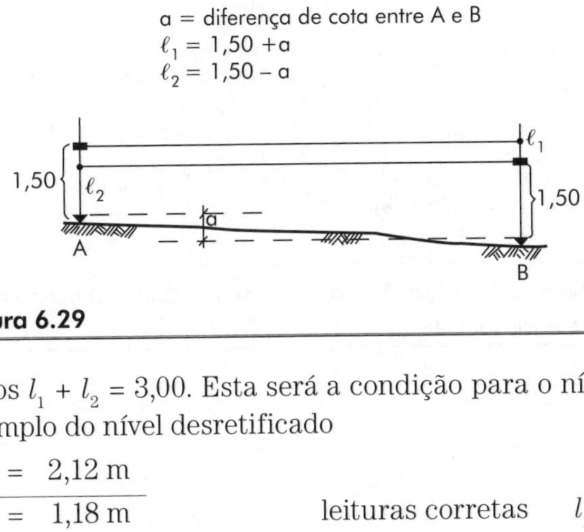

Figura 6.29

Somando temos $l_1 + l_2 = 3{,}00$. Esta será a condição para o nível estar retificado. Vamos dar um exemplo do nível desretificado

$$\begin{aligned} l_1 &= 2{,}12 \text{ m} \\ l_2 &= 1{,}18 \text{ m} \\ l_1 + l_2 &= 3{,}30 \text{ m} \\ 2 \times \text{erro} &= 0{,}30 \\ \text{erro} &= 0{,}15 \end{aligned}$$

leituras corretas

$$\begin{aligned} l_1 &= 1{,}97 \\ l_2 &= 1{,}03 \\ l_1 + l_2 &= 3{,}00 \end{aligned}$$

Geralmente os níveis de mão têm o espelho deslocável; então, visando de *B* para *A*, colocamos a leitura em 1,03 e deslocamos o espelho até que a bolha apareça centrada.

A anotação de caderneta para levantamentos cora níveis de mão aparece a seguir onde *n é* o número da seção, nos numeradores aparecem as cotas encontradas e nos denominadores as respectivas distâncias horizontais, medidas à trena.

$$\text{etc.} \quad \frac{18}{m'_3} \quad \frac{17}{m'_2} \quad \frac{16}{m'_1} \quad \frac{n}{15{,}26} \quad \frac{15}{m_1} \quad \frac{14}{m_2} \quad \frac{13}{m_3} \quad \text{etc.}$$

Clinômetros. Um dos modelos de clinômetro mais usado é o chamado nível de Abney. É um pequeno aparelho semelhante ao nível de mão, porém com um detalhe a mais: tira linhas de vista inclinada, medindo esta inclinação em graus, grados ou porcentagens de rampa (tangente do ângulo vertical). A Figura 6.30 mostra o nível de Abney na posição horizontal, portanto a linha de vista está horizontal e encontrando o espelho E a 45° reflete-se verticalmente, vendo a bolha centrada, e a haste que está presa à bolha indica a leitura de 0° no semicírculo. Quando o aparelho se inclina no ângulo a (Figura 6.31) para centrarmos a bolha devemos deslocar a haste, produzirá no semicírculo vertical a leitura a. Para utilizarmos o aparelho no campo, seguimos junto a uma baliza na altura de 1,50 m e visamos para outra baliza na mesma altura. Assim a linha de vista estará sensivelmente paralela ao terreno e o ângulo a representará a sua inclinação (Figura 6.32). As distâncias a_1, a_2, a_3, a_4 etc são medidas a trena e podem ser variáveis em terrenos irregulares ou constantes (10 m, por exemplo) em terrenos uniformemente inclinados.

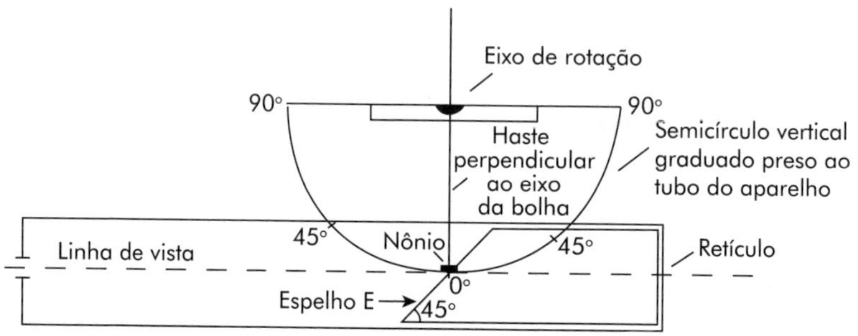

Figura 6.30 Nível de Abney em posição horizontal. O semicírculo está preso ao corpo do aparelho e inclina-se com ele.

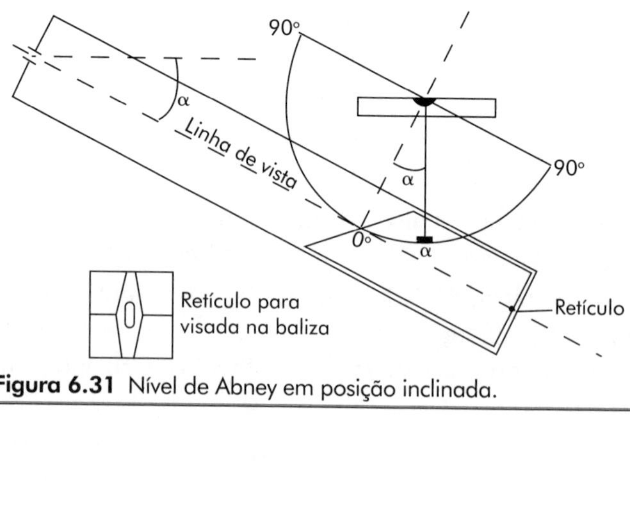

Figura 6.31 Nível de Abney em posição inclinada.

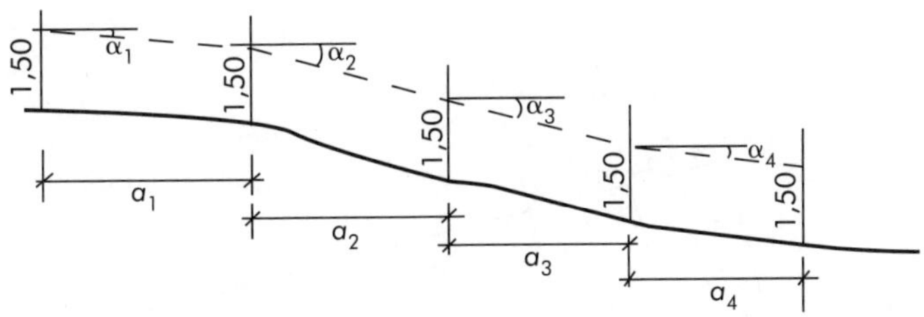

Figura 6.32 Uso do nível de Abney.

ATIVIDADES NO ESCRITÓRIO

a) cálculo e desenho da poligonal.

b) desenho das seções transversais.

c) interpolação.

d) traçado das curvas de nível.

a) Cálculo e desenho da poligonal

Com o conhecimento dos azimutes verdadeiros das linhas e seus comprimentos serão calculadas as coordenadas (x e y) dos lados. Não haverá constatação de erro de fechamento linear, pois a poligonal é aberta. No entanto, caso sejam conhecidas com absoluta segurança as coordenadas totais dos pontos inicial e final, então o erro de fechamento poderá ser determinado e, caso aceito, será distribuído. As coordenadas totais dos pontos inicial e final geralmente serão em coordenadas U.T.M. (Universal Transversa de Mercator) que é o sistema de projeção cartográfica mais usado em nosso país. O desenho da poligonal será com as coordenadas totais de cada vértice, tomando como origem o ponto inicial com as coordenadas que tiver.

b) Desenho das seções transversais

Tiradas as perpendiculares às linhas em cada estaca, estarão traçadas as seções transversais. Nelas serão representadas os pontos obtidos com a taqueometria com as respectivas cotas.

c) Interpolação

Serão executadas pelos métodos gráficos ou analíticos já conhecidos. Interpola-se entre pontos da mesma seção e excepcionalmente entre pontos de duas seções consecutivas, tendo porém o cuidado de fazê-lo em alinhamento quase perpendicular às seções, como mostra a Figura 6.33. As linhas cheias ligando pontos entre as seções 42 e 43 são normais, enquanto a linha pontilhada é uma interpolação absurda.

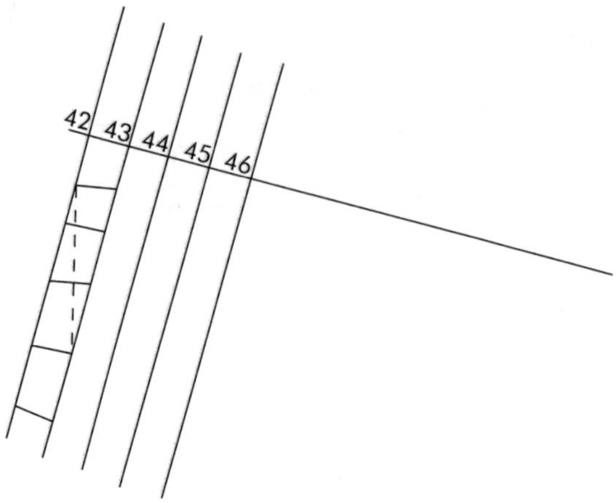

Figura 6.33

d) traçado das curvas de nível

A ligação entre pontos da mesma cota formará a curva de nível. Não há nenhuma recomendação além daquelas já mencionadas nos métodos anteriores.

APLICABILIDADE DOS TRÊS MÉTODOS

Agora que já conhecemos os três processos, podemos fazer um comentário comparativo. O *primeiro método*, da quadriculação, é o de maior precisão, quase perfeito quando aplicado com cuidado. A localização dos pontos do quadriculado no terreno poderá ter um erro desprezível, caso se tirem as perpendiculares com teodolitos e as distâncias sejam medidas cuidadosamente com trena. O nivelamento geométrico das estacas, por sua vez, também apresenta erro desprezível. A escolha do valor d (lado do quadrado) deve estar de acordo com a sinuosidade do terreno. Portanto as curvas de nível obtidas na planta não deverão ter qualquer deslocamento sensível. Porém é um método extremamente demorado e consequentemente oneroso. Isso faz com que seja um método praticamente obrigatório para pequenas áreas e proibitivo para áreas maiores. O limite só a prática determinará, mas uma área, por exemplo de cerca de 10.000 m^2, poderá ser levantada em 2 ou 3 dias de trabalho, portanto sem problemas. Já uma área de 100 hectares (1.000.000 m^2) tornará o trabalho sem previsão de tempo, alguns meses talvez. Vamos lembrar que o tempo será gasto primordialmente com a quadriculação, pois o nivelamento geométrico é rápido. Exemplificando, quando o levantamento é feito para o projeto de um trabalho de terraplenagem, é o método mais indicado custe o que custar, pois a terraplenagem será ainda muito mais dispendiosa, justificando portanto um levantamento quase perfeito.

O *segundo método*, de irradiação taqueométrica, destina-se a grandes áreas, naturalmente limitadas pelo valor que justifique um trabalho topográfico, pois acima deste valor a aerofotogrametria seria mais indicado. É um método onde as curvas de nível podem parecer um pouco deslocadas da realidade, porém não deformadas, sempre considerando que o método tenha sido bem aplicado, naturalmente. Sua falha está na obtenção das cotas das cotas dos pontos irradiados por taqueometria. Um exemplo bem característico de sua aplicação na engenharia civil é o levantamento de glebas para projetos de arruamento e loteamento.

O *terceiro método*, de seções transversais, é sempre aplicado para a obtenção de curvas de nível em faixas, ou seja, terrenos com pouca largura e muito comprimento. É o caso específico de linhas de transporte em geral; estradas, adutoras, oleodutos, linhas de transmissão, etc. Sua precisão é baixa, porém suficientemente boa para a fase do projeto.

Aerofotogrametria

Para áreas muito grandes o método apropriado será o de aerofotogrametria, que por sua vez, é inaplicável para pequenas áreas. Não há portanto atrito entre as duas atividades: topografia e aerofotogrametria, já que as duas se completam.

7

Terraplenagem para plataformas

Nesta parte estaremos abordando trabalho de terraplenagem para construção de plataformas, sejam horizontais ou inclinadas. Nos exemplos que se seguirão poderemos verificar que todo o trabalho pode ser planejado para obter o resultado que se desejar, desde que se conheça o modelo original do terreno, ou seja, a forma planimétrica e altimétrica do terreno, antes de serem iniciadas as atividades das máquinas. Caso sejam iniciados os trabalhos antes das medições planimétricas do local, torna-se impossível o conhecimento razoável dos volumes de corte e aterro movimentados. O método de levantamento mais apropriado para obtenção das curvas de nível do terreno é a quadriculação. A área a ser trabalhada deve ser locada e em seguida quadriculada; o lado do quadrado deve ser maior ou menor em função da extensão do trabalho e da sinuosidade do terreno, já que iremos obter as cotas do terreno apenas nos vértices dos quadrados; o lado, no terreno deve ser o mais próximo possível de uma reta. Deste modo a interpretação no cálculo se aproximará da realidade. Em geral, os quadriculados são de 10, 20, 30 ou 50 metros. Para lotes urbanos de pequeno porte pode-se até usar quadrados de 5 ou 4 metros. Nos nossos exemplos usaremos lados de 20 m para não alongar muito os cálculos, já que o objetivo é mostrar os métodos aplicados. A terraplenagem é sempre feita para uma determinada finalidade.

Chamaremos a esta finalidade ou objetivo, genericamente de "PROJETO". Então o "projeto" poderá solicitar da topografia o planejamento para uma das quatro hipóteses:

1ª hipótese: plano final horizontal sem a imposição de uma cota final determinada.

2ª hipótese: plano final horizontal com a imposição de uma cota final determinada.

3ª hipótese: plano inclinado sem a imposição da altura em que este plano deverá ficar.

4ª hipótese: plano inclinado impondo uma determinada altura para ele, através de escolha da cota de um certo ponto.

Sabemos que custo da terraplenagem compõe-se basicamente do custo do corte e do transporte. O aterro é uma consequência direta do corte e do transporte, e como tal não é pago. Baseados nisso, na 1ª e 3ª hipóteses a topografia poderá escolher uma altura do plano final que determine volumes iguais de corte e de aterro, fazendo com que se corte o mínimo possível e também se reduza o transporte ao mínimo. Solução portanto mais econômica. Caso o projeto obrigue a uma determinada altura do plano, restará à topografia sua aplicação e os cálculos dos volumes de corte e aterro que resultarão, logicamente, diferentes.

Para os exemplos de aplicação das quatro hipóteses, vamos escolher o mesmo modelo de terreno. É um retângulo de 60 m × 80 m quadriculado de 20 em 20 metros, cujos vértices tiveram suas cotas obtidas por nivelamento geométrico com precisão decimétrica. Este modelo não está de acordo com a realidade prática, pois para um terreno tão pequeno o quadriculado deveria ser no máximo de 10m e as cotas com precisão centimétrica. Para não alongar os cálculos é que foi escolhido o lado de 20m e cotas com apenas uma decimal.

MODELO DO TERRENO

As curvas de nível foram traçadas após a obtenção dos pontos de cotas inteiras por interpolação.

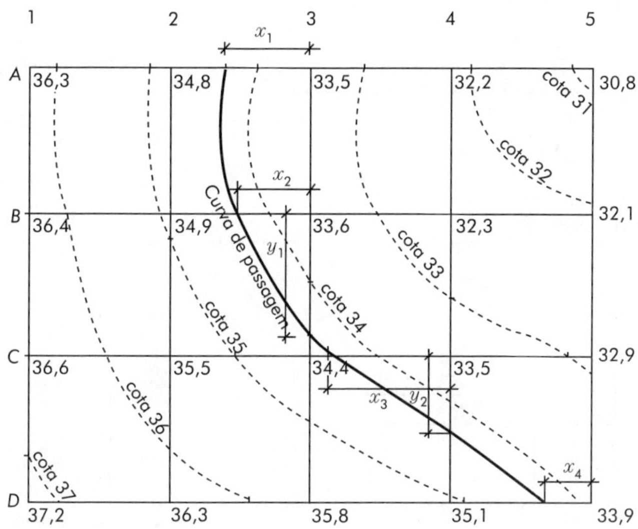

Figura 7.1 Modelo do terreno (planta).

Exemplo da 1ª hipótese: o "projeto" solicita um plano horizontal porém não impõe sua cota final. A topografia irá determinar a cota final que venha a resultar volumes iguais de corte e aterro, já que é a solução mais econômica.

1ª *hipótese:* plano horizontal – cota final livre

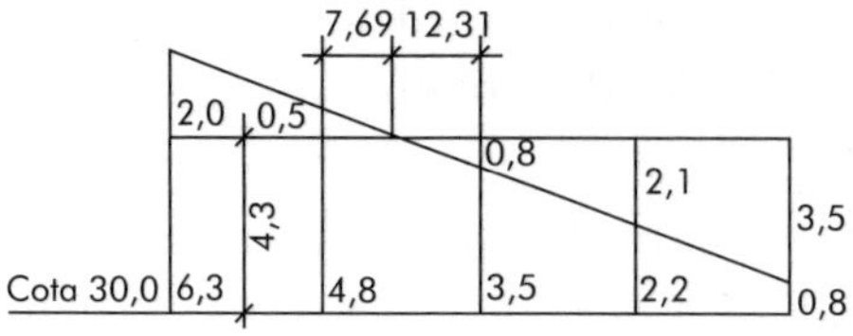

$$20\times\frac{0,5}{1,3}=7,69\ \text{m}$$

$$20\times\frac{0,8}{1,3}=12,31\ \text{m}$$

$$S_{\text{corte}}=\frac{20}{2}(2,0+0,5)+\frac{0,5\times7,69}{2}=26,9225\ \text{m}^2$$

$$S_{\text{aterro}}=\frac{0,8\times12,31}{2}+\frac{20}{2}(0,8+2\times2,1+3,5)=89,9240\ \text{m}^2$$

Figura 7.2 Seção *A*.

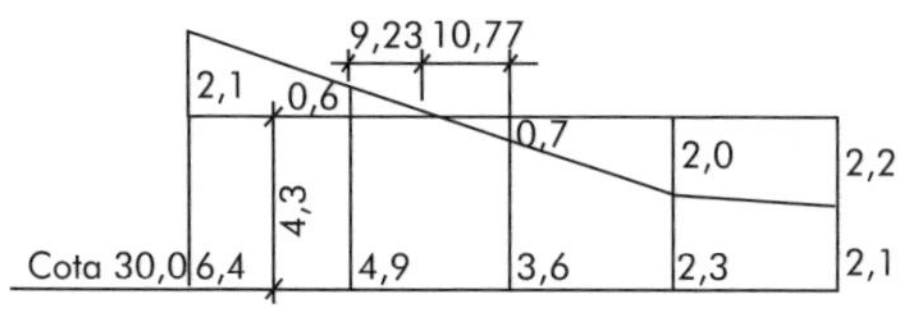

$$20\times\frac{0,6}{1,3}=9,23\ \text{m}$$

$$20\times\frac{0,7}{1,3}=10,77\ \text{m}$$

$$S_{\text{corte}}=29,7690\ \text{m}$$

$$S_{\text{aterro}}=72,7695\ \text{m}$$

Figura 7.3 Seção *B*.

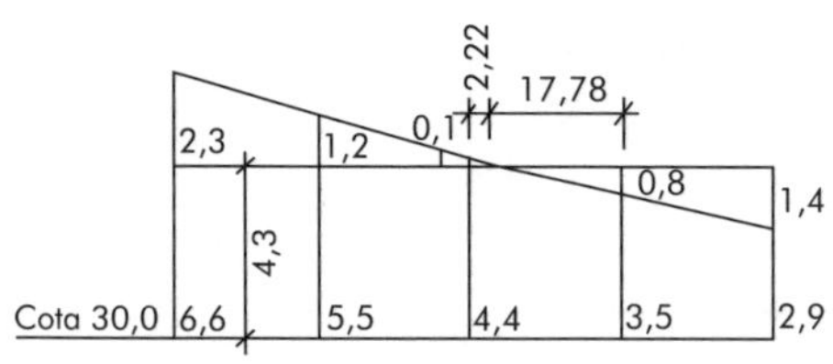

$$20\times\frac{0,1}{0,9}=2,22\ \text{m}$$

$$20\times\frac{0,8}{0,9}=17,78\ \text{m}$$

$$S_{\text{corte}}=48,1110\ \text{m}^2$$

$$S_{\text{aterro}}=29,1120\ \text{m}^2$$

Figura 7.4 Seção *C*.

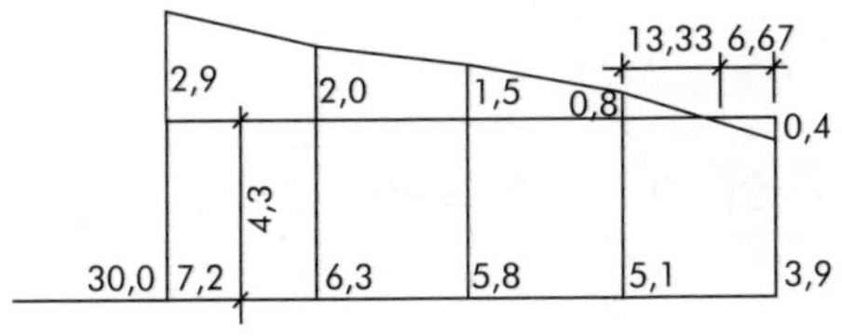

$$20 \times \frac{0,8}{1,2} = 13,33 \text{ m}$$

$$20 \times \frac{0,4}{1,2} = 6,67 \text{ m}$$

$$S_{\text{corte}} = 112,3320 \text{ m}^2$$

$$S_{\text{aterro}} = 1,3340 \text{ m}^2$$

Figura 7.5 Seção *D*.

$$V_{\text{corte}} = \frac{20}{2}\left[(26,9225 + 112,3320) + 2(29,7690 + 48,1110)\right] = 2.950,1450 \text{ m}^3$$

$$V_{\text{aterro}} = \frac{20}{2}(89,9240 + 1,3340) + 2(72,7695 + 29,1120) = 2.950,2100 \text{ m}^3$$

Cálculo da área da seção A, tomando como cota de referência 30 m e aplicando a fórmula dos trapézios (Bezout).

$S = \frac{d}{2}(E + 2M)$ onde d é a altura dos trapézios, E a soma das ordenadas das extremidades e M a soma das ordenadas intermediárias.

$$S_{\text{Seção A}} = \frac{20}{2}\left[(6,3 + 0,8) + 2(4,8 + 3,5 + 2,2)\right] = 281,00 \text{ m}^2$$

$$S_{\text{Seção B}} = \frac{20}{2}\left[(6,4 + 2,1) + 2(4,9 + 3,6 + 2,3)\right] = 301,00 \text{ m}^2$$

$$S_{\text{Seção C}} = \frac{20}{2}\left[(6,6 + 2,9) + 2(5,5 + 4,4 + 3,5)\right] = 363,00 \text{ m}^2$$

$$S_{\text{Seção D}} = \frac{20}{2}\left[(7,2 + 3,9) + 2(6,3 + 5,8 + 5,1)\right] = 455,00 \text{ m}^3$$

Cálculo do volume total de terra acima da cota 30 m e contida na área do retângulo. Aplicamos a fórmula das áreas extremas, isto é, o volume entre as seções A e B é obtido pelo produto da média aritmética das áreas das seções pela distância entre elas.

$$\text{Volume}_{(A-B)} = \frac{S_A + S_B}{2} d$$

Aplicada a mesma fórmula para os volumes entre B e C e entre C e D e somando, temos o volume total

$$V_{\text{total}} = \left(\frac{S_A + S_B}{2}\right) d + \left(\frac{S_B + S_C}{2}\right) d + \left(\frac{S_C + S_D}{2}\right) d$$

$$V_{\text{total}} = \frac{d}{2}\left[\left(S_A + S_D\right) + 2\left(S_B + S_C\right)\right]$$

$$V_{\text{total}} = \frac{20}{2}\left[\left(281 + 455\right) + 2\left(301 + 363\right)\right] = 20.640{,}00 \text{ m}^3$$

Para melhor compreensão do que representa este volume total, podemos imaginar um grande "caixote", cujo fundo é o plano horizontal de cota 30 m e as paredes laterais são os planos verticais $A_1 A_5$, $A_5 D_5$, $D_5 D_1$ e $D_1 A_1$ (Figura 7.1)

Os 20.640 m^3 de terra estão contidos dentro deste "caixote", porém de forma (Figura 7.6) irregular. O que queremos é que o mesmo volume continue lá, porém com uma altura uniforme para termos um plano horizontal. Assim dentro do "caixote" existirá um paralelepípedo cujo volume será o mesmo. Mas o volume do paralelepípedo é igual à área da base pela altura. Chamando a altura de altura média, h_m, teremos

$V_{\text{total}} = h_m \times$ área do retângulo

$$\therefore h_m = \frac{V_{\text{total}}}{\text{área do retângulo}} = \frac{20{,}640 \text{ m}^3}{60 \text{ m} \times 80 \text{ m}} = 4{,}30 \text{ m}$$

já que a h_m está acima da cota de referência (30 m), temos:

Cota final = C_f = 30,00 + 4,30 = 34,30 m

Verificação pelo método das alturas ponderadas

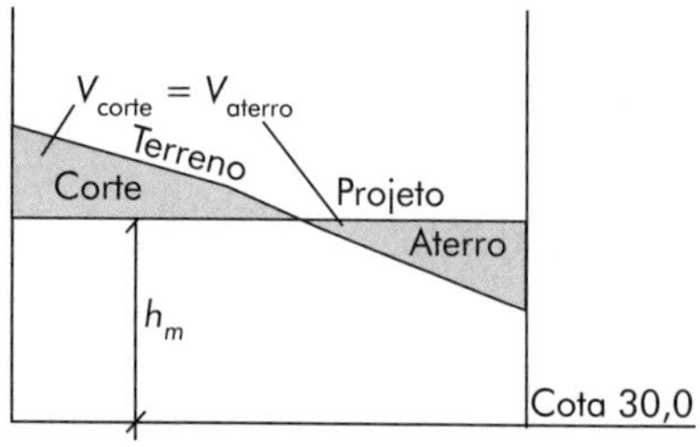

Figura 7.6 Imagem de um caixote de início com o terreno irregularmente distribuído.

Já que o terreno é considerado como reto entre dois pontos de cota conhecida (os vértices dos quadrados), podemos considerar a altura média de cada quadrado como a média aritmética das alturas dos seus quatro vértices. Já que todos os quadrados são iguais, consideramos como altura média geral (h_m) a média aritmética das alturas médias de cada quadrado. Fazendo todas as operações de uma só vez, a altura média geral (h_m) será a média ponderada das alturas dos vértices com os pesos 1, 2, 3 ou 4, conforme cada altura pertença a 1, 2, 3 ou 4 quadrados, respectivamente. Assim, os vértices A_1, A_5, D_5 e D_1, terão peso 1. Os vértices A_2, A_3 etc. terão peso 2 e os vértices internos B_2, B_3 etc. terão peso 4. Para que um vértice tivesse peso 3 seria necessário haver uma irregularidade no quadriculado como se vê na Figura 7.7.

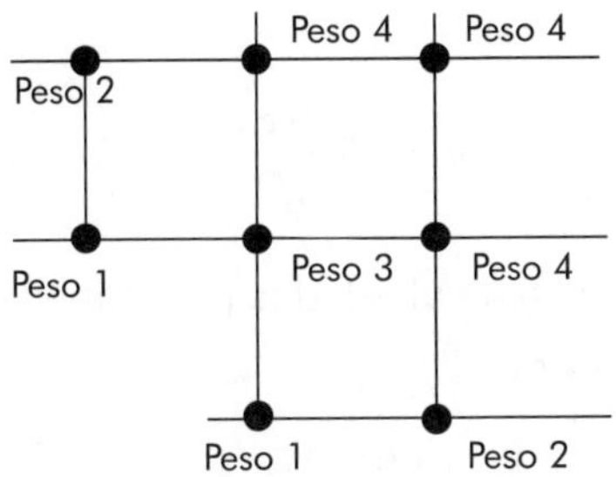

Figura 7.7

Aplicando, para nosso exemplo:

Peso 1	Peso 2	Peso 4	Soma total
6,3	4,8	4,9	18,2
0,8	3,5	3,6	91,4
3,9	2,2	2,3	96,8
7,2	2,1	5,5	206,4
18,2	2,9	4,4	
	5,1	3,5	
	5,8	24,2	
	6,3	x2	
	6,6	96,8	
	6,4		
	45,7		
	x2		
	91,4		

$$h_m = \frac{206,4}{48} = 4,30 \text{ m}$$

Como se vê, o mesmo valor encontrado pelo método das secções transversais.

$$C_{\text{final}} = 30,00 + 4,30 = 34,30 \text{ m}$$

Localizando os pontos de cota 34,30 na planta, por interpolação traçamos a curva de nível com esta cota e esta linha é a curva divisória entre corte e aterro.

$$x_1 = 20\frac{0,8}{1,3} = 12,31 \text{ m} \qquad x_2 = 20\frac{0,7}{1,3} = 10,77 \text{ m}$$

$$y_1 = 20\frac{0,7}{0,8} = 17,50 \text{ m} \qquad x_3 = 20\frac{0,8}{0,9} = 17,78 \text{ m}$$

$$y_2 = 20\frac{0,8}{1,6} = 10,00 \text{ m} \qquad x_4 = 20\frac{0,4}{1,2} = 6,67 \text{ m}$$

Aplicando, a cota de projeto 34,3 nas seções transversais A, B, C e D formam-se as áreas de corte e de aterro de cada seção. Os pontos de cruzamento entre terreno e projeto são localizados por interpolação (Figura 7.1).

EXEMPLO

$$m_1 = 20\frac{0,5}{1,3} = 7,69 \qquad m_2 = 20\frac{0,8}{1,3} = 12,31 \qquad m_1 + m_2 = 20 \text{ m}$$

As áreas de corte e aterro são calculadas por trapézios e triângulos.

Exemplo da seção A (Figura 7.2)

$$S_{\text{corte}} = (20 + 0,5)\frac{20}{2} + \frac{7,69 \times 0,5}{2} = 26,9255 \text{ m}^2$$

$$S_{\text{aterro}} = \frac{1231 \times 0,8}{2} + \frac{20}{2}(0,8 + 2 \times 2,1 + 2,5) = 89,9240 \text{ m}^2$$

Aplicando para as demais seções, podemos preencher a tabela.

Seção	Corte	Aterro
A	26,9225	89,9240
B	29,7690	72,7695
C	48,1110	29,1120
D	112,3320	1,3340
Volume	2.950,1450	2.950,2100

Os cálculos dos volumes de corte e de aterro formam feitos aplicando a fórmula por áreas extremas (ou prismas)

$$V_{\text{corte}} = \frac{20}{2}\left[(26,9225 + 112,3320) + 2(29,7690 + 48,1110)\right] = 2.950,1450 \text{ m}^3$$

$$V_{\text{aterro}} = \frac{20}{2}\left[(89,9240 + 1,3340) + 2(72,7695 + 29,1120)\right] = 2.950,2100 \text{ m}^3$$

A pequena diferença entre os dois volumes é o resultado do arredondamento das interpolações das distâncias m_1, m_2 etc...

A exatidão matemática acontece apenas nos cálculos, pois na pratica acontecem fatores que quebram esta exatidão, o que não tem a menor importância.

Mais adiante saberemos como levar em conta dois desses fatores: o coeficiente de empolação e a inclinação dos taludes laterais. O coeficiente de empolação é a variação de volume da terra do corte para aterro.

A inclinação dos taludes é necessária para que o terreno tenha estabilidade.

Exemplo da 2ª hipótese: o "projeto" solicita um plano horizontal com cota final 34,00. Caberá pois à topografia aplicar esta cota final, calculando as alturas de corte e aterro em cada vértice, as áreas de corte e aterro de cada seção e finalmente os volumes de corte e aterro finais que, naturalmente, não serão iguais. Pode-se, no entanto, saber previamente qual a diferença entre os dois volumes, desde que já se conheça a cota que daria volumes iguais, no nosso exemplo 14,30 m. Com o rebaixamento do plano final de 14,30 m para 14,00, portanto 0,30 m, devemos levar para fora do "caixote" um paralelepípedo de terra com a área de 60 m × 80 m (4.800 m²) e com altura de 0,30 m, portanto (Figura 7.8):

$$V_{corte} - V_{aterro} = 4.800 \text{ m}^2 \times 0{,}30 \text{ m} = 1.440 \text{ m}^3.$$

Vemos que a diferença obtida, 1.440,0550 m³, coincide com a previsão. A pequena diferença é consequência do arredondamento das interpolações.

Raciocínio: para passarmos do terreno para o plano horizontal de cota 14,30 não alteramos o volume dentro do "caixote", ao baixarmos para a cota 14,00 devemos retirar o volume do paralelepípedo sombreado, cuja área da base é 60 m × 80 m e cuja altura é 0,30 m, ou seja,

$$V_{corte} - V_{aterro} = 60 \times 80 \times 0{,}30 = 1.1440 \text{ m}^3.$$

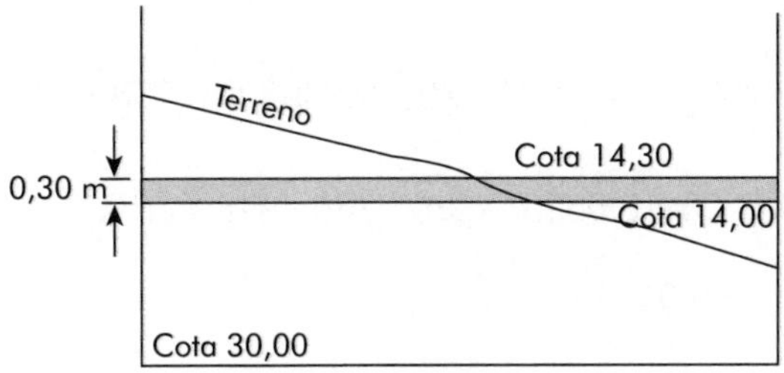

Figura 7.8

2ª hipótese: plano horizontal – cota final imposta = 34,00

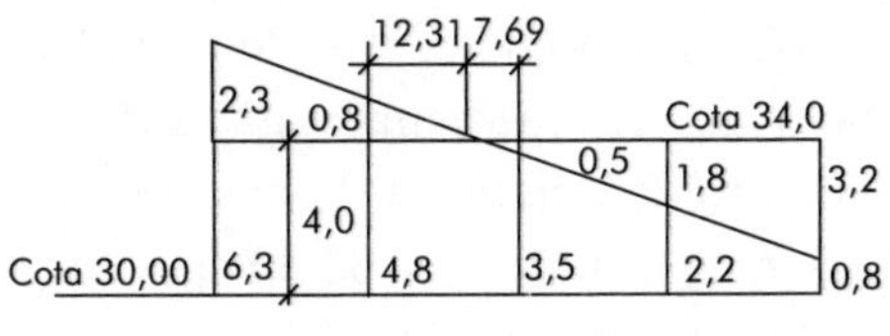

$$4{,}30 - 4{,}00 = 0{,}30$$

$$0{,}30 \times 60{,}00 \times 80{,}00 = 1.440{,}00 \text{ m}^3$$

$$V_{corte} - V_{aterro} = 1.440{,}00 \text{ m}^3$$

$$S_{corte} = 35{,}9240 \text{ m}^2$$

$$S_{aterro} = 74{,}9225 \text{ m}^2$$

Figura 7.9 Seção *A*.

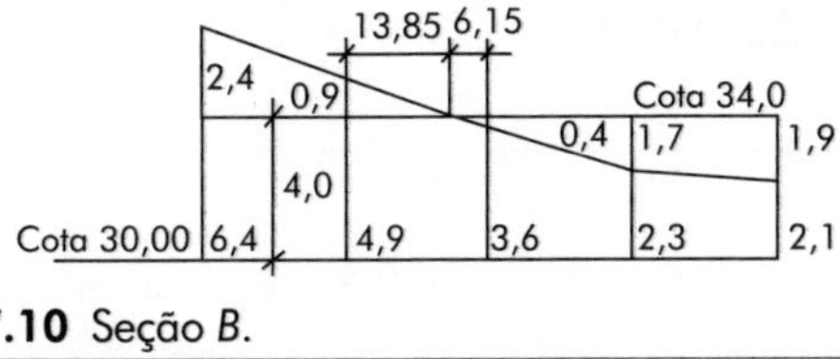

$$S_{corte} = 39{,}2325 \text{ m}^2$$

$$S_{aterro} = 58{,}2300 \text{ m}^2$$

Figura 7.10 Seção *B*.

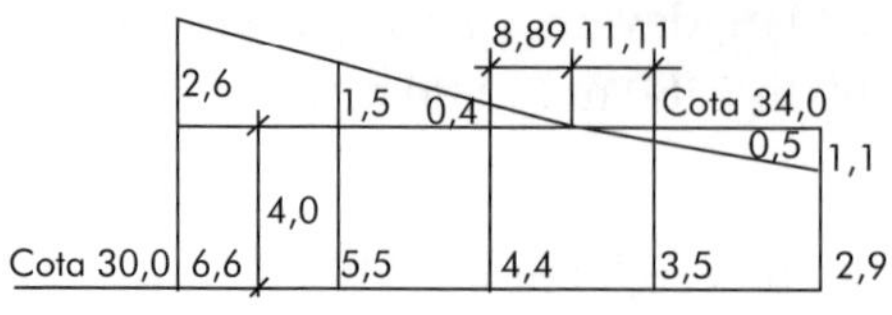

$S_{corte} = 61,7780 \text{ m}^2$

$S_{aterro} = 18,7775 \text{ m}^2$

Figura 7.11 Seção C.

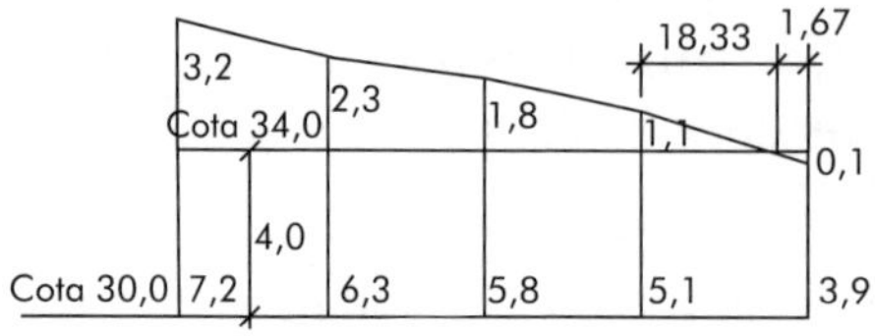

$S_{corte} = 135,0815 \text{ m}^2$

$S_{aterro} = 0,0835 \text{ m}^2$

Figura 7.12 Seção D.

$$V_{corte} = \frac{20}{2}\left[(35,9240 + 135,0815) + 2(39,2325 + 61,7780)\right] = 3.730,2650 \text{ m}^3$$

$$V_{aterro} = \frac{20}{2}\left[(74,9225 + 0,0835) + 2(58,2300 + 18,7775)\right] = 2.290,2100 \text{ m}^3$$

$$V_{corte} - V_{aterro} = 1.440,0550 \text{ m}^3$$

Exemplo da 3ª hipótese: o projeto solicita um plano inclinado de 1 para 5, com rampa de – 1%, porém não impõe urna altura determinada para este plano. A topografia colocará este plano numa altura tal que os volumes finais de corte e aterro sejam iguais, reduzindo assim ao mínimo o volume de corte e as distâncias de transporte. A forma de conseguir tal objetivo é manter a altura do plano inclinado no centro de gravidade da área igual àquela do plano horizontal que resulte também em volumes iguais de corte e aterro, ou seja, no nosso exemplo: 34,30 m. O centro de gravidade do nosso retângulo fica na linha 3 e à meia distância entre *B* e *C*. Lá será aplicada a cota 34,30 m, resultando as demais cotas em função da rampa escolhida pelo projeto (Figura 7.17).

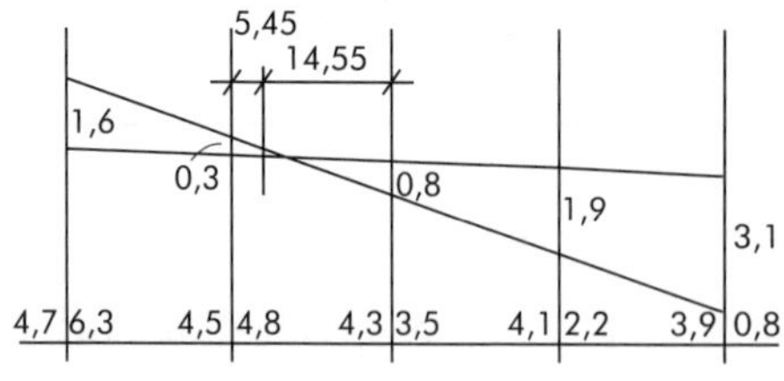

$S_{corte} = 19,8175 \text{ m}^2$

$S_{aterro} = 82,8200 \text{ m}^2$

Figura 7.13 Seção A.

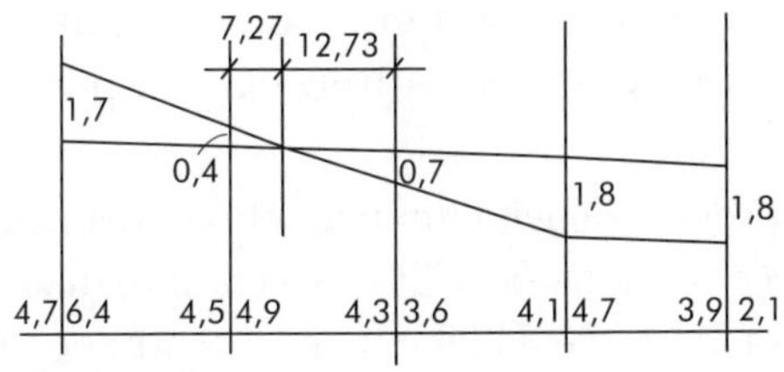

$$S_{corte} = 22{,}4540 \text{ m}^2$$

$$S_{aterro} = 64{,}4550 \text{ m}^2$$

Figura 7.14 Seção *B*.

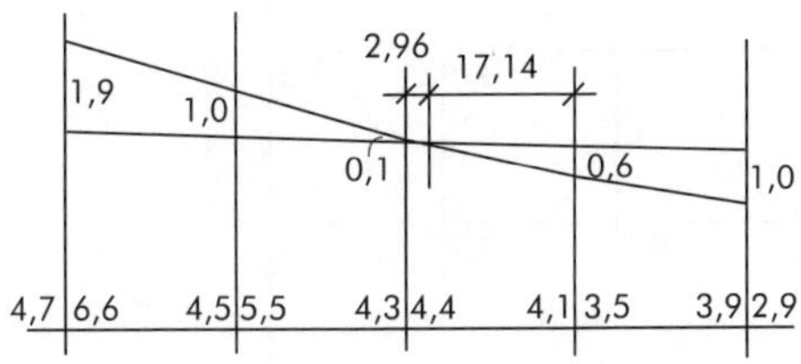

$$S_{corte} = 40{,}1430 \text{ m}^2$$

$$S_{aterro} = 21{,}1420 \text{ m}^2$$

Figura 7.15 Seção *C*.

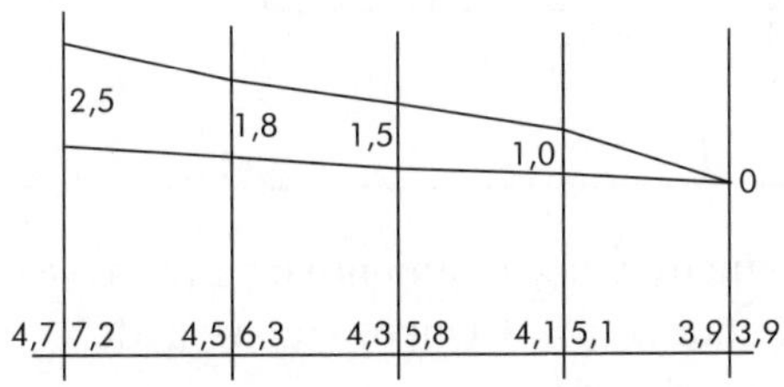

$$S_{corte} = 111{,}0000 \text{ m}^2$$

$$S_{aterro} = 0$$

Figura 7.16 Seção *D*.

$$V_{corte} = \frac{20}{2}\left[(19{,}8175 + 111{,}0000) + 2(22{,}4540 + 40{,}1430)\right] = 2.560{,}1150 \text{ m}^3$$

$$V_{aterro} = \frac{20}{2}\left[(82{,}8200 + 0) + 2(65{,}4550 + 21{,}1420)\right] = 2.560{,}1400 \text{ m}^3$$

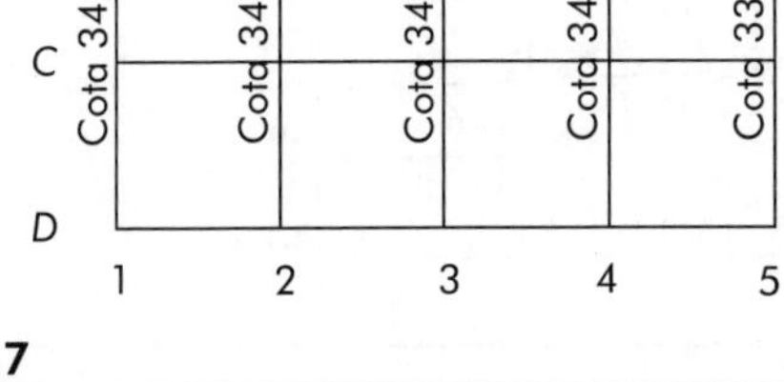

Figura 7.17

Como se esperava, volumes iguais de corte e aterro. Em seguida faremos um exemplo da 3ª hipótese com o plano inclinado em duas direções: de 1 para 5 e também de *A* para *D*.

Outro exemplo da 3ª hipótese: o "projeto" solicita um plano final inclinado de 1 para 5, com rampa de – 1%, e de *A* para *D* com rampa de + 2%. No entanto, não impõe unta altura para este plano. A topografia fixa a cota de 34,30 m para o centro de gravidade do retângulo, inclina o plano de acordo com as rampas do projeto e com isso consegue novamente volumes iguais de corte e de aterro. Vejamos as cotas do projeto (Figura 7.18).

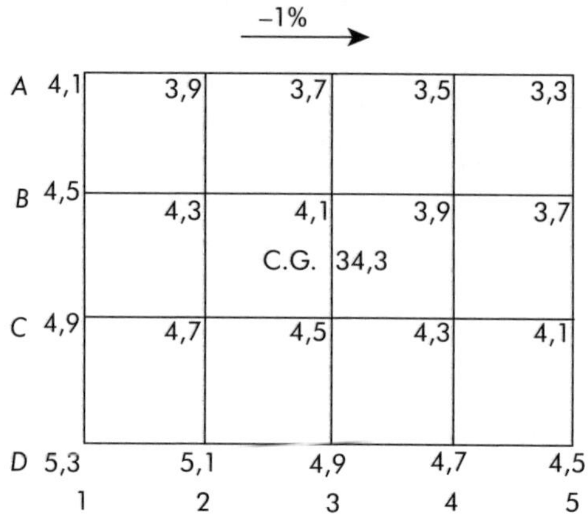

Figura 7.18

Podemos ver que o plano final se inclina negativamente de 1 para 5 e de *D* para *A*, de tal forma que o ponto A-5 é o de menor cota 3,3. Quem sabe se a ideia é a colocação até de um bueiro para recolher as águas de chuva.

3ª hipótese: apesar das duas rampas, o "projeto" não impôs nenhuma altura final; com isso, a topografia colocando a cota 34,3 no C.G. consegue volumes iguais de corte e de aterro.

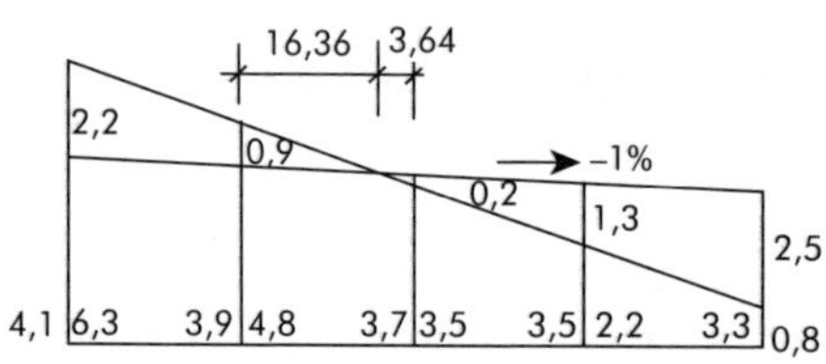

$S_{corte} = 38,3620 \text{ m}^2$

$S_{aterro} = 53,3640 \text{ m}^2$

Figura 7.19 Seção *A*.

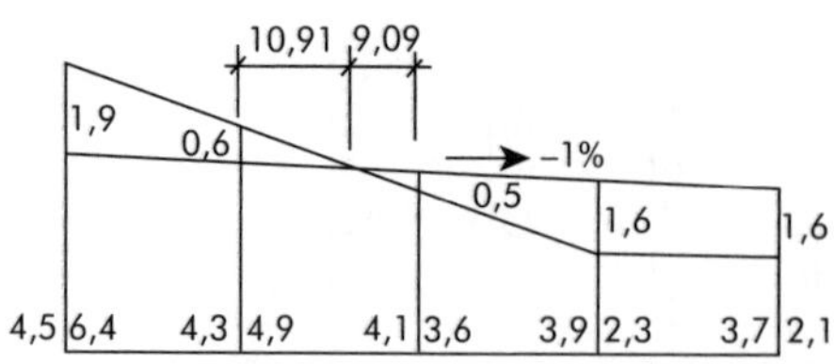

$S_{corte} = 28,2730 \text{ m}^2$

$S_{aterro} = 55,2725 \text{ m}^2$

Figura 7.20 Seção *B*.

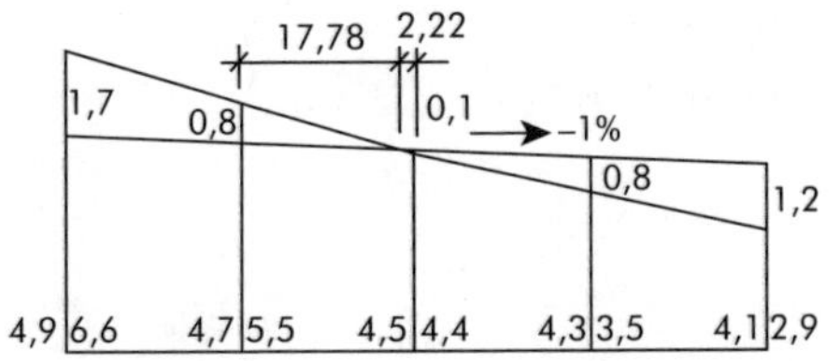

$S_{corte} = 32{,}1120 \text{ m}^2$

$S_{aterro} = 29{,}1110 \text{ m}^2$

Figura 7.21 Seção C.

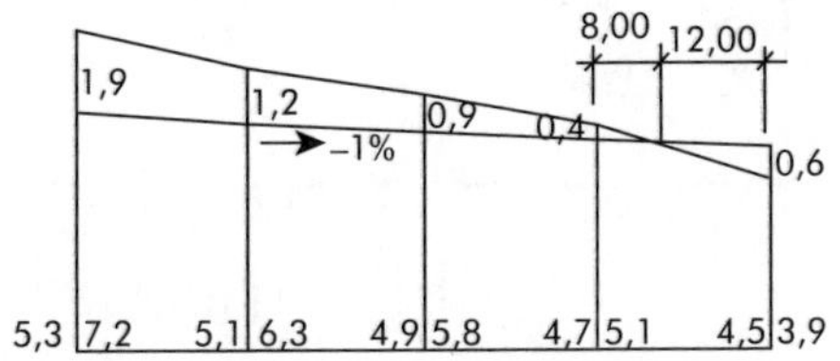

$S_{corte} = 66{,}6000 \text{ m}^2$

$S_{aterro} = 3.6000 \text{ m}^2$

Figura 7.22 Seção *D*.

$$V_{corte} = \frac{20}{2}\left[(38{,}3620 + 66{,}6000) + 2(28{,}2730 + 32{,}1120)\right] = 2.257{,}3200$$

$$V_{aterro} = \frac{20}{2}\left[(52{,}3640 + 3{,}6000) + 2(55{,}2725 + 29{,}1110)\right] = 2.257{,}3100$$

4ª hipótese: plano inclinado e a imposição da cota de um determinado ponto. Usando o mesmo modelo do terreno, supomos que o projeto solicitou as mesmas rampas: – 1% de 1 para 5 e + 2% de *A* para *B*. Além disso, escolheu a cota 34,00 na estaca *A*-5 (Figura 7.23).

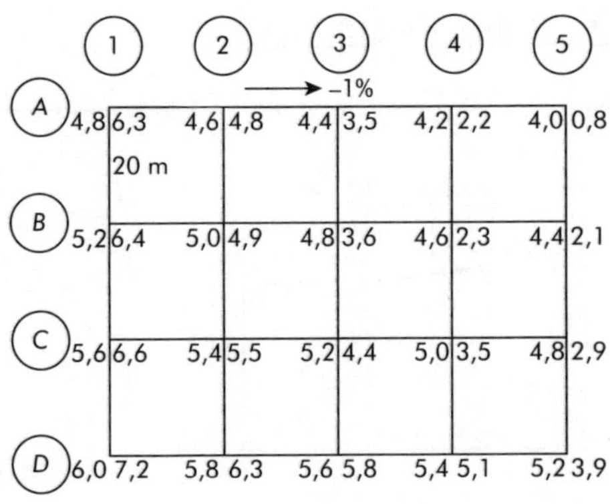

Figura 7.23

Vemos que, com a escolha da cota 34,0 na estaca *A*-5 e a aplicação das rampas, colocou a cota do projeto 35,0 no centro de gravidade o que, comparando com a cota 34,3 que compense os volumes de corte e aterro, resulta numa diferença de 35,0-34,3 = 0,70 m, portanto

$$V_{aterro} - V_{corte} = 0{,}70 \times 60 \text{ m} \times 80 \text{ m} = 3.360 \text{ m}^3$$

Sabemos que faltarão 3.360 m³ de terra.

35,0 – 34,3 = 0,70 m 0,70 × 60 m × 80 m = 3.360 m³

$V_A - V_C = 3.360\ \text{m}^3$

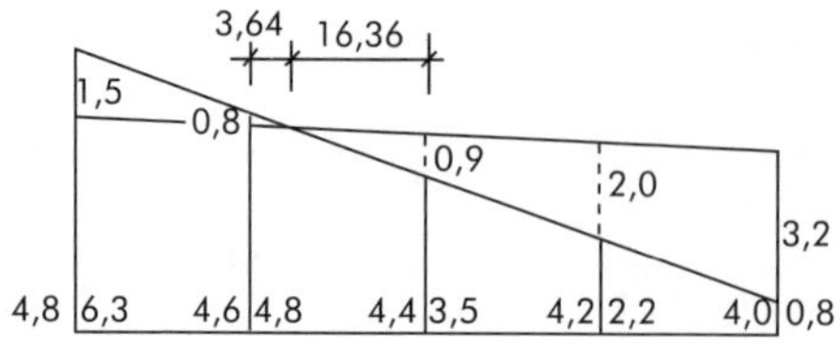

$S_{\text{corte}} = 17{,}3640\ \text{m}^2$

$S_{\text{aterro}} = 88{,}3620\ \text{m}^2$

Figura 7.24 Seção *A*.

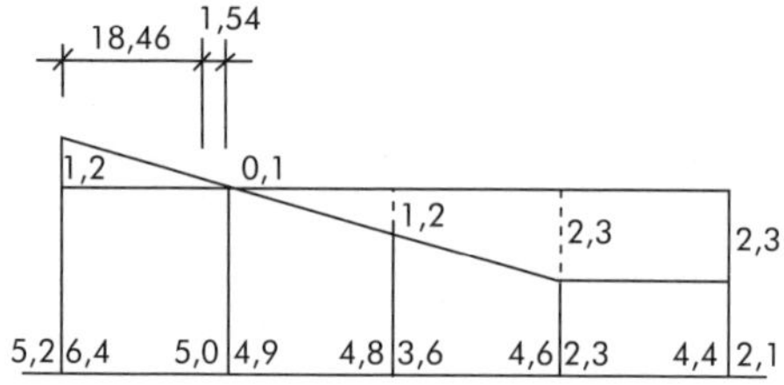

$S_{\text{corte}} = 11{,}0760\ \text{m}^2$

$S_{\text{aterro}} = 94{,}0770\ \text{m}^2$

Figura 7.25 Seção *B*.

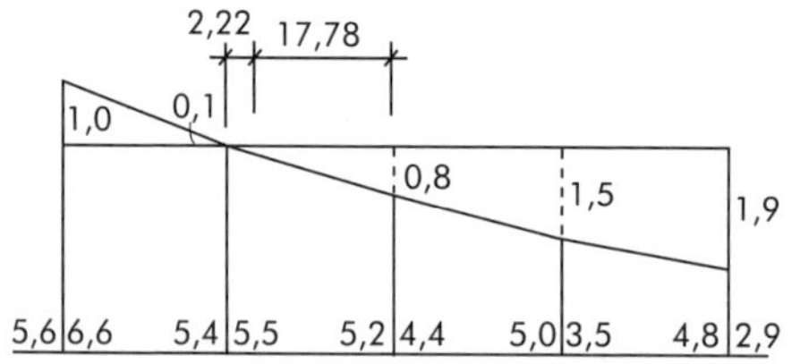

$S_{\text{corte}} = 11{,}1110\ \text{m}^2$

$S_{\text{aterro}} = 64{,}1120\ \text{m}^2$

Figura 7.26 Seção *C*.

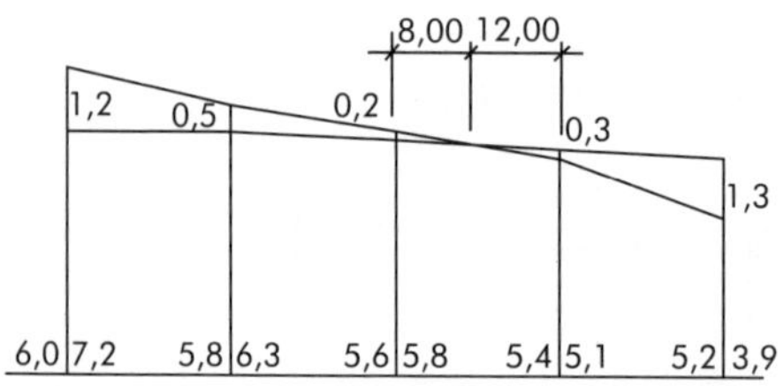

$S_{\text{corte}} = 24{,}8000\ \text{m}^2$

$S_{\text{aterro}} = 17{,}8000\ \text{m}^2$

Figura 7.27 Seção *D*.

$$V_{\text{corte}} = \frac{20}{2}\left[(17{,}3640 + 24{,}8000) + 2(11{,}0760 + 11{,}1110)\right] = 865{,}3800\ \text{m}^3$$

$$V_{\text{aterro}} = \frac{20}{2}\left[(88{,}3620 + 17{,}8000) + 2(94{,}0770 + 64{,}1120)\right] = 4.225{,}4000\ \text{m}^3$$

$$V_{\text{aterro}} - V_{\text{corte}} = 3.360{,}0200\ \text{m}^3$$

TALUDES DE CORTE E ATERRO

As terminações do corte e principalmente do aterro não podem ser através de paredes verticais. A terra não teria estabilidade e aconteceriam os deslizamentos. Assim tanto o corte como o aterro acabam em planos inclinados, conhecidos pelo nome de taludes. Os taludes de corte e de aterro são mais ou menos inclinados, dependendo do "projeto". Em geral, os taludes de aterro devem ser menos inclinados que os de corte, pois em se tratando de terra posta os aterros tem menos estabilidade que os de corte, cujo terreno é natural. Costuma-se estabelecer as inclinações por uma relação numérica que representa a cotangente do ângulo de inclinação (Figura 7.28).

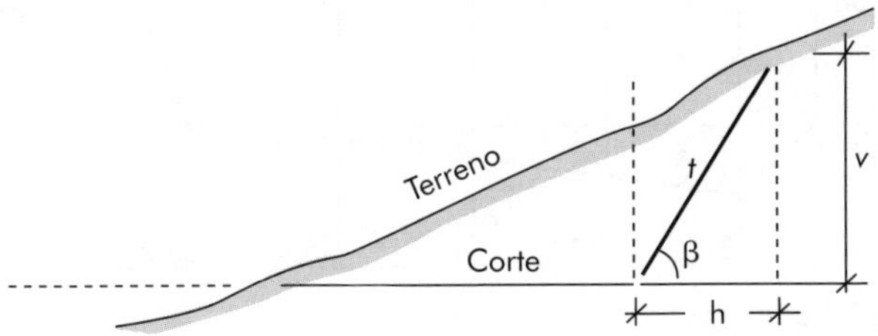

t = talude $\quad t = \dfrac{h}{v}$ portanto $t = \cotg \beta$

Figura 7.28

As escolhas das inclinações são feitas em função da necessidade de estabilidade ou por motivos estéticos. Por sua vez, a estabilidade maior ou menor depende da natureza do solo. Por exemplo, taludes de corte em rocha podem ser até verticais. Nos casos comuns, os taludes de corte variam entre 2/3 e 1/1 e os de aterro entre 1/1 e 3/2 (Figura 7.29)

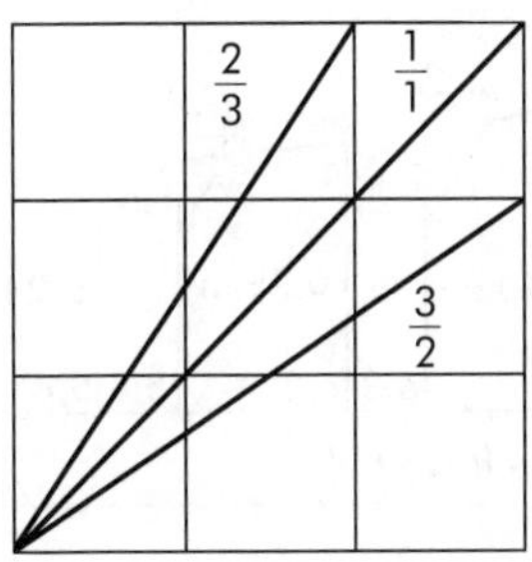

Figura 7.29

Passamos agora a fazer um exercício no qual vamos incluir os volumes de corte e de aterro dos taludes no exemplo da 1ª hipótese.

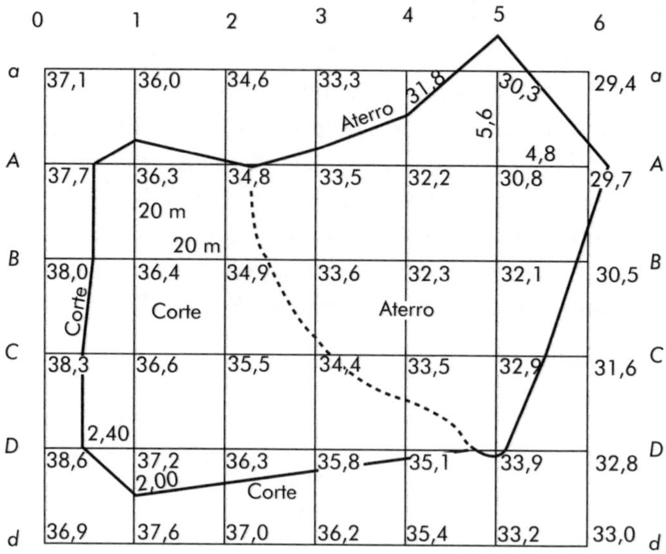

Figura 7.30 Planta.

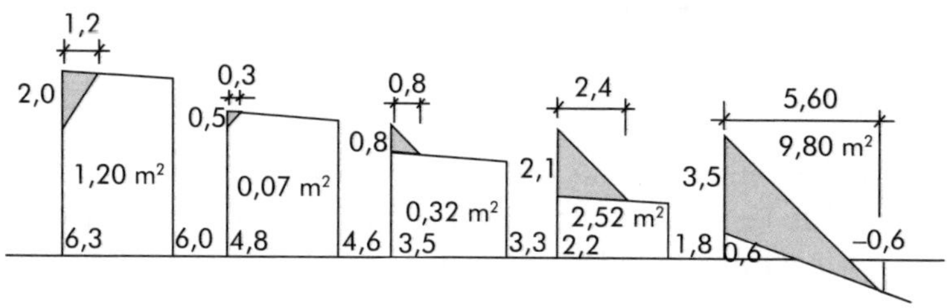

Figura 7.31 Taludes na faixa *aA*.

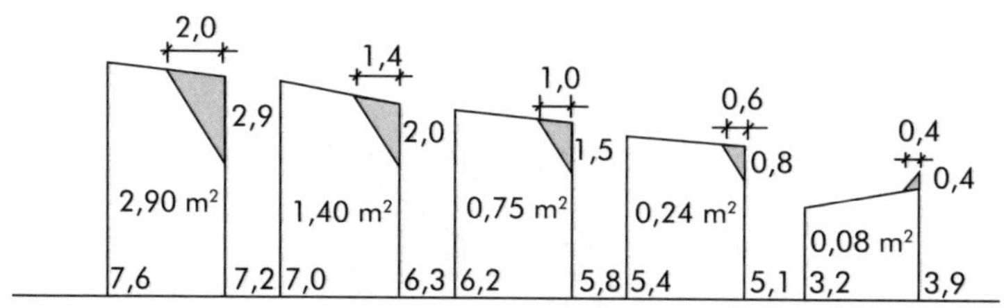

Figura 7.32 Taludes na faixa *Dd*.

$$V_{\text{corte}} = \left(\frac{1,20+0,07}{2}20\right) + \frac{20}{2}\left(2,9+2\times1,4+2\times0,75+0,24\right) = 87,18 \text{ m}^3$$

$$V_{\text{aterro}} = \left(0,8+2\times2,1+3,5\right)\frac{20}{2} = 85,00 \text{ m}^3$$

$$V_{\text{corte}} = \left(\frac{2,4\times2,00}{2}\right)\frac{2,9}{3}2,32 \text{ m}^3 \qquad V_{\text{aterro}} = \left(\frac{5,6\times4,8}{2}\right)\frac{3,5}{3} = 15,68 \text{ m}^3$$

canto $D-1$ canto $A-5$

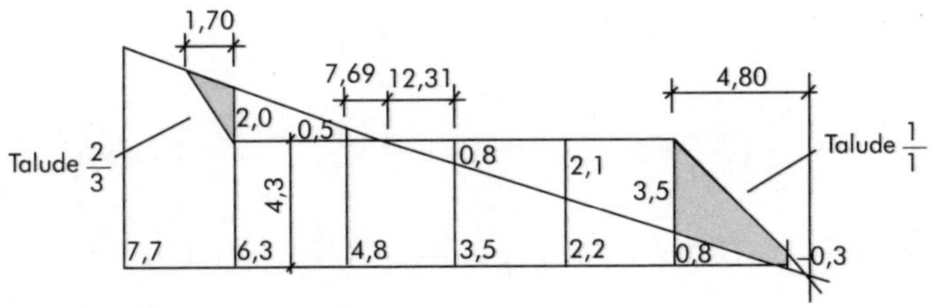

Figura 7.33

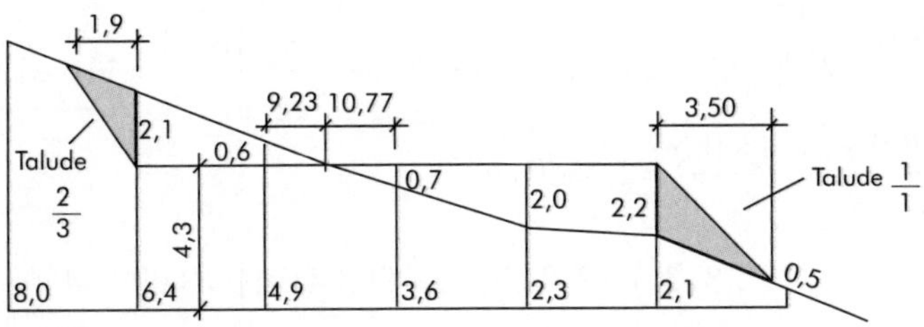

Figura 7.34

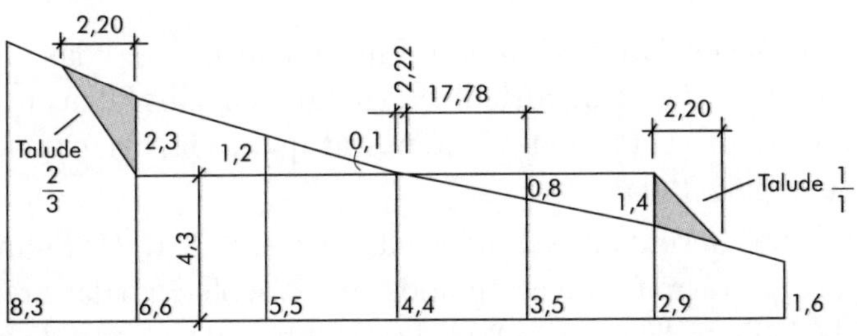

Figura 7.35

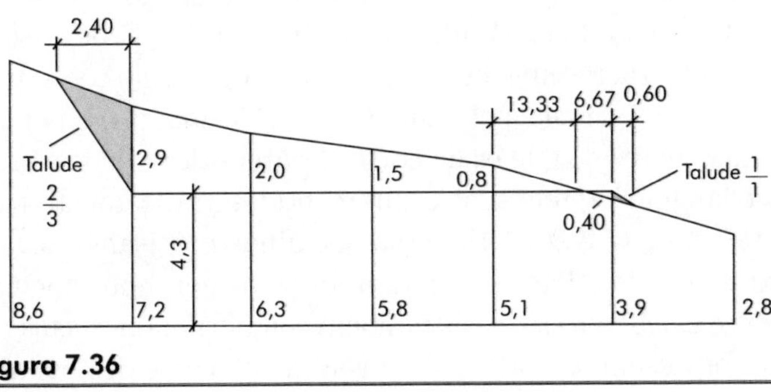

Figura 7.36

$$S_{\mathrm{A(corte)}} = \frac{1{,}7\times 2{,}0}{2} + \frac{20}{2}\left(2{,}0 + 0{,}5\right) + \frac{0{,}5\times 7{,}69}{2} = 28{,}6225\ \mathrm{m}^2$$

$$S_{\mathrm{A(aterro)}} = \frac{12{,}31\times 0{,}8}{2} + \frac{20}{2}\left(0{,}8 + 2\times 2{,}1 + 3{,}5\right) + \frac{3{,}5\times 4{,}8}{2} = 98{,}3240\ \mathrm{m}^2$$

$$S_{B(corte)} = \frac{1,9 \times 2,1}{2} + \frac{20}{2}(2,1+0,6) + \frac{0,6 \times 9,23}{2} = 31,7640 \text{ m}^2$$

$$S_{B(aterro)} = \frac{10,77 \times 0,7}{2} + \frac{20}{2}(0,7 + 2 \times 2,0 + 2,2) + \frac{2,2 \times 3,5}{2} = 76,6195 \text{ m}^2$$

$$S_{C(corte)} = \frac{2,2 \times 2,3}{2} + \frac{20}{2}(2,3 + 2 \times 1,2 + 0,1) + \frac{0,1 \times 2,22}{2} = 50,6410 \text{ m}^2$$

$$S_{C(aterro)} = \frac{17,78 \times 0,8}{2} + 2(0,8 + 1,4) + \frac{1,4 \times 2,22}{2} = 30,6520 \text{ m}^2$$

$$S_{D(corte)} = \frac{2,4 \times 2,9}{2} + 2(2,9 + 2 \times 2,0 + 2 \times 1,5 + 0,8) + \frac{0,8 \times 13,33}{2} = 115,8120 \text{ m}^2$$

$$S_{D(aterro)} = \frac{0,4 \times 6,67}{2} + \frac{0,4 \times 0,6}{2} = 1,4540 \text{ m}^2$$

$$V_{(corte)} = \frac{20}{2}\left[(28,6225 + 115,8120) + 2(31,7640 + 50,6410)\right] = 3.092,4450 \text{ m}^3$$

$$V_{(aterro)} = \frac{20}{2}\left[(98,3240 + 1,4540) + 2(76.6195 + 30.6520)\right] = 3.143,2100 \text{ m}^3$$

Partimos dos mesmos dados de campo com a inclusão agora das faixas *0* e *6* e de *a* e *d* (Figura 7-30). Ou seja, na quadriculação incluímos mais 20 m em todo o contorno para conhecimento das cotas do terreno nestas quatro faixas; o quadriculado passou de 60 m × 80 m para 100 m × 120 m.

Com isso pudemos desenhar os taludes nas seções *A*, *B*, *C*, *D* (Figura 7.31 e 7.32), cujas áreas de corte e aterro foram calculados com o acréscimo das áreas dos taludes (Figura 7.33, 7.34, 7.35 e 7.36). Desta forma os volumes de corte e de aterro entre as seções foram aumentados. O volume de corte passou de 2.950, 1450 m^3 para 3.092, 4450 m^3; o acréscimo de 142,30 m^3 deve-se aos taludes de corte. O volume de aterro passou de 2.950,21 m^3 para 3.143,21 m^3; o acréscimo de 193 m^3 deve-se ao taludes de aterro. Pode-se ver que o acréscimo no aterro é maior do que no corte, porque o talude de corte utilizado foi de 2/3 mais inclinado do que o de aterro 1/1; por isso os taludes de aterro resultam maiores do que os de corte. As áreas dos taludes foram calculados como áreas dos triângulos, tendo suas alturas obtidas graficamente no desenho das seções transversais *A*, *B*, *C*, e *D*. Vê-se então que ainda precisamos levar em conta os taludes nas faixas *aA* e *Dd*. Para isso foram feitos os desenhos apenas dos taludes nestas duas faixas e calculadas as áreas também como triângulos, cujas alturas foram também obtidas nos desenhos. Calculado o volume de corte destes taludes resultou 87,18 m^3, e o volume de aterro 85,00 m^3. Ainda faltaram os volumes dos taludes nos quatro cantos. Estes foram calculados como pirâmides; exemplo: no canto superior direito ($a5 - A5 - A6$) a área da base da pirâmide é $\frac{5,6 \times 4,8}{2} = 13,44 \text{ m}^2$e a altura é 3,5 (altura de aterro em *A5*), portanto o volume é:

$$\left(\frac{5,6 \times 4,8}{2}\right)\frac{3,5}{3} = 15,68$$

Estes acréscimos alteram os volumes totais de corte para:

$$V_{\text{total de corte}} = 3.092{,}4450 + 87{,}18 + 2{,}32 = 3.181{,}9450 \text{ m}^3$$

e de aterro para:

$$V_{\text{total de aterro}} = 3.143{,}210 + 85{,}00 + 15{,}68 = 3243{,}8900 \text{ m}^3$$

Vemos que estes volumes comparados com os volumes calculados, sem levar em consideração os taludes, são relativamente pequenos mas não podem ser esquecidos. Modificam também aquela exatidão matemática teórica.

COEFICIENTE DE EMPOLAÇÃO (EMPOLAMENTO)

Trata-se da variação de volume da terra de corte para o aterro. O espaço ocupado por uma certa quantidade de terra depende dos vazios em seu interior. Com isso a terra retirada de sua estrutura natural, inicialmente aumenta de volume, porém ao se fazer o aterro necessitamos compactá-lo, o que significa diminuir os vazios. A taxa de empolação é a relação percentual entre o corte e o aterro final, depois de compactado. Na prática, este coeficiente ou taxa varia entre valores de 5 a 10% e é estimado previamente para ser levado em conta, principalmente em terraplanagem em estradas. É mais um fator prático que modifica a exatidão matemática teórica dos cálculos.

EXERCÍCIO 7.1

Projetar um plano inclinado com as seguintes rampas: de A para D: – 2% de 1 para 5: – 1% de forma a resultar numa sobra de 960 m³ de terra, isto é, $Vc - Va = 960$ m³

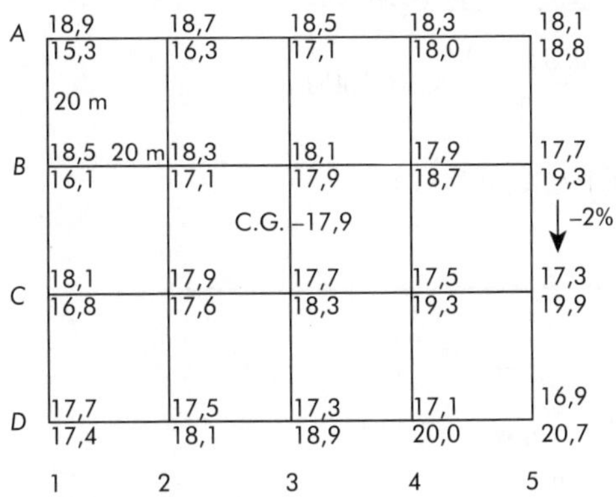

Figura 7.37

$p = 1$	$p = 2$	$p = 4$
5,3	6,3	7,1
8,8	7,1	7,9
10,7	8,0	8,7
7,4	9,3	7,6
32,2	9,9	8,3
	10,0	9,3
	8,9	48,9
	8,1	x4
	6,8	195,6
	6,1	161,0
	80,5	32,2
	x2	388,8
	161,0	

$$\frac{980 \text{ m}^3}{4800 \text{ m}^2} = 0{,}2 \text{ m} \qquad \frac{388{,}8}{48} = 8{,}10 \text{ m}$$

Cota final = 18,10 m

Cota final a ser aplicada no C.G. = 18,10 – 0,20 = 17,90

Aplicando esta cota no Centro de Gravidade e calculando as demais cotas do projeto obedecendo às rampas de projeto, temos as cotas assinaladas na figura. No desenho das seções transversais vamos usar a cota 15,0 como cota de referência para diminuir as alturas.

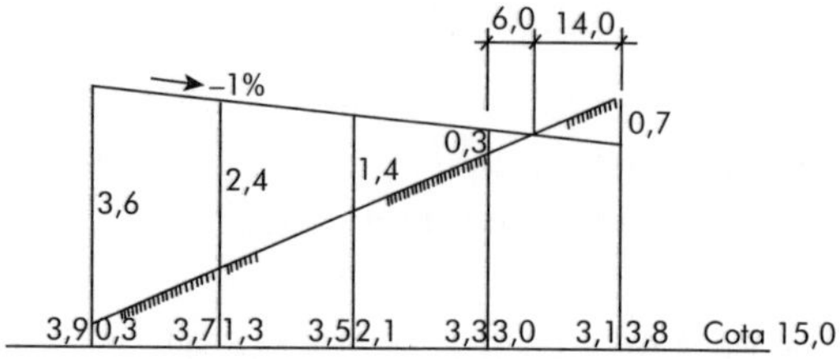

$$S_{\text{aterro}} = \frac{20}{2}\left[3{,}6 + 2\left(2{,}4 + 1{,}4 + 0{,}3\right)\right] + \frac{0{,}3 \times 6{,}0}{2} = 115{,}9000 \text{ m}^2$$

$$S_{\text{corte}} = \frac{0{,}7 \times 14{,}0}{2} 4.9000 \text{ m}^2$$

Figura 7.38 Seção *A*.

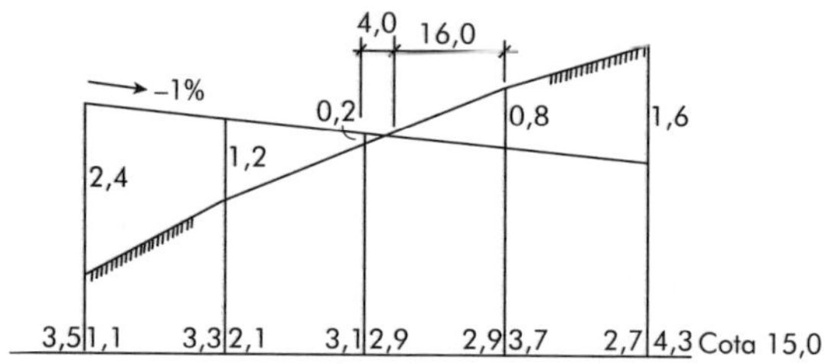

$$S_{\text{aterro}} = \frac{20}{2}\left(2{,}4 + 2 \times 1{,}2 + 0{,}2\right) + \frac{0{,}2 \times 4{,}0}{2} = 50{,}4000 \text{ m}^2$$

$$S_{\text{corte}} = \frac{0{,}8 \times 16{,}0}{2} + \frac{20}{2}\left(0{,}8 + 1{,}6\right) = 30{,}4000 \text{ m}^2$$

Figura 7.39 Seção *B*.

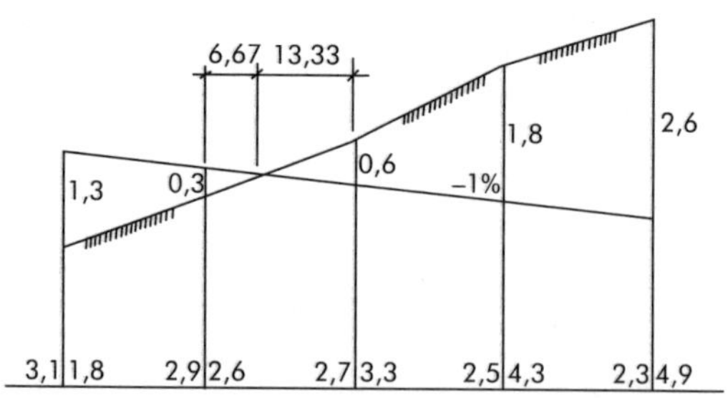

$$S_{\text{aterro}} = \frac{20}{2}\left(1{,}3 + 0{,}3\right) + \frac{0{,}3 \times 6{,}67}{2} = 17{,}0000 \text{ m}^2$$

$$S_{\text{corte}} = \frac{0{,}6 \times 13{,}33}{2} + \frac{20}{2}\left(0{,}6 + 2 \times 1{,}8 + 2{,}6\right) = 72{,}0000$$

Figura 7.40 Seção C.

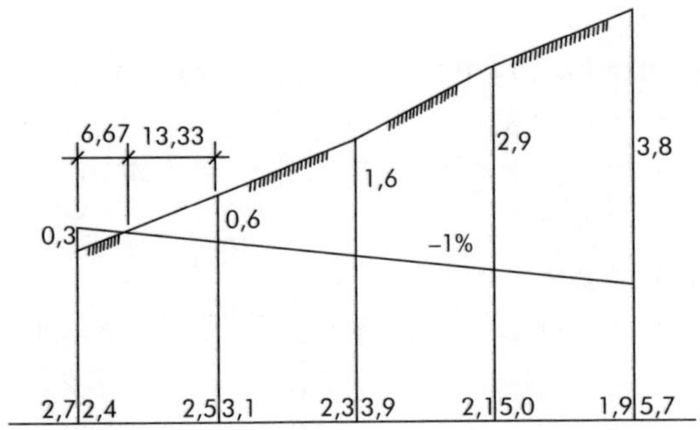

$$S_{\text{aterro}} = \frac{0{,}3 \times 6{,}67}{2} = 1{,}0000 \text{ m}^2$$

$$S_{\text{corte}} = \frac{0{,}6 \times 13{,}33}{2} + \frac{20}{2}\left[0{,}6 + 2(1{,}6 + 2{,}9) + 38\right] = 138{,}0000$$

Figura 7.41 Seção *D*.

$$V_{\text{aterro}} = \frac{20}{2}\left[115{,}90 + 2(50{,}40 + 17{,}00) + 1{,}00\right] = 2.517{,}00 \text{ m}^3$$

$$V_{\text{corte}} = \frac{20}{2}\left[4{,}90 + 2(30{,}40 + 72{,}00) + 138{,}00\right] = 3.477{,}00 \text{ m}^3$$

$$V_{\text{corte}} - V_{\text{aterro}} = 3.477 - 25{,}17 = 960 \text{ m}^3$$

EXERCÍCIO 7.2

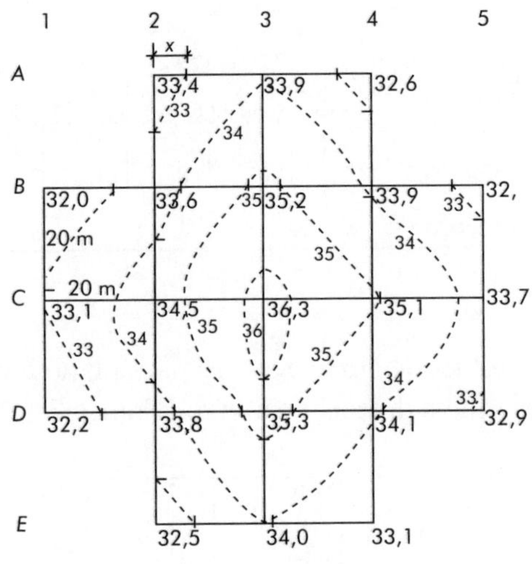

Figura 7.42

a) traçar as curvas de nível de metro em metro.

b) calcular a cota final do plano horizontal para volumes iguais de corte de aterro.

c) supondo que o "projeto" solicite cota final 33,0, calcular a diferença de volumes.

d) desenhar a seção *C*, aplicar a cota final 33,0 e calcular a área de corte.

Solução:

a) Exemplo de interpolação para locar o ponto de cota 33 entre A.2 e A.3

$$\frac{x}{0{,}6} = \frac{20\ \text{m}}{1{,}9} \qquad x = 20\frac{0{,}6}{1{,}9} = 6{,}32\ \text{m}$$

b) Método das alturas ponderadas

peso 1	peso 2	peso 3	peso 4	
2,4	3,9	3,6	5,2	
2,6	3,7	3,9	4,5	20,4
2,7	4,0	4,1	6,3	29,4
2,9	3,1	3,8	5,1	46,2
3,1	14,7	15,4	5,3	105,6
2,5	x2	x3	26,4	210,6
2,2	29,4	46,2	x4	
2,0			105,6	
20,4				

$$\frac{201{,}6}{48} = 4{,}20$$

Cota final = 30,0 + 4,2 = 34,2 m

c) Diferença de cotas 34,2 – 33,0 = 1,2 m Área = 4.800 m²

$$V_{corte} - V_{aterro} - 1{,}20 \times 4.800\ \text{m}^2 = 5.760\ \text{m}^3$$

d) $S_{corte} = \frac{20}{2}\left[0{,}1 + 2(1{,}5 + 3{,}3 + 2{,}1) + 0{,}7\right] = 146{,}00\ \text{m}^2$

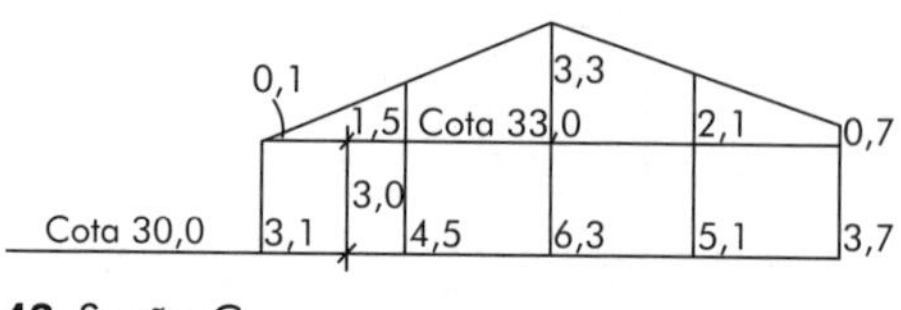

Figura 7.43 Seção C.

EXERCÍCIO 7.3

Calcular os volumes totais de corte e aterro para plano inclinado de 1 para 4 com rampa de – 2%. Volumes iguais de corte e aterro (Figura 7.44).

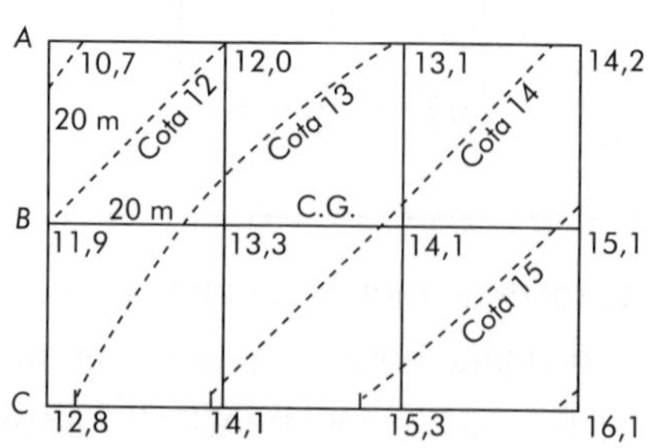

Figura 7.44 Seções transversais.

Cálculo da cota final para volumes iguais, método das alturas ponderadas.

$p = 1$	$p = 2$	$p = 4$
0,7	2,0	3,3
4,2	3,1	4,1
6,1	5,1	7,4
2,8	5,3	x4
13,8	4,1	29,6
	1,9	43,0
	21,5	13,8
	x2	86,4
	43,0	

$$\frac{86,4}{24} = 3,60 \text{ m}$$

Cota final = 13,60 m

Esta cota deve ser aplicada no centro de gravidade (C.G.). Aplicando-se a rampa de – 2% de 1 para 4 as cotas de projetos ficarão:

linha 1 = 14,2
" 2 = 13,8
" CG = 13,6
" 3 = 13,4
" 4 = 13,0

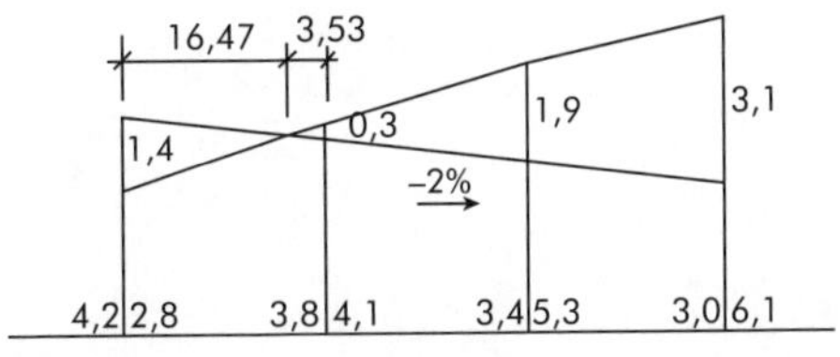

Figura 7.45 Seção C.

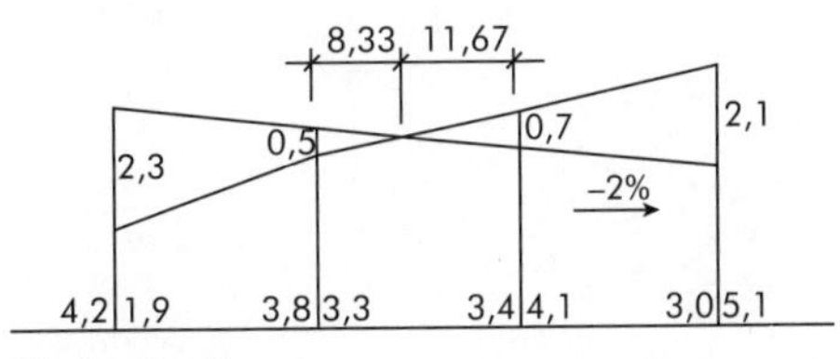

Figura 7.46 Seção *B*.

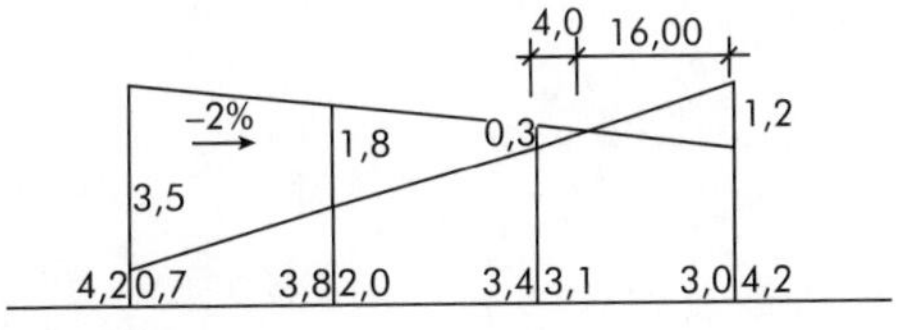

Figura 7.47 Seção *A*.

$$S_{A(\text{aterro})} = \frac{20}{2}(3{,}5 + 2 \times 1{,}8 + 0{,}3) + \frac{0{,}3 \times 4{,}0}{2} = 74{,}6000 \text{ m}^2$$

$$S_{A(\text{corte})} = \frac{1{,}2 \times 16{,}0}{2} = 9{,}6000 \text{ m}^2$$

$$S_{B(\text{aterro})} = \frac{20}{2}(2{,}3 + 0{,}5) + \frac{0{,}5 \times 8{,}33}{2} = 30{,}0825 \text{ m}^2$$

$$S_{B(\text{corte})} = \frac{0{,}7 \times 11{,}67}{2} + \frac{20}{2}(0{,}7 + 2{,}1) = 32{,}0845 \text{ m}^2$$

$$S_{C(\text{aterro})} = \frac{1{,}4 \times 16{,}47}{2} = 11{,}5290 \text{ m}^2$$

$$S_{C(\text{corte})} = \frac{0{,}3 \times 3{,}53}{2} + \frac{20}{2}(0{,}3 + 2 \times 1{,}9 + 3{,}1)\frac{20}{2} = 72{,}5295 \text{ m}^2$$

$$V_{\text{aterro}} = \frac{20}{2}(74{,}6000 + 2 \times 30{,}0825 + 11{,}5290) = 1.462{,}940 \text{ m}^3$$

$$V_{\text{corte}} = \frac{20}{2}(9{,}6000 + 2 \times 32{,}0845 + 72{,}5295) = 1.462{,}985 \text{ m}^3$$

8

Medição de vazões

Vazão de um curso d'água é a quantidade de água que passa numa determinada seção num certo período de tempo. Geralmente a unidade composta, usada para grandes vazões é metros cúbicos por segundo (m^3/s); para pequenas, podemos empregar litros por segundo (l/s). Essas medições são atribuições da hidrometria, mas a topografia empresta seus métodos e aparelhos como colaboração.

A vazão de qualquer curso natural de água varia constantemente, desde as menores durante os períodos de seca até as maiores, durante a época das chuvas. Interessa então conhecer as vazões médias. Essas médias variam muito de dia para dia, de mês para mês e passam a variar menos de ano para ano. Quando se obtém uma média anual durante um período, por exemplo, de dez anos, ela fica muito mais estável e pode ser usada com mais tranquilidade para projetos de irrigação, de abastecimento, bem como para construções de pontes ou barragens.

Em um projeto agrícola de plantação irrigada, desde que se conheça o provável consumo de água, devemos ter dados sobre a vazão das nascentes para projetar e construir com certeza de êxito.

Tendo em vista a necessidade de se conhecer a vazão diariamente para a obtenção das médias, devemos instalar meios fáceis e rápidos para as leitura diárias. Isso nos leva ao processo do *vertedor*.

MÉTODO DO VERTEDOR

Este processo baseia-se na necessidade de se obrigar toda a água que corre, a fazê-la através de um bocal, seja ele retangular, triangular ou circular (Figura 8.1).

Figura 8.1 Diferentes modelos de bocais.

Os manuais de hidráulica contêm detalhes sobre o assunto. Para continuar, tomamos como exemplo, um bocal retangular. Partindo de uma prancha de madeira de 2,00 m × 0,080 m abrimos num dos lados um retângulo de 0,60 × 0,20 m (Figura 8.2)

A parte inferior do bocal é cortada chanfrada, para diminuir o atrito da água. Melhor revesti-la com chapa de estanho (folha) para maior duração. Essa prancha deve ser colocada de forma a interceptar a passagem da água da pequena nascente, vedando-se as partes laterais e o fundo, ou seja, represando a água entre as margens e a prancha. Como consequência, o nível à montante irá se elevando até atingir o bocal e começará a jorrar por ele. O nível continuará a subir enquanto chegar mais água do que a que escorre pelo bocal. Quando o nível se estabiliza, é sinal de que toda a água que chega está também jorrando pela abertura. Pode-se então fazer a medição. Esta se resume em se obter a altura da água sobre a aresta do vertedor (h).

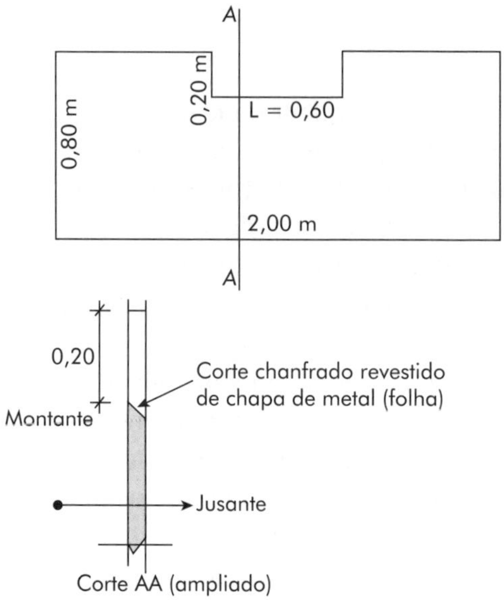

Figura 8.2 Vertedor com bocal retangular.

Para termos h com precisão milimétrica, utilizamos nivelamento geométrico. O nível faz uma leitura de mira com ela apoiada na aresta do vertedor (l_1) e outra (l_2) com a mira apoiada numa estaca cravada no leito a uma distância de 4 L (recomendação da hidráulica), ou seja, para nosso exemplo de L = 0,60 m, a cerca de 2,5 m. É necessário ainda ler o valor a, isto é, a altura da água sobre a estaca. Então:

$$h = l_1 - l_2 + a \text{ (Figura 8.3)}$$

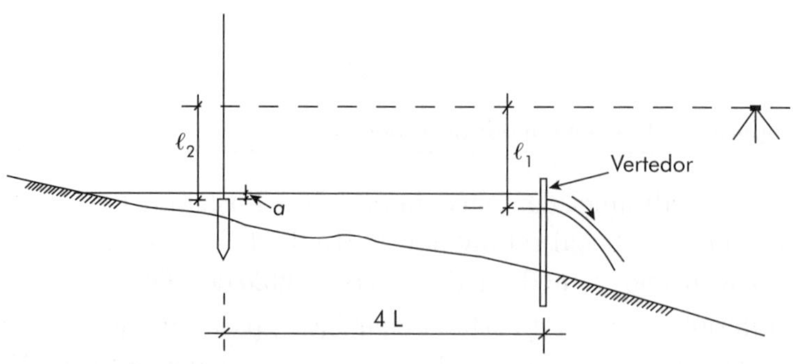

Figura 8.3 Vista lateral.

EXEMPLO 8.1 Supondo l_1 = 1,584 m l_2 = 1,490 m e a = 0,012 temos h = 1,584 – 1,490 + 0,012 = 0,106 m.

Os manuais de hidráulica indicam fórmulas empíricas para o cálculo da vazão.

(Bernouille) $Q = 1{,}78\,Lh^{3/2}$ (Francis) $Q = 1{,}826\,Lh^{3/2}\left(1 - \dfrac{h}{5}\right)$

$$Q = 1{,}78 \times 0{,}60 \times 0{,}106^{3/2} = 0{,}037 \text{ m}^3 \rightarrow 37\ l/s.$$

É necessário ressaltar que em ambas as fórmulas os valores de L e h devem obrigatoriamente entrar em metros e a vazão Q sairá em m^3/s. Não é possível entrar com L e h em centímetros pensando em obter a vazão em cm^3/s, porque o coeficiente 1,78 contém unidades e não é um simples número. Podemos verificar:

$$m^{1/2}/s \times m \times m^{3/2} = m^3/g$$

ou seja, o valor 1,78 é expresso em $\sqrt{m/s}$.

Na medida em que as vazões aumentam, torna-se cada vez mais problemática a colocação da prancha retendo a água. Portanto este processo artesanal funciona somente para pequenas vazões (talvez abaixo de 100 *l/s)*.

Aplicando a fórmula $Q = 1{,}78\ \mathrm{L}\ h^{3/2}$ e para L = 0,6 m, vamos organizar uma tabela de vazões com variação 5 em 5 mm desde h = 0,010 até 0,200.

h (m)	*Q* (*l*/s)	*h* (m)	*Q* (*l*/s)
0,010	1,1	0,100	33,8
0,015	2,0	0,105	36,3
0,020	3,0	0,110	39,0
0,025	4,2	0,115	41,7
0,030	5,5	0,120	44,4
0,035	7,0	0,125	47,2
0,040	8,5	0,130	50,1
0,045	10,2	0,135	53,0
0,050	11,9	0,140	55,9
0,055	13,8	0,145	59,0
0,060	15,7	0,150	62,0
0,065	17,7	0,155	65,2
0,070	19,8	0,160	68,4
0,075	21,9	0,165	71,6
0,080	24,2	0,170	74,9
0,085	26,5	0,175	78,2
0,090	28,8	0,180	81,6
0,095	31,3	0,185	85,0
0,100	33,8	0,190	88,5
		0,195	92,0
		0,200	95,5

Para vazões maiores, a solução para empregar o processo do vertedor é a de se construir instalações permanentes de alvenaria ou concreto, desviando-se o curso d' água temporariamente para ser construído o vertedor e posteriormente fazer retornar ao primitivo leito.

Para obter leituras diárias do valor a (altura da água sobre a estaca), basta colocar uma régua graduada fixa na estaca (Figura 8.4).

$$h = 1{,}584 - 1{,}490 + 0{,}013 = 0{,}107$$

$$Q = 1{,}78 \times 0{,}6 \times 0{,}107^{3/2} = 0{,}0374\ \text{m}^3/\text{s} = 37{,}4\ l/s$$

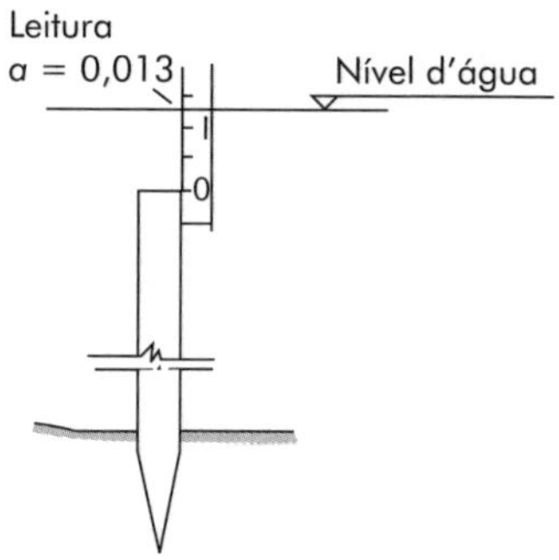

Figura 8.4

Muitas vezes as nascentes com pequenas vazões são desprezadas, por se imaginar que o volume d'água é insuficiente. Vejamos a vazão acima, calculado o quanto acumularia em 24 horas.

$Q = 0{,}0374 \times 60 \times 60 \times 24 \cong 3.230\ \text{m}^3$, suficiente para o abastecimento de 3.200 casas com a média de 4 moradores por casa; consumo médio de 250 litros/pessoa dia.

MÉTODO DO FLUTUADOR

Trata-se de um processo aproximativo aplicável em fases de reconhecimento. Baseia-se no produto de uma velocidade por uma área:

$$\text{m/s} \times \text{m}^2 \rightarrow \text{m}^3/\text{s}$$

A velocidade é a da água medida na superfície, e a área é a média aritmética de duas seções transversais consecutivas a uma certa distância uma da outra. A velocidade é medida por cronometragem (Figura 8.5).

No exemplo 8.2 vemos alguns detalhes da aplicação do processo. É necessário que se um trecho do curso d'água, tranquilo, reto, para que o flutuador solto antes da seção A atinja a seção B sem se enroscar nas margens. A distância AB não pode ser muito pequena, pois a cronometragem não será expressiva e, se for longa demais, fatalmente o flutuador terá problemas no seu percurso. Acreditamos que AB deve variar entre 20 e 50 m.

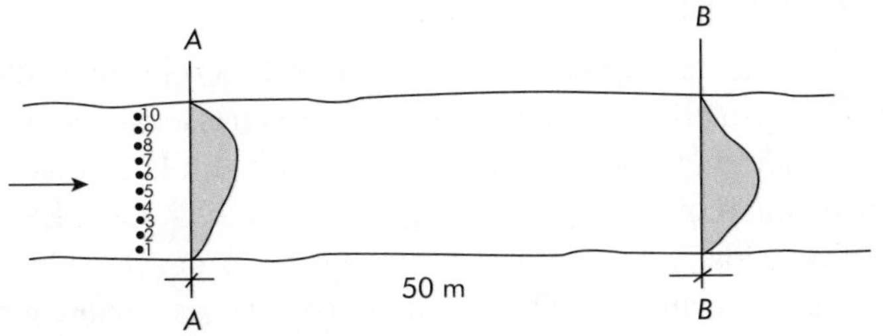

Figura 8.5 Planta.

EXERCÍCIO 8.2

Área da seção A = 11,32 m^2

Área da seção B = 10,80 m^2

Área média = 11,06 m^2

$Q = 11{,}06 \times 0{,}8026 = 8{,}8768\ m^3/s$

Posição	Tempo (t) segundos
1	75
2	71
3	64
4	55
5	50
6	47
7	52
8	61
9	70
10	78

623 ÷ 10 = 62,3 s

$$\text{veloc. média} = \frac{50\,\text{m}}{62{,}3\,\text{s}} = 0{,}8026\,\text{m/s}$$

O flutuador pode ser artesanal. Qualquer garrafa com uma pequena quantidade de água e fechada, flutuará e ficará com o gargalo para cima. Para melhor visibilidade pode-se cravar uma vareta de bambu na rolha com uma papeleta na ponta.

O cálculo das áreas das seções A e B deve ser feito com batimetria, para permitir o desenho das seções e posterior cálculo das áreas; a vazão Q é $Q = \frac{S_A + S_B}{2}$ vel. média; a velocidade média é obtida pela fórmula: $v = \frac{l}{t_{\text{medio}}}$

onde t médio é a média aritmética dos tempos, l a distância entre as 2 seções.

A falha do processo é que só se obtém a velocidade na superfície e não nas diferentes profundidades. Na prática, porém, constata-se que a velocidade média na superfície se aproxima muito da velocidade média geral. Assim o resultado obtido não se afasta muito daquele encontrado por processos bem mais demorados.

MÉTODO DO MOLINETE

O molinete é um pequeno instrumento destinado a medir a velocidade da água em qualquer profundidade. Assemelha-se a um catavento, cujas pás giram com maior ou menor velocidade, dependendo da velocidade do vento. O molinete hidráulico faz o mesmo e suas pás giram mais rapidamente quando a água corre mais rápido. Existem molinetes que giram à baixa velocidade e outros com grande velocidade. O modelo fabricado pela Gurley é um exemplo dos primeiros. Os modelos europeus geralmente giram à alta velocidade, e as contagens não são feitas volta por volta, mas sim por um grupo de voltas.

O molinete é colocado numa determinada seção do curso d'água, variando as posições não só ao longo da seção como também as profundidades. O aparelho deve ter sido testado em laboratório de hidráulica, para uma perfeita relação entre número de voltas com a velocidade da água. Para isso o molinete é aplicado em velocidades conhecidas, constando-se o número de voltas. Desses testes resultam tabelas ou gráficos que serão aplicados nas medições.

Para explicar melhor a aplicação do molinete, preferimos usar o exercício 8.3. Na Figura 8.6 imaginamos uma seção de curso d'água onde foi aplicado o molinete de baixa velocidade. O desenho da seção foi executado na escala de 1:50; a largura da seção tem cerca de 12,35 m e a profundidade máxima na vertical 4 é de cerca de 3,30 m. Verifica-se que o molinete foi colocado em 9 verticais, com profundidade variável desde superficiais até o máximo de profundidade possível. Estão registrados à esquerda das verticais o número de voltas contadas em 60 segundos e, usado a tabela do molinete com a ajuda de interpolações, foram calculadas as velocidades da água em m/s registrados ao lado direito das verticais.

Em seguida foram aplicados 2 processos de cálculo da vazão:

a) Método das curvas isovelozes (Figura 8.7).
b) Método das áreas de influência das velocidades médias em cada vertical (Figura 8.8).

Na Figura 8.7 foi aplicado o *método dos curvas isovelozes*. Por interpolação foram localizados os pontos com velocidade variando de 0,15 m/s e resultaram as curvas com velocidades de 0,15 m/s 0,30 m/s, 045 m/s, 0,60 m/s e 0,75 m/s.

As áreas entre as curvas (a_1- a_2-a_3-a_4-a_5-a_6) foram obtidas da seguinte forma:

— de início foi calculada a área total A, (entre o leito e o nível d'água) isto é, a área completa da seção. Depois a área A_2 compreendida entre a curva 0,15 m/s e o nível d'água. E assim sucessivamente A_3, A_4, A_5 e A_6. A área $A_6 = a_6$ é a área fechada pela curva 0,75 m/s.

$$a_1 = A_1 - A_2 = a_2 = A_2 - A_3\ a_3 = A_3 - A_4$$

$$a_4 = A_4 - A_5 = a_5 = A_5 - A_6 \text{ e } a_6 = A_6$$

Para calcular as áreas foi aplicada a fórmula dos trapézios (fórmula de Bezout) com as ordenadas lidas até milímetros.

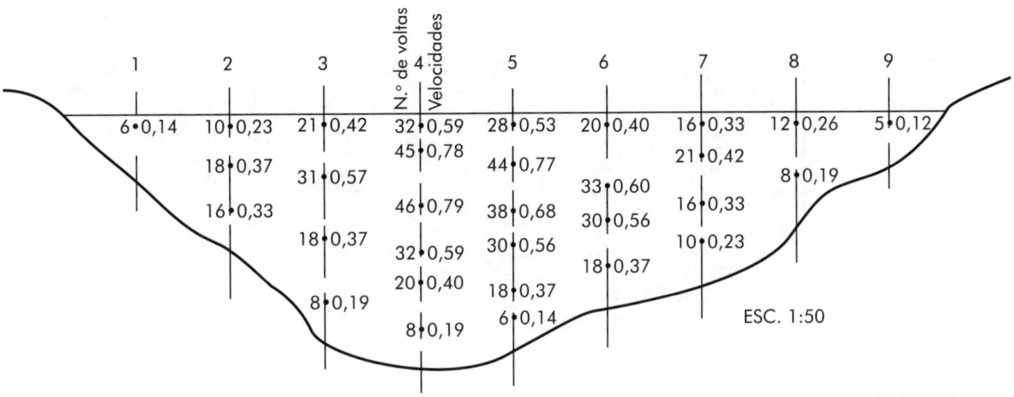

EXERCÍCIO 8.3

TABELA

N. voltas em 60s	Velocidade m/s
5	0,12
10	0,23
20	0,40
30	0,56
40	0,71
50	0,85
60	0,98

Aplicando a tabela e interpolando, temos

Voltas	veloc.(m/s)
5	0,12
6	0,14
8	0,19
10	0,23
12	0,26
16	0,33
18	0,37
20	0,40
21	0,42
28	0,53
30	0,56
31	0,57
32	0,59
33	0,60
38	0,68
44	0,77
45	0,78
46	0,79

Figura 8.6

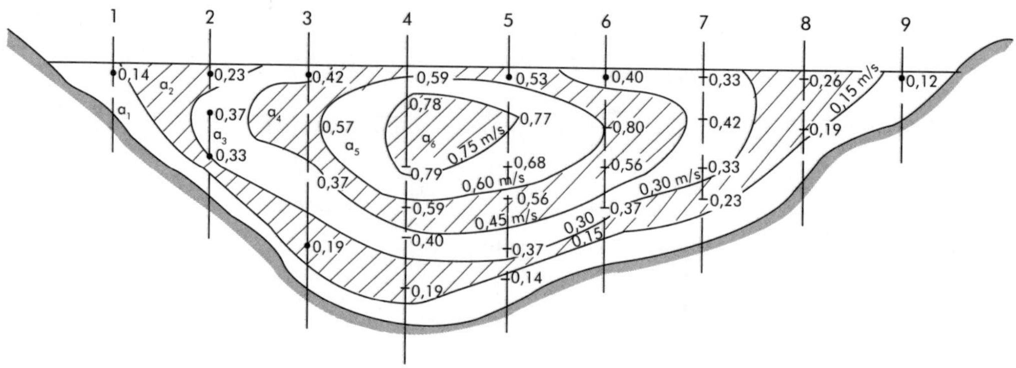

EXERCÍCIO 8.4

veloc. média na faixa	$\times \dfrac{50^2}{100^2}$	aplicando a fórmula dos trapézios
		A_1 89,0 cm^2
$4{,}17 \times 0{,}075 = 0{,}3128$ m^3/s	$4{,}17$ m$^2 = a_1 = 16{,}70$ cm^2	
		A_2 72,3 cm^2
$5{,}07 \times 0{,}225 = 1{,}1408$ m^3/s	$5{,}07$ m$^2 = a_2 = 20{,}3$ cm^2	
		A_3 52,0 cm^2
$5{,}48 \times 0{,}375 = 2{,}0550$ m^3/s	$5{,}48$ m$^2 = a_3 = 21{,}9$ cm^2	
		A_4 30,1 cm^2
$3{,}58 \times 0{,}525 = 1{,}8795$ m^3/s	$3{,}58$ m$^2 = a_4 = 14{,}3$ cm^2	
		A_5 15,8 cm^2
$2{,}93 \times 0{,}675 = 1{,}9744$ m^3/s	$2{,}93$ m$^2 = a_5 = 11{,}7$ cm^2	
		A_6 4,1 cm^2
$1{,}03 \times 0{,}770 = \underline{0{,}7931}$ m^3/s	$1{,}03$ m$^2 = a_6 = 4{,}1$ cm^2	
$Q = 8{,}1556$ m^3/s		

Figura 8.7 Curvas isovelozes (Intervalo 0,15 m/s).

Para mostrar como foi aplicada a fórmula dos trapézios, foi feito um exemplo do cálculo de A_5, isto é, a área compreendida pela curva isoveloz 0,60 m/s.

Porém as áreas a_1, a_2, a_3, etc. foram obtidas em cm^2 do desenho. Para levar para a realidade, devemos usar a escala 1:50. Então

$$a_1 = 16{,}70 \text{ cm}^2 \ \frac{50^2}{100^2} = 4{,}17 \text{ m}^2 \qquad a_2 = 20{,}3 \text{ cm}^2 \ \frac{50^2}{100^2} = 5{,}07 \text{ m}^2$$

$$a_3 = 21{,}9 \text{ cm}^2 \ \frac{50^2}{100^2} = 5{,}48 \text{ m}^2 \qquad a_4 = 14{,}3 \text{ cm}^2 \ \frac{50^2}{100^2} = 3{,}58 \text{ m}^2$$

$$a_5 = 11{,}7 \text{ cm}^2 \ \frac{50^2}{100^2} = 2{,}93 \text{ m}^2 \qquad a_6 = 4{,}1 \text{ cm}^2 \ \frac{50^2}{100^2} = 1{,}03 \text{ m}^2$$

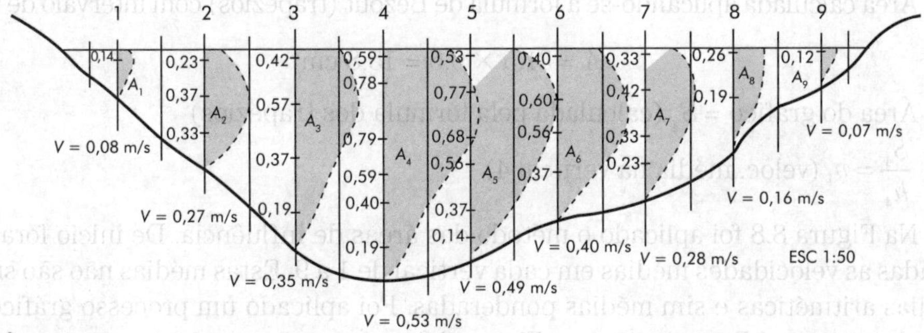

EXERCÍCIO 8.5

$$A_1 = \frac{0,6+2,5}{2}2,1 = 3,26 \text{ cm}^2 \qquad q_1 = 3,26 \times 0,08 \times \frac{50^2}{100^2} = 0,0652 \text{ m}^3/\text{s}$$

$$A_2 = \frac{2,5+4,4}{2}2,5 = 8,63 \text{ cm}^2 \qquad q_2 = 8,63 \times 0,27 \times \frac{50^2}{100^2} = 0,5825 \text{ m}^3/\text{s}$$

$$A_3 = \frac{4,4+6,2}{2}2,5 = 13,25 \text{ cm}^2 \qquad q_3 = 13,25 \times 0,35 \times \frac{50^2}{100^2} = 1,1594 \text{ m}^3/\text{s}$$

$$A_4 = \frac{6,2+6,5}{2}2,5 = 15,90 \text{ cm}^2 \qquad q_4 = 15,90 \times 0,53 \times \frac{50^2}{100^2} = 2,1068 \text{ m}^3/\text{s}$$

$$A_5 = \frac{6,5+5,4}{2}2,5 = 14,90 \text{ cm}^2 \qquad q_5 = 14,90 \times 0,49 \times \frac{50^2}{100^2} = 1,8253 \text{ m}^3/\text{s}$$

$$A_6 = \frac{5,4+4,7}{2}2,5 = 12,65 \text{ cm}^2 \qquad q_6 = 12,65 \times 0,40 \times \frac{50^2}{100^2} = 1,2650 \text{ m}^3/\text{s}$$

$$A_7 = \frac{4,7+3,8}{2}2,5 = 10,65 \text{ cm}^2 \qquad q_7 = 10,65 \times 0,28 \times \frac{50^2}{100^2} = 0,7455 \text{ m}^3/\text{s}$$

$$A_8 = \frac{3,8+1,9}{2}2,5 = 7,13 \text{ cm}^2 \qquad q_8 = 7,13 \times 0,16 \times \frac{50^2}{100^2} = 0,2852 \text{ m}^3/\text{s}$$

$$A_9 = \frac{1,9+0,6}{2}2,0 = \frac{2,50 \text{ cm}^2}{88,87 \text{ cm}^2} \qquad q_9 = 2,50 \times 0,07 \times \frac{50^2}{100^2} = \frac{0,0438 \text{ m}^3/\text{s}}{8,0787 \text{ m}^3/\text{s}}$$

Figura 8.8

Estas áreas foram multiplicadas pela velocidade média entre as curvas, então:

q_1 = 4,17 × 0,075 = 0,3128 m³/s $\qquad$ q_2 = 5,07 × 0,225 = 1,1408 m³/s

q_3 = 5,48 × 0,375 = 2,0550 m³/s $\qquad$ q_4 = 3,58 × 0,525 = 1,8795 m³/s

q_5 = 2,93 × 0,675 = 1,9744 m³/s $\qquad$ q_6 = 1,03 × 0,770 = 0,7931 m³/s

Q = vazão total = 8,1556 m³/s

(a velocidade 0,770 m/s e a média da velocidade 0,075 e a máxima de 0,79 m/s)

Área calculada aplicando-se a fórmula de Bezout (trapézios) com intervalo de 0,5 cm

$$A = 31{,}5 \times 0{,}5 = 15{,}8\ \text{cm}^2$$

Área do gráfico = S_4 (calculada pela fórmula dos trapézios)

$\dfrac{S_4}{h_4} = v_4$ (veloc. média na vertical 4)

Na Figura 8.8 foi aplicado o método das áreas de influência. De inicio foram calculadas as velocidades médias em cada vertical de 1 a 9. Estas médias não são simples médias aritméticas e sim médias ponderadas. Foi aplicado um processo gráfico para calcular estas médias, que está na Figura 8.9.

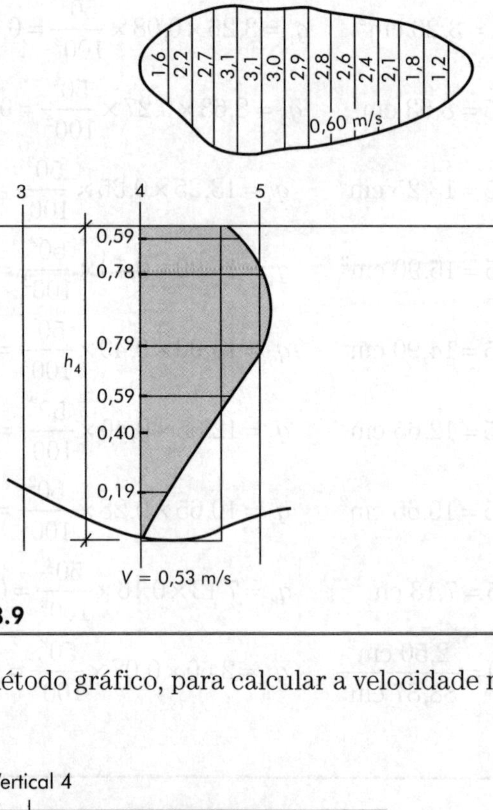

Figura 8.9

A explicação do método gráfico, para calcular a velocidade média na vertical n. 4 está na Figura 8.10.

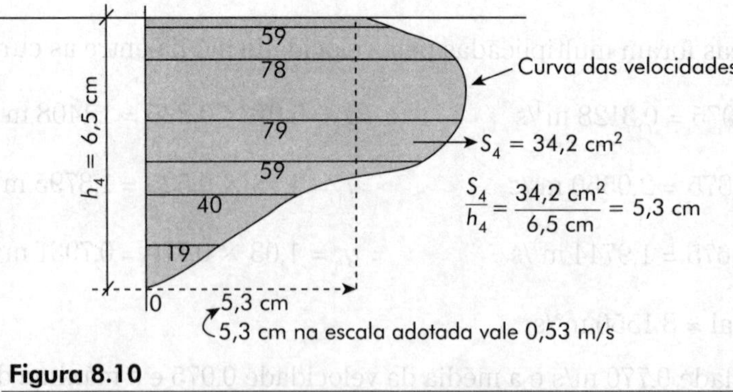

Figura 8.10

Explicação do método gráfico para cálculo da velocidade média na vertical 4. (Figura 8.10)

Nas profundidades onde a velocidade da água foi medida, são colocadas ordenadas horizontais proporcionais a essas velocidades numa certa escala. No desenho a escala adotada foi de 1 cm para cada 0,10 m/s. Nas extremidades das ordenadas foi traçada a curva das velocidades. Em seguida calculou-se a área S_4 entre esta curva e a vertical 4. Resultou 34,2 cm^2. Dividindo-se este valor por 6,5 (h_4), obteve-se 5,3 cm, que na escala adotada vale 0,53 m/s; esta é a velocidade média ponderada na vertical 4.

Regime da bacia fluvial

Naturalmente, nada adianta conhecer a vazão do rio apenas numa certa data. Com a variação do período de chuvas ou de estiagem, as vazões terão grande variação. É portanto necessário conhecer estas variações durante o ano e por muitos anos seguidos. Para isso são feitas medidas em diversas épocas diferentes, sempre relacionando a vazão encontrada com o nível da água baseado numa referência de nível estável. Com isso se estabelece uma correlação entre nível d'água e a vazão por meio de gráfico ou tabela. Assim, para medidas futuras basta ler o nível d'água diariamente para ter no gráfico ou na tabela a vazão do dia. A leitura no nível d'água é feita com a colocação de régua graduada (mira) no rio.

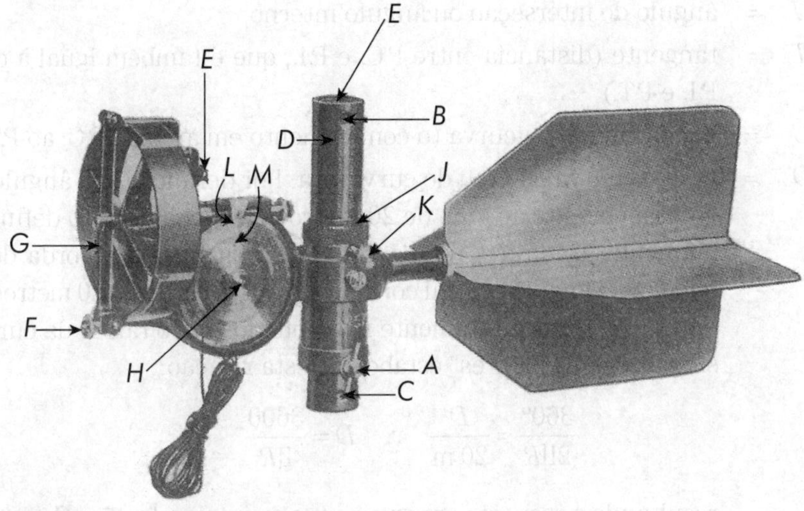

Figura 8.11 Medidor de corrente de água.

9

Curvas horizontais de concordância

Quando uma direção é mudada numa linha de transporte, torna-se necessária a colocação de uma curva de concordância. Para estradas, sejam rodovias, sejam ferrovias, a curva mais indicada é a circular, isto é, um arco de circunferência. Mais adiante veremos que a entrada e a saída da curva podem ser melhoradas com a introdução da espiral de transição. Mas iniciaremos com a curva circular simples. Analisando a Figura 9.1, vamos introduzir as definições.

R = raio

P.C. = ponto de curva

P.I. = ponto de interseção

P.T. = ponto de tangência

I = ângulo de interseção ou ângulo interno

T = tangente (distância entre P.C. e P.I., que é também igual à distância P.I. e P.T.)

C = comprimento da curva (o comprimento em arco do P.C. ao P.T.)

D = grau da curva ou grau de curvatura. Por definição, é o ângulo central correspondente ao arco de 20 metros. Trata-se de arco definição, comumente usado nas rodovias. As ferrovias usam a corda definição, onde *D é o* ângulo central correspondente à corda de 20 metros. O grau da curva D está diretamente relacionado com o raio R da curva. Uma simples "regra de três" estabelece esta relação:

$$\frac{360°}{2\Pi R} = \frac{D}{20\text{ m}} \quad \therefore \quad D = \frac{3600}{\Pi R}$$

resultando a resposta em graus sexagesimais e fração. Caso se queira trabalhar em grados centesimais, teremos

$$\frac{400\text{grd}}{2\Pi R} = \frac{D}{20\text{ m}} \quad \therefore \quad D = \frac{4000}{\Pi R}$$

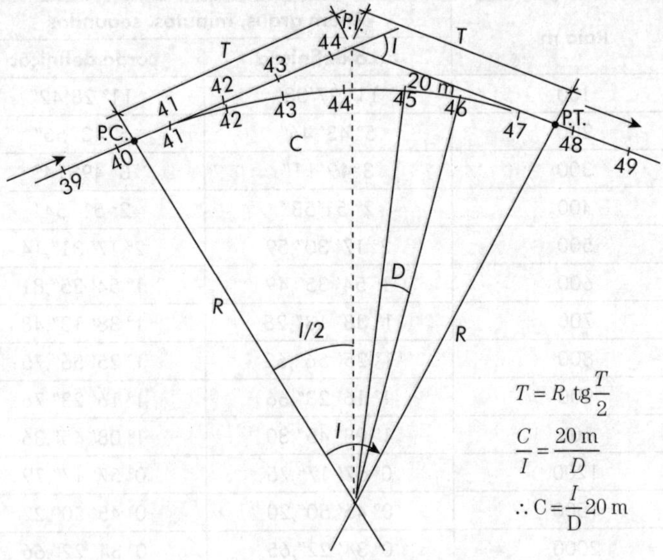

$$T = R\,\mathrm{tg}\frac{T}{2}$$

$$\frac{C}{I} = \frac{20\ \mathrm{m}}{D}$$

$$\therefore \mathrm{C} = \frac{I}{\mathrm{D}} 20\ \mathrm{m}$$

Figura 9.1

resultando em grados e fração. A diferença entre o arco definição usado em rodovias e a corda definição em ferrovias é muito pequena, em virtude dos raios usados serem sempre grandes. Pela corda definição, o grau de curva calculado em função do raio é:

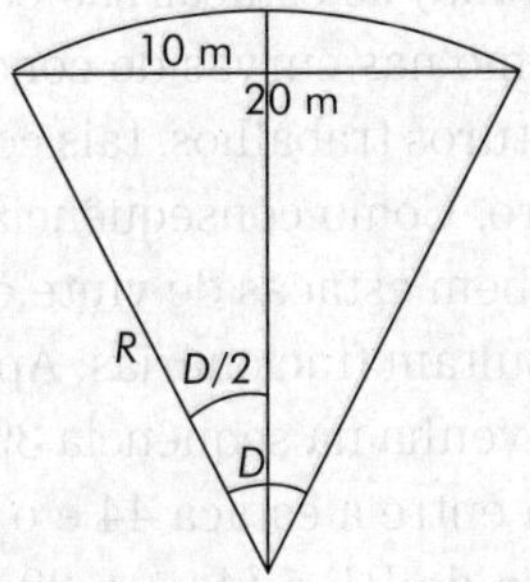

$$\mathrm{sen}\frac{D}{2} = \frac{10}{R}$$

$$\therefore D = 2\ \mathrm{arc\ sen}\ \frac{10}{R}$$

Figura 9.2

Podemos fazer uma tabela, comparando o valor do grau para as duas definições, fazendo variar o raio *R*.

Raio m	D em graus, minutos, segundos	
	arco definição	corda definição
100	11° 27′33″	11° 28′42″
200	5° 43′ 46″	5° 43′ 55″
300	3°49′11″	3° 49′ 14″
400	2° 51′53″	2° 51′ 54″
500	2° 17′ 30″,59	2° 17′ 31″,14
600	1° 54′ 35″,49	1° 54′ 35″,81
700	1° 38′ 13″,28	1° 38′ 13″,48
800	1° 25′ 56″,62	1° 25′ 56″,75
900	1° 16′ 23″,66	1° 16′ 23″,76
100	1° 08′ 45″,30	1° 08′ 45″,36
1200	0° 57′ 17″,75	0° 57′ 17″,79
1500	0° 45′ 50″,20	0° 45′ 50″,22
2000	0° 34′ 22″,65	0° 34′ 22″,66
3000	0° 22′ 55″, 10	0° 22′ 55″, 10

Pela tabela verificamos que o valor do grau D para raio de 500 m ou mais só varia em décimos de segundos. Significa que a utilização de definições diferentes para rodovias e ferrovias é apenas uma questão de hábito, que envolve tabelas diferentes e métodos de cálculo um pouco diferenciados, mas que resulta em curvas praticamente iguais.

Ao longo do alinhamento (eixo da estrada) as estacas são colocadas de 20 m em 20 m e nunca se altera esta distância, mesmo nas curvas de concordância. Isso é necessário para facilitar a organização dos futuros trabalhos, tais como seções transversais e cálculos de volumes de corte e aterro. Como consequência, os pontos a serem locados ao longo da curva deverão ser também estacas de vinte em vinte metros. Em consequência, as estacas P.C., P.I. e P.T. resultam fracionárias. Aproveitando a mesma Figura 9.1, supomos que o estaqueamento venha na sequência 39, 40, 41 etc. e continua até o P.I.; constatou-se que a distância entre a estaca 44 e o P.I. resultou 6,20 m, como exemplo. Então dizemos que a estaca do P.I. é (44 + 6,20 m); trata-se de uma unidade composta do primeiro número, que representa quantidade de espaços de 20 m desde a estaca zero, e o segundo numero representa a distância que o P.I. está além da estaca 44 metros e fração. Supondo que o valor da tangente T seja 80,15 m e o comprimento C da curva seja de 146,34 m, as estacas do P.C. e P.T. serão:

Estaca P.I.	=	44 + 6,20 m
$-T$	=	4 + 0,15 m
Estaca P.C.	=	40 + 6,05 m
$+ C$	=	7 + 6,34 m
Estaca P.T.	=	47 + 12,39 m

O valor da tangente T (80,15 m) foi subdividido nas duas parcelas: 4 estacas de 20 m mais 0,15 m (4 + 0,15). O mesmo foi feito com o comprimento C (146,34) em 7 estacas de 20 m mais a sobra de 6,34 m.

As direções do "alinhamento" (eixo da estrada) são sempre fornecidas por azimutes à direita a partir do Norte. Havendo somente uma origem (Norte) e somente um sentido de rotação (à direita), são evitadas as confusões que poderiam ocorrer em outra hipótese. Bem, com estes conceitos básicos poderemos arriscar alguns exercícios.

EXERCÍCIO 9.1

Calcular os elementos básicos para concordar a tangente inicial, cujo azimute é 58° 12′, com a tangente final (azimute 81° 27′). As duas tangentes encontram-se na estaca P.I.(328 + 1,48 m). O raio adotado foi de 500 m.

$$D = \frac{3600}{\text{II}R} = 2°2918 = 2°17'31''$$

$$I = (81°27') - (58°12') = 23°15' \text{ à direita}$$

$$T = R \text{ tg}\frac{I}{2} = 500 \text{ tg}\frac{23°15'}{2} = 102{,}86 \text{ m}$$

$$C = \frac{I}{D} 20 \text{ m} = \frac{23°15'}{2°{,}2918} 20 = 202{,}89 \text{ m}$$

Estaca P.I.	=	328	+	1,48
$-T$	=	5	+	2,86
Estaca P.C.	=	322	+	18,62
$+C$	=	10	+	2,89
Estaca P.T.	=	333	+	1,51

EXERCÍCIO 9.2

Estaca P.C. = 204 + 5,42 m Estaca P.T. = 215 + 12,84 m

Grau da curva D = 3° Azimute da 1° tangente = 8°44′. Trata-se de uma curva à esquerda. Calcular os demais elementos da curva,

$$C = (215 + 12{,}84) - (204 + 5{,}42) = 11 + 7{,}42 \text{ m} = 227{,}42 \text{ m}$$

$$I = \frac{CD}{20} = \frac{227{,}42 \times 3}{20} = 34°{,}113 = 34°06'47''$$

Azimute da 2ª tangente = 360° + 8°44′ – 34°06′47″ = 334°37′13″

$$R = \frac{3600}{\text{II} \times 3°} = 381{,}9719 \text{ m} \quad T = R \text{ tg } \frac{I}{2} = 117{,}19 \text{ m}$$

Estaca P.I. = Estaca P.C. + T = (204 + 5,42 m) + (5 + 17,19 m) = (210 + 2,61 m)

EXERCÍCIO 9.3

Usando a tangente T = 100 m, concordar a tangente inicial (azimute 382,48 grd) com a tangente final (azimute 22,82 grd). Estaca P.I. = 59 + 18,47 m

Cálculo do ângulo I

I = 400 + 22,82 – 382,48 – 40,34 grd à direita

$$R = \frac{T}{\text{tg}_{\frac{I}{2}}} = \frac{100}{\text{tg}_{\frac{40,34}{2}}} = 272{,}2318 \text{ m}$$

$$R = \frac{4000}{\Pi \times R} = 4{,}6770 \text{ grd}$$

$$C = \frac{40{,}34}{4{,}6770} 20 = 172{,}50 \text{ m}$$

Estaca P.I.	=	59	+	18,47 m
$-T$	=	5	+	0,00 m
Estaca P.C.	=	54	+	18,47 m
$+C$	=	8	+	12,50 m
Estaca P.T.	=	63	+	10,97

Relação entre os azimutes das tangentes e o ângulo da interseção I

Para evitar enganos, devemos lembrar que a tangente inicial passa por P.C. e por P.I., enquanto que a tangente final parte do P.I. e passa pelo P.T. No exercício 9-1 o esquema é

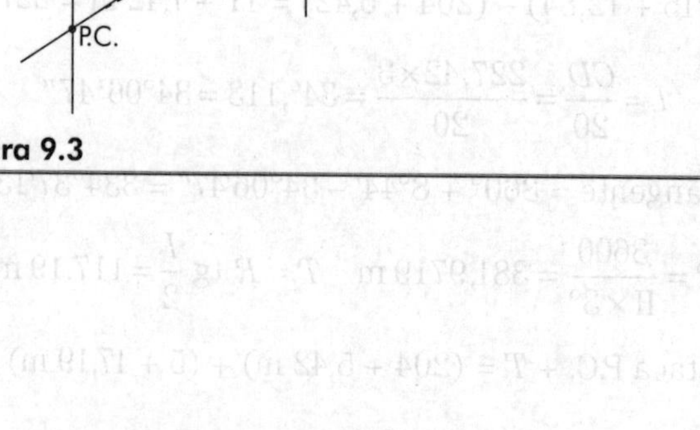

Figura 9.3

Vejamos o esquema no exercício 9-2

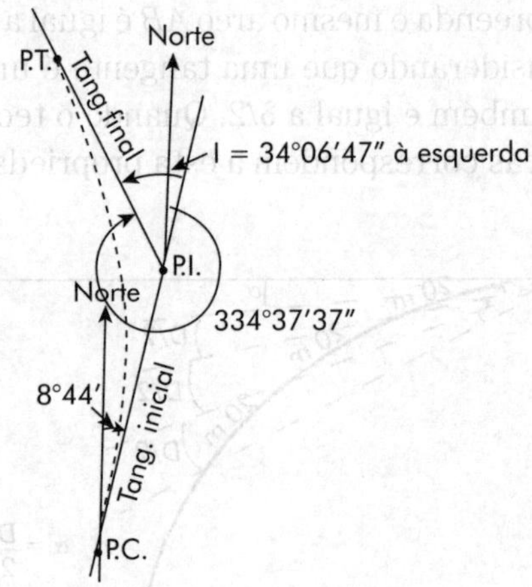

Figura 9.4

E o esquema do exercício 9-3

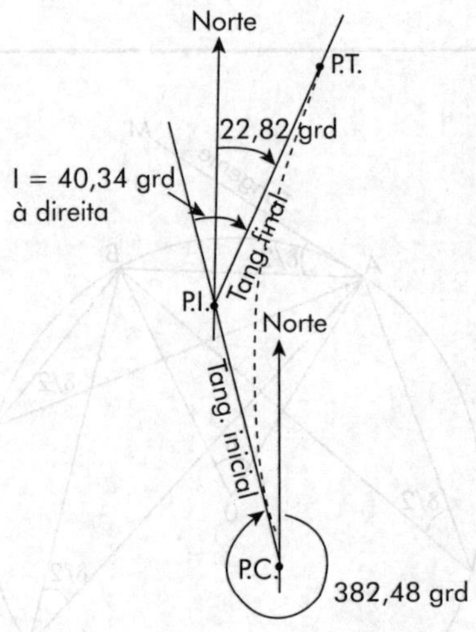

Figura 9.5

MÉTODO DE LOCAÇÃO DAS CURVAS

O método de locação das curvas mais utilizado é o das deflexões, mais rápido e mais preciso do que o método das perpendiculares à tangente. O "método das deflexões" consiste em colocar o teodolito no P.C. (ponto de curva), e com ele fornecer o alinhamento para locar estaca por estaca da curva. Para isso, calculam-se os ângulos destes alinhamentos com a tangente inicial. As distâncias são medidas com trena, a partir da estaca anterior que já deve ter sido locada.

O cálculo das deflexões baseia-se na propriedade das circunferências: o ângulo central em O, que corresponde o arco *AB*, é δ; então qualquer ângulo com vértice na circunferência e que compreenda o mesmo arco *AB* é igual a δ/2. Assim são os ângulos com vértice *C*, *D* e *E*. Considerando que uma tangente é um caso particular de uma secante, o ângulo *MAB* também é igual a δ/2. Quando o teodolito está no P.C., as deflexões para locar as estacas correspondem a esta propriedade (Figura 9.6 e 9.7).

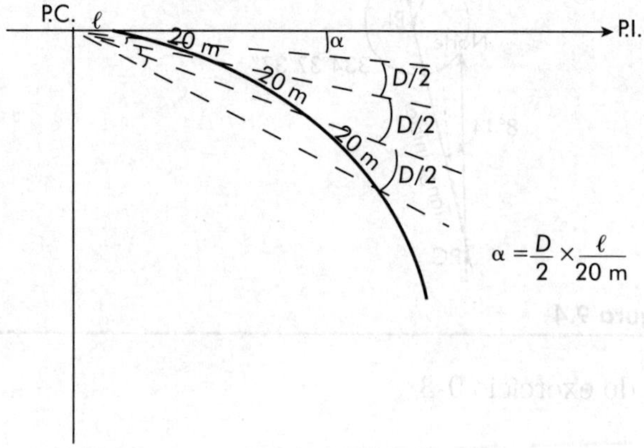

Figura 9.6

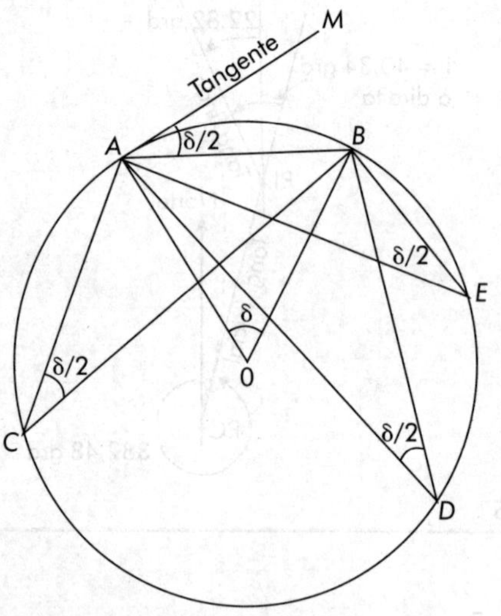

Figura 9.7

EXERCÍCIO 9.4

Com os mesmos dados do exercício n. 9.1, preparar a tabela de locação da curva pelo método das deflexões.

Os dados são:

Azimute da tangente inicial = 58°12′ à direita

Azimute da tangente final = 81°27′ à direita

Estaca do P.I. = 328 + 1,48 m   Raio = 500 m

No exercício 9-1 já foram calculados:

I = 23°15′ à direita (pela diferença entre as azimutes das duas tangentes)

D = 2°,29 18 ou 2°17′31″

T = 102,86 m   C = 202,89 m

Estaca P.C. = 322 + 18,62 m

Estaca P.T. = 333 + 1,51 m

Cálculo das deflexões

Deflexão para cordas de 20 m

$$d_{20\,\text{m}} = \frac{D}{2} = \frac{2,2818}{2} = 1°,1459 \text{ ou } 1°08'45''$$

Deflexão para locar a primeira estaca (323)

O arco do P.C. até 323 é 20 m – 18,62 = 1,3

$$d_{1,38} = 1,1459\frac{1,38}{20} = 0°,0791 \text{ ou } 0°04'45''$$

Deflexão para locar o P.T.

O arco da estaca 333 até o P.T. é de 1,51 m

$$d_{1,51} = 1,1459\frac{1,51}{20} = 0,0865 \text{ ou } 0°05'11''$$

Tabela de locação por deflexões

	Estaca	Deflexão	Leitura do círculo horizontal	Azimute da tangente
P.T.	333 + 1,51	0° 05′11″	69° 49′26″	81°26′52″
	333	1° 08′45″	69° 44′15″	
	332	1° 08′45″	68° 35′30″	
	331	1° 08′45″	67° 26′45″	
	330	1° 08′45″	66° 18′00″	
	329	1° 08′45″	65° 09′15″	
	328	1° 08′45″	64° 00′30″	
	327	1° 08′45″	62° 51′45″	
	326	1° 08′45″	61° 43′00″	
	325	1° 08′45″	60° 34′15″	
	324	1° 08′45″	59° 25′30″	
	323	0° 04′45″	58° 16′45″	
P.C.	322 + 18,62			58° 12′00″

∑ deflexões = 11° 37′26″

$$\frac{I}{2} = 11°37'30''$$

A diferença entre a somatória das deflexões e o valor de *I*/2 foi provocada por aproximações nos segundos.

O azimute da tangente final, calculado pela tabela, foi de (69°49′26″) + (11°37′26″) – 81° 26′52″. O valor ideal seria 81°27′00″. Houve portanto uma diferença de 8″ provocada pela aproximação, casa dos segundos, no calculo das deflexões. Para eliminar essa diferença, deveríamos trabalhar com décimos ou centésimos de segundo, o que é considerado geralmente como exagero na aplicação prática.

O valor correto da deflexão para 20 metros seria:

$$d_{20\,\text{m}} = \frac{3600}{2\Pi \times 500\text{ m}} = 1°,145916 \text{ ou } 1°08'45'',3$$

Houve um abandono de 0,3′ em cada deflexão, que acumulados resultam na diferença encontrada.

EXERCÍCIO 9.5

Preparar a tabela de locação pelo método das deflexões para a curva horizontal, cujos dados são:

Azimute da tangente inicial = 20,3740 grd à direita

I = 42,5854 grd à esquerda

Estaca P.I. = 58 + 18,12 m

Grau da curva = 4,6000 grd

Locar estacas de 10 em 10 m

Solução:

$$R = \frac{4000}{\Pi \times 4{,}6} = 276{,}7912\text{ m} \quad T = R\ \text{tg}\ \frac{42{,}5884}{2} = 96{,}198 \cong 96{,}20$$

$$C = \frac{I}{D}20 = \frac{42{,}5884}{4{,}6}20 = 185{,}1669 \cong 185{,}17\text{ m}$$

Estaca P.I.	=	58	+	18,12
–*T*	=	4	+	16,20
Estaca P.C.	=	54	+	1,92
+ *C*	=	9	+	5,17
Estaca P.T.	=	63	+	7,09

$$\text{deflexão para 20 m} = \frac{4{,}6}{2} = 2{,}3000\text{ grd}$$

$$\text{deflexão para 10 m} = \frac{2{,}3}{2} = 1{,}500\text{ grd}$$

Arco entre P.C. e estaca 54 + 10 m = 8,08 m

$$\text{deflexão para 8,08} = 1{,}15\frac{8{,}08}{10} = 0{,}9292\text{ grd}$$

Arco entre estaca 63 e P.T. = 7,09 m

$$\text{deflexão para } 7{,}09 = 1{,}15\frac{7{,}09}{10} = 0{,}81535 \text{ grd}$$

	Estaca	Deflexão	Leitura do círculo horizontal	Azimute da tangente
P.T.	63 + 7,09	0,8153	399,0795	377,7850
	63	1,1500	399,8448	
	62 + 10 m	1,1500	1,0448	
	62	1,1500	2,1948	
	61 + 10 m	1,1500	3,3448	
	61	1,1500	4,4948	
	60 + 10 m	1,1500	5,6448	
	60	1,1500	6,7948	
	59 + 10 m	1,1500	7,9448	
	59	1,1500	9,0948	
	58 + 10 m	1,1500	10,2448	
	58	1,1500	11,3948	
	57 + 10 m	1,1500	12,5448	
	57	1,1500	13,6948	
	56 + 10 m	1,1500	14,8448	
	56	1,1500	15,9948	
	55 + 10 m	1,1500	17,1448	
	55	1,1500	18,2948	
	54 + 10 m	0,9292	19,4448	
P.C.	54 + 1,92			20,3740

Σ deflexões = 21,2945

$$\frac{I}{2} = \frac{42{,}5884}{2} = 21{,}2942$$

Azimute da tg final = 399,0795 – 21,2945 = 377,7850

Verificação:

Azimute da tg final = Azimute da tg inicial – I

Azimute da tg final = 20,3740 – 42,5884 = 377,7856

EXERCÍCIO 9.6

Com os mesmos dados do exercício n. 5, introduzir a necessidade de um ponto de mudança na estaca 59. O motivo por que utilizar um ponto de mudança é a dificuldade ou a impossibilidade de visada a partir do P.C. para estacas após a de n. 59. A modificação será feita apenas na tabela de locação, pois os cálculos geométricos são os mesmos.

	Estaca	Deflexão	Leitura do círculo horizontal	Azimute da tangente
P.T.	63 + 7,09	0,8153	387,8003	377,7850
	63	1,1500	388,6156	
	62 + 10 m	1,1500	389,7656	
	62	1,1500	390,9156	
	61 + 10 m	Δ_2 1,1500	392,0656	
	61	1,1500	393,2156	
	60 + 10 m	1,1500	394,3656	
	60	1,1500	395,5156	
P.M.	59 + 10 m	1,1500	396,6656	
	59	1,1500	9,0948	397,8156
	58 + 10 m	1,1500	10,2448	
	58	1,1500	11,3948	
	57 + 10 m	1,1500	12,5448	
	57	Δ_1 1,1500	13,6948	
	56 + 10 m	1,1500	14,8448	
	56	1,1500	15,9948	
	55 + 10 m	1,1500	17,1448	
	55	1,1500	18,2948	
	54 + 10 m	0,9292	19,4448	
P.C.	54 + 1,92			20,3740

$\Sigma = 21{,}2945$

$\frac{I}{2} = 21{,}2942$ diferença = 0,0003 grd

$\Delta_1 = 11{,}2792$ $\quad 409{,}0948 - 11{,}2792 = 397{,}8156$

$\Delta_2 = 10{,}0153$ $\quad 387{,}8003 - 10{,}0153 = 377{,}7850$

$20{,}3740 - \Delta_1 = 20{,}3740 - 11{,}2792 = 9{,}0948$

$9{,}0948 + 400{,}0000 - 11{,}2792 = 397{,}8156$

$397{,}8156 - \Delta_2 = 397{,}8156 - 10{,}0153 = 387{,}8003$

$387{,}8003 - \Delta_2 = 387{,}8003 - 10{,}0153 = 377{,}7850$ difer. = 0,0006 grd

$20{,}3740 + 400{,}0000 - 42{,}5884 = 377{,}7856$

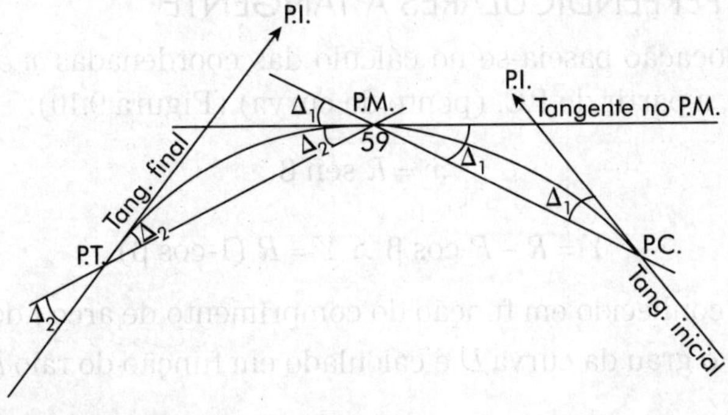

Figura 9.9

A diferença foi provocada por aproximação no cálculo das deflexões.

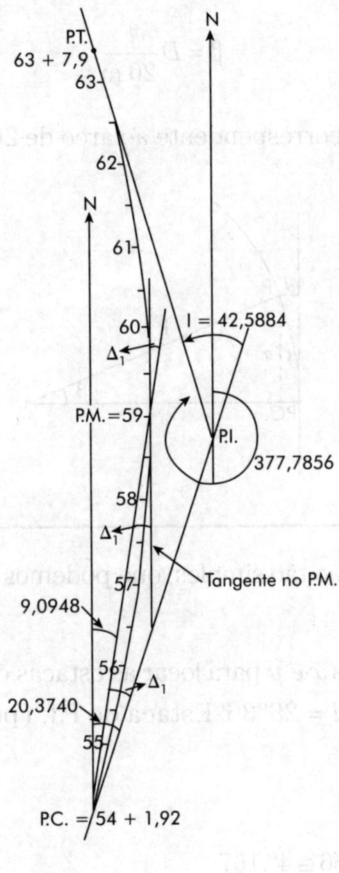

Figura 9.9

MÉTODO DAS PERPENDICULARES A TANGENTE

Este método de locação baseia-se no cálculo das coordenadas x e y para locar um ponto P na curva, a partir do P.C. (ponto de curva) (Figura 9.10).

$$x = R \text{ sen } \beta$$

$$Y = R - R \cos \beta \therefore Y = R\,(1\text{-}\cos \beta)$$

O ângulo β é conhecido em função do comprimento de arco l desde P.C. até P. Sabemos que o grau da curva D é calculado em função do raio R:

$$D = \frac{3600}{\text{II}R}$$

para obter D em graus sexagesimais. Portanto:

$$\beta = D \frac{l}{20 \text{ m}}$$

já que D é o ângulo central correspondente ao arco de 20 metros.

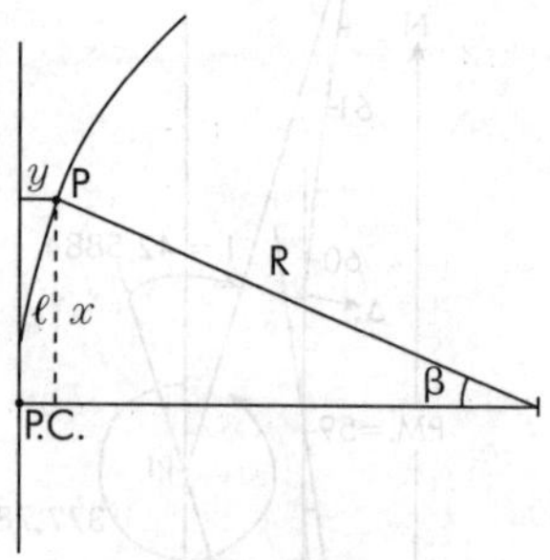

Figura 9.10

O método é de explicação tão simples, que podemos partir para um exercício:

EXERCÍCIO 9.7

Calcular as coordenadas x e y para locar as estacas da seguinte curva: R = 275 m

Ângulo de interseção I = 28°36′ Estaca do P.I. (ponto de interseção) = 147 + 12,40 m

Solução:

$$D = \frac{3600}{\text{II} \times 275} = 4{,}166966 \cong 4°{,}167$$

$$T = R \text{ tg } \frac{I}{2} = 275{,}00 \times \text{tg } \frac{28°36'}{2} = 70{,}10 \text{ m} \rightarrow (3 + 10{,}10 \text{ m})$$

Est. P.C.= Est. P.I. – T = (147 + 12,40) – (3 + 10,10 m) = 144 + 2,30

Para a primeira estaca na curva 145, o arco será de 20,00 – 2,30 = 17,70 m. O segundo arco para locar a estaca 146 será de 17,70 + 20,00 = 37,70 m e assim por diante. Podemos então compor a tabela de locação, calculando primeiro a última estaca P.T.

Comprimento da curva $C = \dfrac{I}{D} 20\text{ m} = \dfrac{28°,6}{4°,167} 20 = 137,27 = 6 + 17,27\text{ m}$

Est. P.T. = Est P.C. + C = (144 + 2,30) + (6 + 17,27) = 150 + 19,57 m

Tabela de locação

	Estaca	Arco (l)	Ângulo central β	Raio	x	y
P.C.	144 + 2,30	–	–		–	–
	145	17,70	3°,688		17,69	0,57
	146	37,70	7°,855		37,58	2,58
	147	57,70	12°,022		57,28	6,03
	148	77,70	16°, 189	275,00 m	76,58	10,88
	149	97,70	20°,356		95,66	17,17
	150	117,70	24°,523		114,14	24,81
P.T.	150 + 19,57	137,27	28°,600		131,64	33,55

A locação é feita com o teodolito estacionado no P.C. e, visando para o P.I. (portanto na direção da tangente), marcam-se os valores x. Deslocando depois o teodolito para estes pontos na tangente, tiram-se as perpendiculares e marcam-se os valores y. Pode-se verificar que este processo resulta em maior trabalho no campo do que o método das deflexões. Apesar de ser um processo teoricamente perfeito, na aplicação prática deverão resultar erros maiores, pelo fato de cada estaca ser locada por duas medidas.

EXERCÍCIO 9.8

Calcular as coordenadas x e y para locar a estaca 82 da seguinte curva horizontal:

D = Grau da curva – 4,0000 grd

Comprimento da curva = C = 180,00 m

Estaca P.I. = 84 + 7,10 m

Solução:

$$R = \frac{4000}{\text{II } D} = \frac{4000}{\text{II} \times 4} = 318{,}31\text{ m}$$

$$C = \frac{I}{D} 20\text{ m} \quad \therefore \quad I = \frac{\text{CD}}{20\text{ m}} = \frac{180{,}00 \times 4{,}00}{20\text{ m}} = 36{,}0000\text{ grd}$$

$$T = R\,\text{tg}\frac{I}{2} = 318{,}31 \times \text{tg}\,18{,}0000\text{ grd} = 92{,}48 = (4 + 12{,}48\text{ m})$$

Est. P.C. = Est p.I. – T = (84 + 7,10 m) – (4 + 12,48 m) = 79 + 15,22 m

Para locar a estaca 82, o comprimento do arco é:

$$(82 + 000) - (79 + 15{,}22 \text{ m}) = (2 + 4{,}78 \text{ m}) = 44{,}78 \text{ m}$$

O ângulo central β é: $\beta = D\dfrac{44{,}78 \text{ m}}{20{,}00 \text{ m}} = 4\dfrac{44{,}78}{20{,}00} = 8{,}9560 \text{ grd}$

$x = R \text{ sen } \beta = 318{,}31 \text{ sen } 8{,}9560 \text{ gdr} = 44{,}63 \text{ m}$

$y = R\,(1 - \cos \beta) = 318{,}31\,(1 - \cos 8{,}9560) = 3{,}14 \text{ m}$

MÉTODO DA CORDA ANTERIOR PROLONGADA

Por semelhança de triângulos, temos

$$\frac{L}{a} = \frac{a}{R}$$

$$\therefore \quad L = \frac{a^2}{R}$$

$$b = \sqrt{a^2 - \left(L/2\right)^2}$$

Supondo-se um raio R de 100 m e querendo locar a curva de 10 em 10 m (a = 10 m), temos

$$L = \frac{10^2}{100} = 1{,}00 \quad \frac{L}{2} = 0{,}50 \quad b = \sqrt{10^2 - \left(\frac{1{,}00}{2}\right)^2} = 9{,}9875 \cong 9{,}99$$

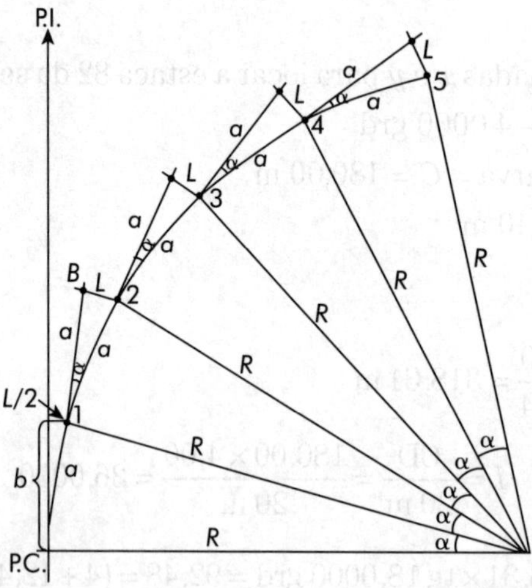

Figura 9.11

É um método rústico, onde se trabalha apenas com balizas e trena (sem teodolito) (Figura 9.11). Este método nunca pode ser usado em estradas ou ruas, por isso o

P.C. não é uma estaca fracionária e o valor a, que é a distância dos arcos de locação, já começa a ser aplicado a partir do P.C. A primeira estaca após o P.C. é locada por construção de triângulo, marcando-se o valor b ao longo da tangente inicial e depois construindo o triângulo com os lados a e $^L/2$. Obtido o ponto 1 na curva, a corda P.C.-1 é prolongada com balizas e neste prolongamento marca-se novamente o valor a, obtem-se o ponto B; em seguida, a partir de 1 e de B, constrói-se o novo triângulo com os lados a e L, obtendo-se o ponto 2. E assim por diante obtêm-se os pontos 3, 4 etc...

Trata-se de um processo sem precisão, mas que tem como qualidade o fato de não utilizar o teodolito.

EXERCÍCIO 9.9

Calcular os valores básicos para locar uma curva de raio R = 60 m de 5 em 5 metros

Solução:

$$R = 60\text{ m} \quad a = 5\text{ m} \quad \therefore \quad L = \frac{a^2}{R} = \frac{5^2}{60} = 0{,}4167\text{ m}$$

$$\frac{L}{2} = 0{,}2063 \quad b = \sqrt{5^2 + 0{,}2063^2} = 4{,}9957\text{ m}$$

10

Curvas verticais de concordância

A curva recomendada para concordar duas rampas é o arco de parábola. Pode ser simétrica ou assimétrica, sendo a primeira naturalmente a preferida. A curva assimétrica só é usada em último recurso.

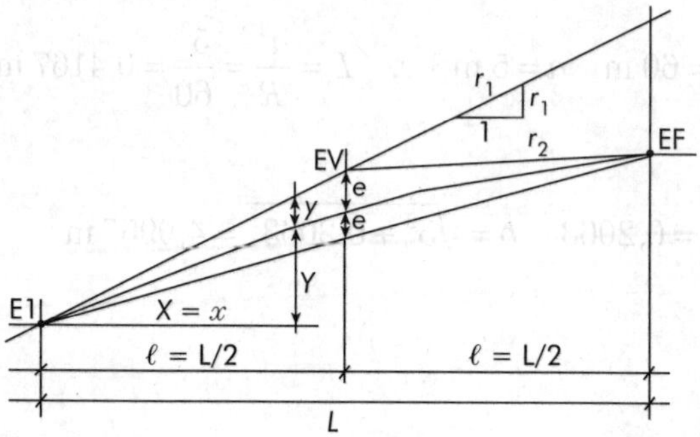

Figura 10.1

Duas rampas r^1 e r^2 cruzam-se em E.V. (estaca de vértice) (Figura 10.1). Sendo L o comprimento da curva vertical (sempre em projeção horizontal), a curva vertical começa em E.I. (estaca inicial) e termina em E.F. (estaca final). A curva é um arco de parábola cuja equação é:

$$\frac{d^2\mathrm{Y}}{d\mathrm{X}^2} = r = \text{constante}$$

integrando: $\dfrac{dY}{dX} = r\,X + C$ para $X = 0$ temos $\dfrac{dY}{dX} = r_1$

$\therefore r_1 = C$ então $\dfrac{d\mathrm{Y}}{d\mathrm{X}} = r\,X + r_1$

para $\mathrm{X} = L$ temos $\dfrac{d\mathrm{Y}}{d\mathrm{X}} = r_2 \;\therefore\; r_2 = r\,\mathrm{L} + r_1 \therefore r = \dfrac{r_2 - r_1}{L}$

que é a razão de mudança de rampa, então $\dfrac{d\mathrm{Y}}{d\mathrm{X}} = \left(\dfrac{r_2 - r_1}{L}\right) X + r_1$

fazendo a 2ª integração temos $Y = \left(\dfrac{r_2 - r_1}{L}\right)\dfrac{X^2}{2} + r_1 X + C_1$

Para $X = 0$ temos $Y = 0$ então $C_1 = 0$ então $Y = \left(\frac{r_2 - r_1}{L}\right)\frac{X^2}{2} + r_1 X$

por triângulo semelhantes temos $\frac{r_1}{1} = \frac{y+Y}{X}$

$\therefore r_1\ X = y + Y \ \therefore Y = r_1\ X - y$ substituindo $r_1\ X - y = \left(\frac{r_2 - r_1}{L}\right)\frac{X^2}{2} + r_1 X_1$

$\therefore -y = \left(\frac{r_2 - r_1}{L}\right)\frac{X^2}{2}$ mas $X = x$ então $-y = \left(\frac{r_2 - r_1}{L}\right)\frac{x^2}{2}$

O sinal negativo de y não é importante, porque no momento de usá-lo é fácil saber se y é negativo ou positivo; por isso podemos escrever

$$y = \left(\frac{r_2 - r_1}{L}\right)\frac{x^2}{2} \text{ para } e \text{ temos } x = \frac{L}{2}$$

$$e = \left(\frac{r_2 - r_1}{L}\right)\frac{\left(\frac{L}{2}\right)^2}{2} \ \therefore\ e = (r_2 - r_1)\frac{L}{8}$$

$$\text{dividindo } \frac{y}{e} = \frac{(r_2 - r_1)\, x^2\ 8}{2L\,(r_2 - r_1)\, L} = 4\frac{x^2}{L^2} = \frac{x^2}{l^2}$$

$\therefore y = e\ \frac{x^2}{l^2}$ considerando-se x e l em número de cordas temos $y_1 = \frac{e}{n^2}$

sendo n o número de cordas em l ou $^L/2$ isto é, o número de cordas na metade da curva.

Então em sequência temos $y_2 = 2^2\, y_1$ $y_3 = 3^2\, y$ etc...

A equipe de projeto deve então escolher o comprimento L da curva vertical. Para isso, faz-se um relacionamento entre o raio da curva vertical, como se ela fosse circular, já que a parábola é bem aberta e portanto similar a uma curva circular.

Então $L = a\, R$ sendo a a diferença de rampas em percentagem.

Por exemplo $r_1 = 6\%$ $r_2 = -4\%$

Se a estrada exige um raio mínimo de curva vertical igual a 5.000 m, teremos

$a = 6\% - (-4\%) = 10\%$ L = 10% de 5.000 = 500 m

EXERCÍCIO 10.1

$r_1 = -1{,}4\%$ $r_2 = 5{,}4\%$ raio 5.000 m (Figura 10.2)

$L = 4\%$ de 5.000 m = 200 m com cordas de 20 m

Estaca do Vértice = 431 + 0,00 Cota da Est. Vért. = 312,420 m

Estaca Inicial (E.I.) = E.V.- $^L/_2$ = 431 – 5 = 426 + 0,00

Estaca Final (E.F.) = E.V. + $^L/2$ = 431 + 5 = 436 + 0,00

$$\text{Cota E.I.} = \text{Cota E.V.} - r_1 \frac{L}{2}$$

$$\text{Cota E.I} = 312{,}420 - \frac{-1{,}4}{100} 100 = 313{,}820 \text{ m}$$

$$\text{Cota E.F.} = \text{Cota E.V.} + r_2 \frac{L}{2} = 312{,}420 + \frac{-5{,}4}{100} 100 = 307{,}020$$

$$e = (r_2 - r_1)\frac{L}{8} = \frac{4}{100} \times \frac{200}{8} = 1{,}000 \text{ m}$$

$$y_1 = \frac{e}{n^2} = \frac{1.000}{5^2} = 0{,}040 \text{ m}$$

$$y_2 = 2^2 y_1 = 0{,}160 \text{ m}$$

$$y_3 = 3^2 y_1 = 0{,}360 \text{ m}$$

$$y_4 = 4^2 y_1 = 0{,}640 \text{ m}$$

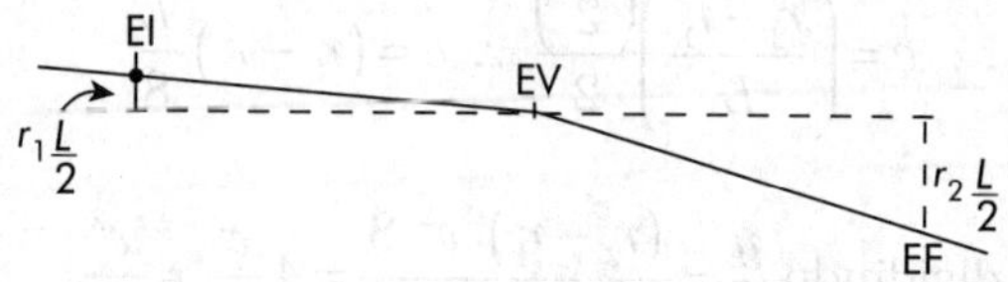

Figura 10.2

As curvas verticais podem ser Côncavas ou Convexas. As côncavas são as curvas de baixada ou depressão ("sag curves") (Figura 10.3), e as convexas são as de lombada ou de crista ("crest curves") (Figura 10.4). Vejamos:

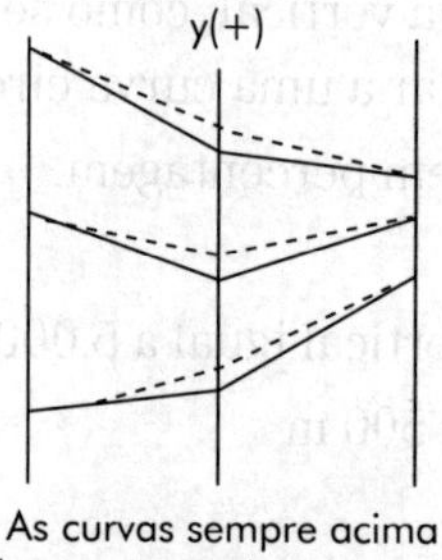

Figura 10.3

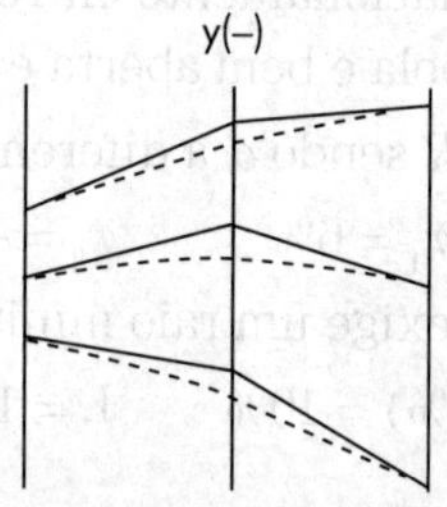

Figura 10.4

é o que determina o sinal + ou – dos y e dos e

Tabela 10.1

	Estaca	Rampa nas tangs.	Cota nas tangentes	y(-)	Cota na curva
EI.	426	–	313,820	–	313,820
	427		313,540	0,040	313,500
	428		313,260	0,160	313,100
	429	–1,4%	312,980	0,360	312,620
	430	↓	312,700	0,640	312,060
E.V.	431	–	312,420	1,000	311,420
	432		311,340	0,640	310,700
	433		310,260	0,360	309,900
	434	–5,4%	309,180	0,160	309,020
	435	↓	308,100	0,040	308,060
	436	–	307,020	–	307,020

A Figura 10.5 mostra a curva vertical parabólica com escala vertical exagerada:

$$\begin{matrix} H \\ V \end{matrix}\begin{cases} 1:1010 \\ 1:100 \end{cases}$$

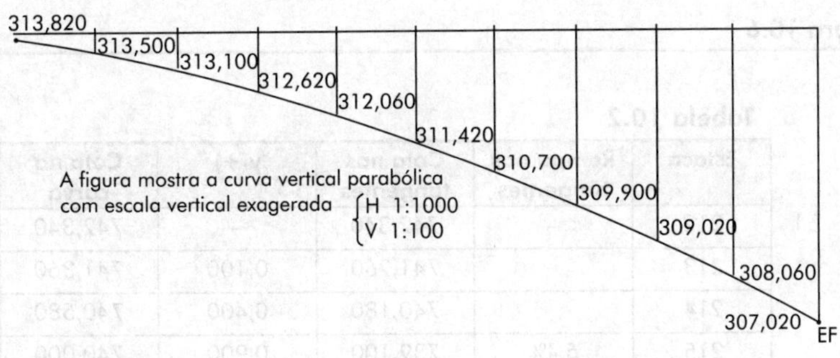

Figura 10.5

EXERCÍCIO 10.2

Estaca Inicial = 212 + 0,00 Cota 742,340 m

Estaca do Vértice = 218 + 0,00 Cota 735,860 m

Estaca Fina = 224 + 0,00 Cota 743,780 m

Cordas de 20 m

$l = 218 - 212 = 6$ estacas – 120 m

$L = 2 \times l = 240$ m

$$r_1 = \frac{735,860 - 742,340}{120} 100 = -5,4\%$$

$$r_2 = \frac{743,780 - 735,860}{120} 100 = +6,6\% \quad y_1 = \frac{3,6}{6^2} = 0,100$$

$$y_2 = 0,400 \quad y_3 = 0,900 \quad y_4 = 1,600 \quad y_5 = 2,500$$

$$e = \frac{12}{100} \times \frac{240}{8} = 3,600$$

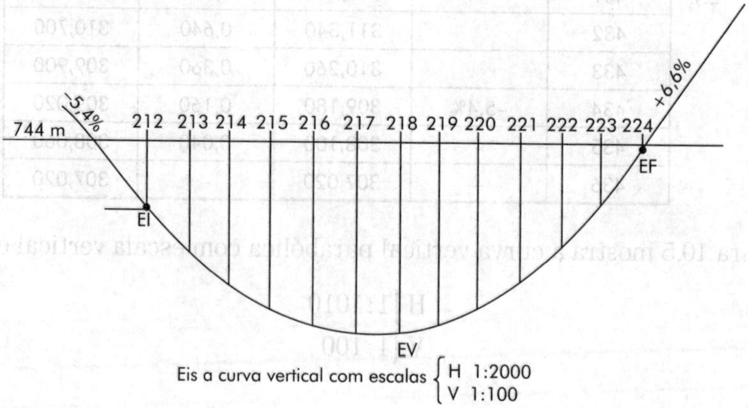

Figura 10.6

Tabela 10.2

	Estaca	Rampa nas tangentes	Cota nas tangentes	y(+)	Cota na curva
E.I.	212	–	742,340	–	742,340
	213		741,260	0,100	741,360
	214		740,180	0,400	740,580
	215	5,4%	739,100	0,900	740,000
	216		738,020	1,600	739,620
	217	↓	736,940	2,500	739,440
E.V.	218	–	735,860	3,600	739,460
	219		737,180	2,500	739,680
	220		738,500	1,600	740,100
	221	6,6%	739,820	0,900	740,720
	222		741,140	0,400	741,540
	223	↓	742,460	0,100	742,560
E.F.	224	–	743,780	–	743,780

Curva assimétrica

Os dois ramos têm comprimentos diferentes l_1 e l_2, (Figura 10.7) e, consequentemente, número de cordas diferentes n_1 e n_2.

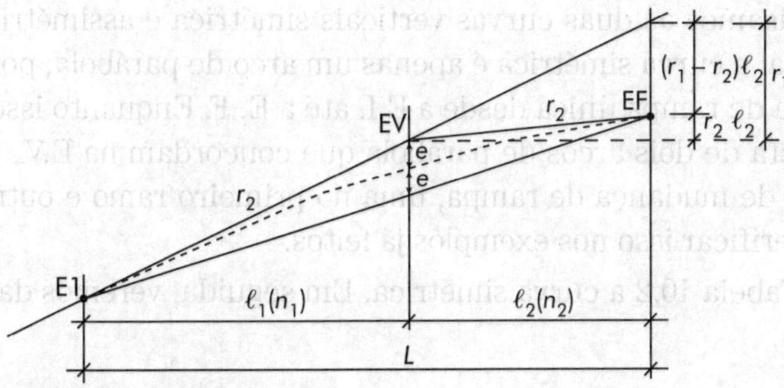

Figura 10.7

Por semelhança de triângulo temos

$$\frac{2e}{l_1} = \frac{(r_1 - r_2)\, l_2}{L} \quad \therefore e = \frac{(r_1 - r_2)\, l_1 l_2}{2L}$$

para as curvas simétricas $e = (r_1 - r_2)^L/8$; esta fórmula é um caso particular do caso geral

$$e = \frac{(r_1 - r_2)\, l_1 l_2}{2L} \text{ quando } l_1 = l_2 = \frac{L}{2}$$

Os cálculos dos valores y ficam também diferentes para cada lado, porque $n_1 \neq n_2$

$$y'_1 = \frac{e}{n_1^2} \qquad y''_1 = \frac{e}{n_2^2}$$

$$y'_2 = 2^2 y'_1 \qquad y''_2 = 2^2 y''_1$$

$$y'_3 = 3^2 y'_1 \qquad y''_3 = 3^2 y''_1$$

etc... etc...

EXERCÍCIO 10.3

Dados

E.I. = 34 + 0,00 Cota = 78,340 m $l_1 = 40 - 34 = 6$ estacas → 120 m

E.V. – 40 + 0,00 Cota = 85,060 m $l_2 = 44 - 40 = 4$ estacas → 80 m

E.F. = 44 + 0,00 Cota = 82,340 m $L = 200$ m

cordas de 20 m

$$r_1 = \frac{85{,}060 - 78{,}340}{120} 100 = +\,5{,}6\% \quad r_2 = \frac{82{,}340 - 85{,}060}{80} 100 = -\,3{,}4\%$$

$$e = \frac{9 \times 120 \times 80}{100 \times 2 \times 200} = 2{,}160 \text{ m}$$

$$y'_1 = \frac{2{,}160}{6^2} = 0{,}060$$

$$y'_2 = 0{,}240 \quad y'_3 = 0{,}540 \quad y'_4 = 0{,}960 \quad y'_5 = 1{,}500$$

$$y''_1 = \frac{2{,}160}{4^2} = 1{,}135 \qquad y''_2 = 0{,}540 \quad y''_3 = 1{,}215$$

Quando analisamos as duas curvas verticais simétrica e assimétrica, notamos a seguinte diferença: a curva simétrica é apenas um arco de parábola, porque tem uma razão de mudança de rampa única desde a E.I. até a E. F. Enquanto isso a curva assimétrica é composta de dois arcos de parábola que concordam na E.V., pois tem duas diferentes razões de mudança de rampa, uma no primeiro ramo e outra no segundo ramo. Podemos verificar isso nos exemplos já feitos.

Vejamos da Tabela 10.2 a curva simétrica. Em seguida, veremos da Tabela 10.3 a curva assimétrica.

Tabela 10.3

	Estaca	Rampa na tangente	Cota na tangente	y(–)	Cota na curva
E.I	34	–	78,340	–	78,340
	35		79,460	0,060	79,400
	36		80,580	0,240	80,340
	37	+5,6%	81,700	0,540	81,160
	38		82,820	0,960	81,860
	39	↓	83,940	1,500	82,440
E.V.	40	–	85,060	2,160	82,900
	41		84,380	1,215	83,165
	42	–3,4%	83,700	0,540	83,160
	43	↓	83,020	0,135	82,885
E.F.	44	–	82,340	–	82,340

Tabela 10.4

	Estaca	Cota na curva	Dif. cota na corda	Rampa na corda %	Razão de mudança %	
E.I	212	742,340	–0,980	–4,9	0,5	
	213	741,360	–0,780	–3,9	1,0	razão de mudança de rampa constante desde E.I. até E.F.
	214	740,580	–0,580	–2,9	1,0	
	215	740,000	–0,380	–1,9	1,0	
	216	739,620	–0,180	–0,9	1,0	
	217	739,440	+0,020	+0,1	1,0	
E.V.	218	739,460	+0,220	+ 1,1	1,0	
	219	739,680	+0,420	+2,1	1,0	
	220	740,100	+0,620	+3,1	1,0	
	221	740,720	+0,820	+4,1	1,0	
	222	741,540	+1,020	+5,1	1,0	
	223	742,560	+1,220	+6,1	1,0	
E.F.	224	743,780			0,5	

Tabela 10.5

	Estaca	Cota na curva	Dif. cota na corda	Rampa na corda %	Razão de mudança %	
E.I.	34	78,340			–0,3	
	35	79,400	1,060	+5,3	–0,6	razão constante do 1º ramo
	36	80,340	0,940	+4,7	–0,6	
	37	81,160	0,820	+4,1	–0,6	
	38	81,860	0,700	+3,5	–0,6	
	39	82,440	0,580	+2,9	–0,6	
E.V.	40	82,900	0,460	+2,3	–0,975	razão de transição
	41	83,165	0,265	+1,325	–1,35	razão constante do 2º ramo
	42	83,160	–0,005	–0,025	–1,35	
	43	82,885	–0,275	–1,375	–1,35	
E.F.	44	82,340	–0,545	–2,725	–0,675	

No fato de a curva assimétrica ser formada por dois arcos de parábola diferentes é que reside o fato de não ser tão boa como a simétrica, porque a estabilidade do veículo não será constante. Ela é então utilizada quando não há outra solução. Exemplo:

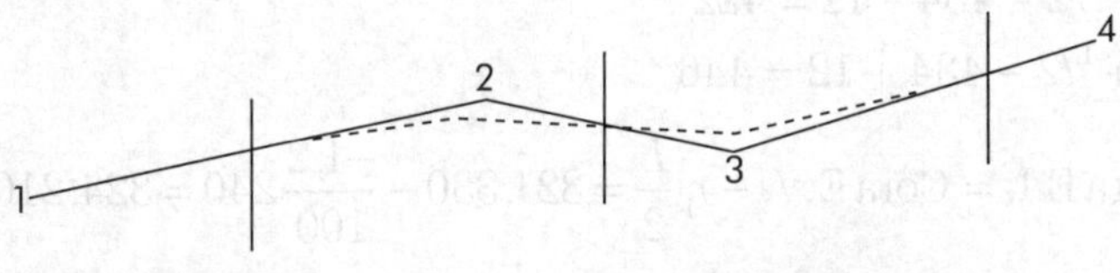

Figura 10.8

No trecho 1-2-3-4 a rampa 2-3 deve ser utilizada para 2 curvas verticais, produzindo ramos curtos e portanto curvas assimétricas (Figura 10.8).

CURVA VERTICAL PELO MÉTODO ARITMÉTICO

Sabendo-se que a curva parabólica tem uma razão constante de mudança de rampa para distâncias horizontais iguais, é possível aplicar-se um método puramente aritmético. Isso é feito principalmente para ferrovias, onde a suavidade do traçado é uma necessidade. Por esta razão as rampas são longas e suaves (de pouca rampa), raramente superiores a 2% (positivos ou negativos).

Por exemplo: para concordar uma rampa inicial de –1,2% com a rampa final de + 1,3%, com mudanças de 0,1% em cada corda de 20 m, sabemos que a curva terá o comprimento necessário para que esta mudança seja feita. O número de cordas será o resultado da divisão da diferença de rampas pela razão de mudança menos uma corda:

$$\text{n. de cordas} = \frac{a}{\text{razão}} - 1$$

onde a é a diferença de rampas 1,3 – (–1,2) = 2,5%

$$\text{então n. de cordas} = \frac{2,5}{0,1} - 1 = 24 \text{ cordas}$$

já que cada corda tem 20 m; então:

$L = 24 \times 20 = 480$ m = comprimento da curva.

O valor –1 que aparece na fórmula é pelo fato da divisão indicar o número de vértices (número de mudanças de rampa) e já que a curva começa com um vértice na E.I. e acaba com outro vértice na E.F., então o número de cordas é o número de vértices menos um.

O cálculo restante e a preparação da tabela continua por processo puramente aritmético. Vejamos o *Exercício 10.4* completo:

Estaca do vértice (E.V.) = 434

Cota da estaca do vértice = 321,330 m

$r_1 = -1,2\%$ $\qquad$ $r_2 = +1,3\%$

razão de mudança de rampa = 0,1 cada 20 m

$$\text{n. de cordas} = \frac{25\%}{0,1\%} - 1 = 24 \text{ cordas}$$

$L = 24 \times 20$ m = 480 m

E.I. = E.V. – $^L/2$ – 434 – 12 = 422

E.F. = E.V. + $^L/2$ – 434 + 12 = 446

$$\text{Cota E.I.} = \text{Cota E.V.} - r_1 \frac{L}{2} = 321,330 - \frac{-1,2}{100} 240 = 324,210 \text{ m}$$

$$\text{Cota E.F.} = \text{Cota E.V.} + r_2 \frac{L}{2} = 321,330 + \frac{1,3}{100} 240 = 324,450$$

Diferença total de cotas = 324,450 – 324,210 = 0,240 m

$$\text{rampa média} = \frac{-1,2 + 1,3}{2} = +\ 0,05\%$$

$$\text{Diferença total de cotas} = \text{rampa média} \times L = \frac{0,05}{100} \times 480 = 0,240 \text{ m}$$

A tabela a ser organizada é muito longa, pelo fato de precisarmos deixar um espaço entre as estacas.

Estaca	Rampa da corda %	Dif. cota na corda	Dif. cota acumulada	Cota na curva
422				424,210
	−1,1	−0,220	−0,220	
423				423,990
	−1,0	−0,200	−0,420	
424				423,790
	−0,9	−0,180	−0,600	
425				423,610
	−0,8	−0,160	−0,760	
426				423,450
	−0,7	−0,140	−0,900	
427				423,310
	−0,6	−0,120	−1,020	
428				423,190
	−0,5	−0,100	−1,120	
429				423,090
	−0,4	−0,080	−1,200	
430				423,010
	−0,3	−0,060	−1,260	
431				422,950
	−0,2	−0,040	−1,300	
432				422,910
	−0,1	−0,020	−1,320	
433				422,890
	0	0,000	−1,320	
434				422,890
	+0,1	+0,020	−1,300	
435				422,910
	+0,2	+0,040	−1,260	
436				422,950
	+0,3	+0,060	−1,200	
437				423,010
	+0,4	+0,080	−1,120	
438				423,090
	+0,5	+0,100	−1,020	
439				423,190
	+0,6	+0,120	−0,900	
440				423,310
	+0,7	+0,140	−0,760	
441				423,450
	+0,8	+0,160	−0,600	
442				423,610
	+0,9	+0,180	−0,420	
443				423,790
	+1,0	+0,200	−0,220	
444				423,990
	+1,1	+0,220	0,000	
445				424,210
	+1,2	+0,240	+0,240	
446				424,450

↓ verificação

11

Superelevação

Nas curvas horizontais quer à direita, quer à esquerda, os veículos recebem uma força centrífuga calculada pela fórmula $F = \dfrac{W v^2}{gR'}$, onde W é o peso do veículo, v = velocidade em metros por segundo, g a gravidade e R o raio da curva. Quando essa força vence a dos atritos dos pneus com o pavimento, o veículo perde a estabilidade. Para colaborar com o atrito dos pneus, aumentando a força de resistência eleva-se a parte externa da pista.

Vejamos a Figura 11.1

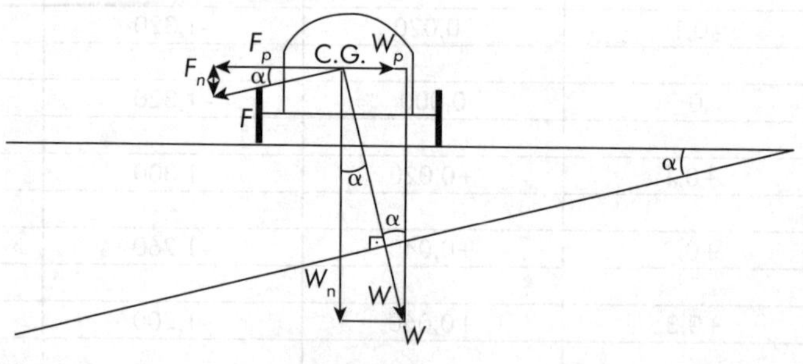

Figura 11.1

Seja W o peso do veículo que produz as duas componentes W_n normal ao pavimento e W_p paralela ao pavimento. Por sua vez, a força centrífuga F produz F_n normal ao pavimento e F_p paralela ao mesmo. F_p e W_p atual em sentido contrário.

Supomos que seja a o ângulo de inclinação do pavimento: então $W_p = W \operatorname{sen} \alpha$ e, $F_p = F \cos \alpha$

Se tentarmos eliminar F_p através de W_p, igualando os dois valores, chegaremos a um exagero. Senão, vejamos:

$$W_{\text{p}} = F_{\text{p}} \quad W \operatorname{sen}\alpha = F \cos\alpha \;\therefore\; \frac{\operatorname{sen}\alpha}{\cos\alpha} = \frac{F}{W}$$

como $F = \dfrac{W v^2}{gR}$ temos tg $\alpha \dfrac{W v^2}{W_g R}$ = ou tg$\alpha \dfrac{v^2}{gR}$

Como tg α = e (expresso em porcentagem) temos $e = \frac{v^2}{gR}$

Isso é um exagero impraticável. Vejamos por um exemplo. Uma curva com raio 200 m para ser transposta com velocidade V = 80 km/hora. Ora, um raio de 200 m não é pequeno e a velocidade de 80 km/hora é considerada como razoável para os dias de hoje. Vejamos que superelevação seria necessária:

$$v = \frac{80}{36} 22,22 \text{ m/s} \qquad e = \frac{22,22^2}{10 \times 200} = 0,2469 \quad \rightarrow \quad 24,69\%$$

Essa superelevação é considerada absurda, pois, as recomendações do manual da A.A.S.H.O. no máximo indicam 12% para as estradas secundárias.

Na realidade o erro prático foi não ser levado em conta o atrito dos pneus com o pavimento, que elimina em grande parte a força centrífuga.

Portanto podemos ter F_p menor que W_p para a devida segurança.

Pela Figura 11.2 temos:

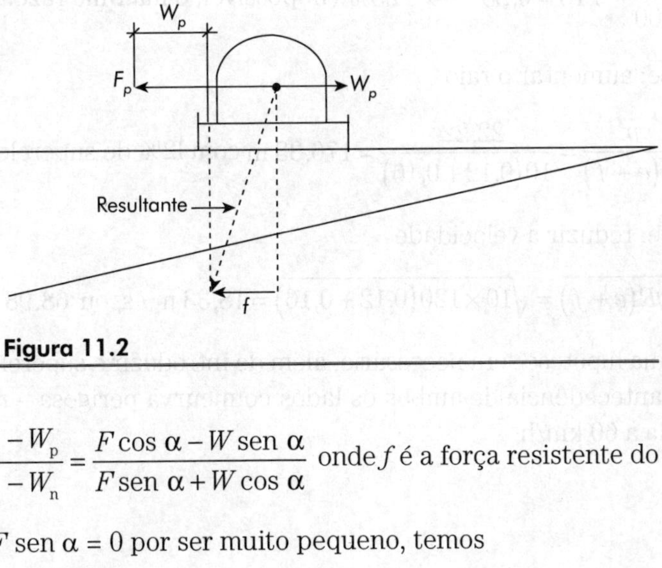

Figura 11.2

$$f = \frac{F_p - W_p}{F_n - W_n} = \frac{F \cos \alpha - W \operatorname{sen} \alpha}{F \operatorname{sen} \alpha + W \cos \alpha}$$ onde f é a força resistente do atrito

considerando F sen α = 0 por ser muito pequeno, temos

$$f = \frac{F \cos \alpha - W \operatorname{sen} \alpha}{W \cos \alpha} = \frac{F}{W} - \operatorname{tg} \alpha \quad \therefore \quad f = \frac{v^2}{gR} - e \quad \therefore \quad e = \frac{v^2}{gR} - f$$

Veremos que agora descontando-se um valor f = 0,16, considerado razoável para velocidade de 80 km/hora, chegamos a uma superelevação razoável.

$$e = \frac{22,22^2}{10 \times 200} - 0,16 = 0,0869 \quad \rightarrow \quad 8,69\%$$

Os manuais A.A.S.H.O.* recomendam o uso de um valor *f*, dependendo de diversos fatores, tais como: estado dos pneus, tipo de pavimentação, condições climáticas, mas principalmente velocidade. Aproximadamente, nos seguintes valores:

velocidade km/h	*f*
80	0,16
100	0,14
120	0,12
140	0,10

EXERCÍCIO Uma estrada muito antiga e secundária, com o correr dos anos teve aumento de tráfego e importância, chegando, nos dias atuais, a merecer uma velocidade diretriz de 80 km/hora. Num certo ponto encontramos uma curva fechada (raio = 120 m) e sem superelevação.

1ª hipótese: introduzir a superelevação necessária, ($f = 0{,}16$)

$$e = \frac{22{,}22^2}{10 \times 200} - 0{,}16 = 0{,}25 \quad \rightarrow \quad 25\% \text{ (impossível, o máximo razoável é 12\%)}$$

2ª hipótese: aumentar o raio

$$R = \frac{v^2}{g(e+f)} = \frac{22{,}22^2}{10(0{,}12+0{,}16)} = 176{,}33 \text{ m com 12\% de superelevação.}$$

3ª hipótese: reduzir a velocidade

$$v = \sqrt{gR(e+f)} = \sqrt{10 \times 120(0{,}12+0{,}16)} = 18{,}33 \text{ m/s ou } 68{,}98 \text{ km/h.}$$

Nesta última hipótese será necessário, além de introduzir a superelevação de 12%, sinalizar com antecedência de ambos os lados com curva perigosa – reduza a velocidade e limitá-la a 60 km/h.

* A.S.S.H.O: American Association State Highways Officials.

12

Superlargura nas curvas

No percurso da curva, o veículo necessita de uma largura maior do que a normal, por 3 razões:

1) o próprio veículo torna-se mais largo pela posição ocupada;
2) a parte do veículo que avança além do eixo dianteiro projeta-se para fora;
3) o motorista necessita de uma folga maior para cruzar outro veículo em curva, pela falta da linha de vista reta.

Vamos analisar cada fato separadamente. Sejam as dimensões do veículo: comprimento L de eixo a eixo. Do eixo dianteiro até o para-choques dianteiro tem o comprimento A (avanço). A largura é F. Curva de raio R. Por Pitágoras, o cateto maior do triângulo retângulo $1-2-3$ é $\sqrt{R^2 - L^2}$ (Figura 12.1)

$$\therefore\ U = R + F - \sqrt{R^2 - L^2}$$

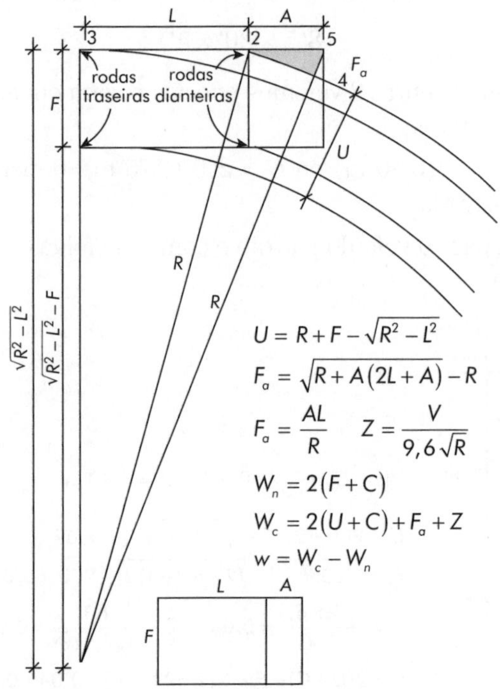

Figura 12.1

Usando o triângulo retângulo 1-3-5:

$$(R+F_A)^2 = (L+A)^2 + \left(\sqrt{R^2-L^2}\right)^2$$

$$\therefore F_A = \sqrt{R^2 + A\,(2L+A)} - R$$

O valor de F_A pode também ser calculado por aproximação como $F_A = {}^{AL}/_R$; considerando como semelhantes os triângulos assinalados (2-4-5) é o triângulo (1-2-3)

$$\frac{F_A}{A} = \frac{L}{R} \quad \therefore \quad F_A = \frac{AL}{R}$$

O fator 3 da superlargura é empírico e pode ser escolhido apenas por experiência em campo de prova. Vejamos: é inegável que o cruzamento entre dois veículos em reta exige uma determinada folga, porém quando o cruzamento é em curva a folga deve ser acrescida de um valor que chamaremos de Z; as pesquisas levaram a seguinte fórmula, totalmente empírica:

$$Z = \frac{V}{9{,}6\sqrt{R}}$$

onde V é a velocidade diretriz da estrada em quilômetros por hora *e* R *o* raio da curva em metros; Z resulta também em metros. Resta agora fazer um exemplo. O manual da American Association (A.A.S.H.O.) utiliza um veículo padrão denominado "Single Unity" (S.U.), cujas dimensões são

$$F = 2{,}60 \text{ m} \qquad L = 6{,}10 \qquad A = 1{,}20$$

$$(8'{,}5 \times 20' \times 4')$$

e considera a folga normal C entre 2 veículos que se cruzam em estradas secundárias variando nos seguintes valores:

C = 1',5 (0,45 m) C = 2'(0,60 m) ou C = 2',5 (0,75 m), dependendo da maior ou menor importância da estrada.

Assim uma estrada para o veículo padrão e com uma folga C = 0,60 terá a seguinte largura (Figura 12.2).

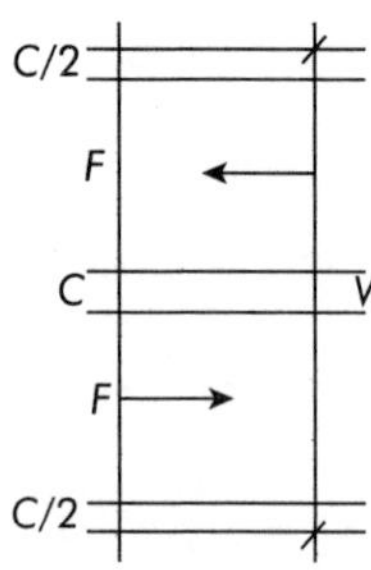

$$Wh = 2(F + C) = 2(2{,}60 + 0{,}60) = 6{,}40 \text{ m}$$

$$U = 200 + 2{,}60 - \sqrt{200^2 - 6{,}1^2} = 2{,}69$$

$$F_a = \sqrt{200^2 + 1{,}2(2 \times 6{,}1 + 1{,}2)} - 200 = 0{,}04$$

$$F_a = \frac{1{,}2 \times 6{,}1}{200} = 0{,}04 \qquad Z = \frac{80}{9{,}6\sqrt{200}} = 0{,}59$$

$$l_c = 2(U + C) + F_a + 2(2{,}69 + 0{,}6) + 0{,}04 + 0{,}59 = 7{,}21$$

Figura 12.2

Vejamos o que ocorre na mesma estrada numa curva de $R = 200$ m para uma velocidade diretriz de 80 km/h (Figura 12.2 e 12.3).

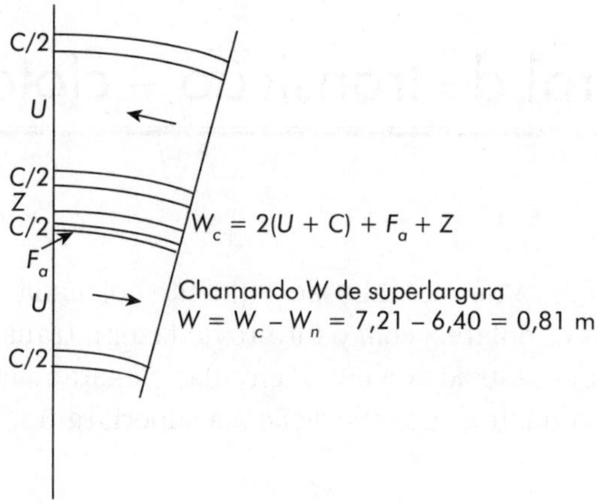

Figura 12.3

Ao tratar sobre o tema espiral de transição, no capítulo 13, veremos como a superelevação e a superlargura são introduzidas nas entradas das curvas horizontais e, em seguida, retiradas nas saídas.

13

Espiral de transição – clotoide

Trata-se de uma curva horizontal especialmente colocada na entrada e na saída das curvas horizontais circulares, com o intuito de fazer a transição suave do raio infinito da reta para o raio reduzido da curva circular e exatamente o inverso na saída. Com isso podemos introduzir a superelevação e a superlargura.

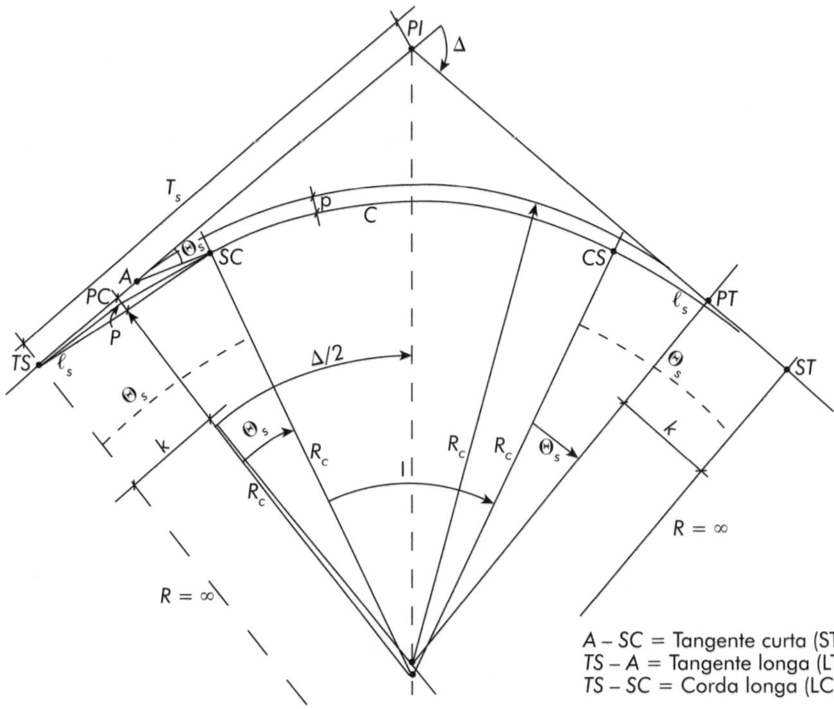

De *TS* até *SC* é a espiral de transição, cujo comprimento é l_s.
De *SC* até *CS* é a curva circular, cujo comprimento é C.
De *CS* até *ST* é a espiral de transição (na saída), cujo comprimento é l_s.

Figura 13.1

A Figura 13.1 mostra uma visão geral da curva horizontal com as duas espirais, uma na entrada e outra na saída. A primeira vai da estaca TS até SC, em seguida vem o trecho que permanece como circunferência de SC até CS e, por último, a espiral de saída de CS até ST. As espirais em geral, para maior facilidade, são simétricas. Como consequência a curva é alongada, começando antes e acabando depois e é empurrada para dentro o valor p. A antecipação é do valor k e o prolongamento também. O ângulo ocupado por cada espiral é Θ_s, portanto o valor total $\Delta = 2\Theta_S + I$. O valor I é o ângulo interno que permaneceu para a curva circular.

Na Figura 13.2 aparecem ainda a longa tangente (LT), a curta tangente (ST) e a longa corda (LC).

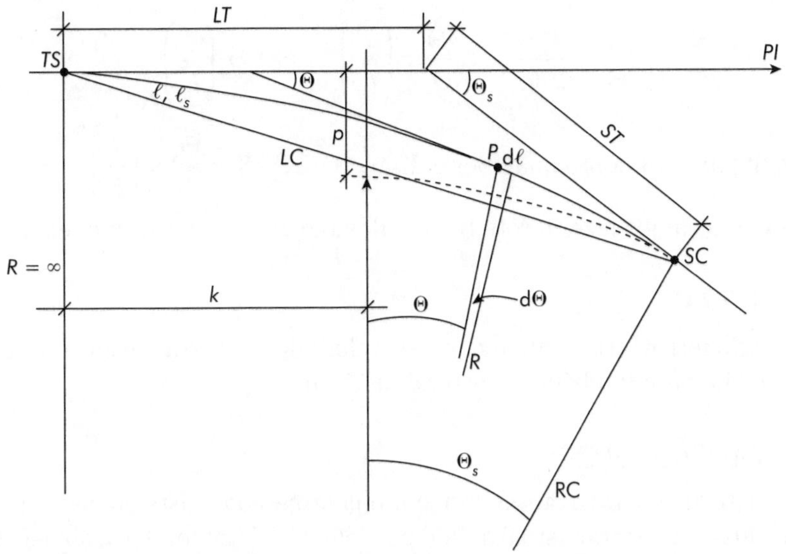

Figura 13.2

A Figura 13.2 é uma ampliação, onde aparece apenas a primeira espiral. Chamamos de l_s o comprimento total da espiral de TS até SC e de l o comprimento de TS até um ponto qualquer P. O ângulo total da espiral é Θ_S, enquanto a ângulo até o ponto P é Θ. Tomando um comprimento infinitesimal da espiral dl, ele corresponde a um ângulo infinitesimal $d\Theta$.

$$\therefore\ Rd\,\Theta = dl\ \therefore\ d\,\Theta = \frac{dl}{R}$$

A equação da espiral é $Rl = K$ = constante, ou seja, o produto do raio R, num ponto qualquer pelo comprimento l de TS até esse ponto, é uma constante. Dessa forma, à medida que l aumenta o raio diminui.

$$\therefore\ Rl = R_c l_s\ \therefore\ \ R = \frac{R_c l_s}{l}$$

Substituindo temos

$$d\Theta = \frac{ldl}{R_c l_s} \therefore\ \ \Theta = \frac{l^2}{2R_c l_s}$$

substituindo Θ por Θ_S e l por l_s ∴ $\Theta_s = \dfrac{l_s^2}{2R_c l_s}$ $\quad \Theta_s = \dfrac{l_s}{2R_c}$

mas Θ_S está expresso em radianos. Para exprimir em graus, devemos multiplicar por $\dfrac{180}{\Pi}$ e substituindo R_C por D_c $\qquad R_c = \dfrac{3600}{\Pi D_c}$

$$\Theta_s = \frac{l_s 180° \times \Pi \times D_c}{\Pi\ 2 \times 3600} \therefore \Theta_s = \frac{l_s D_c}{40} \quad \Theta_s \text{ em graus}$$

$$\frac{\Theta}{\Theta_s} = \frac{l^2 2R_c}{2R_c l_s l_s} \therefore \frac{\Theta}{\Theta_s} = \left(\frac{l}{l_s}\right)^2 \therefore \Theta = \Theta_s \left(\frac{l}{l_s}\right)^2$$

a deflexão Ψ para um ponto qualquer é $\Psi = \dfrac{1}{3}\Theta \quad \therefore \quad \Psi = \dfrac{\Theta_s}{3} = \left(\dfrac{l}{l_s}\right)^2.$

Em seguida vamos fazer o roteiro do cálculo e, após, aplicar num exercício.

ESPIRAL DE TRANSIÇÃO

Em engenharia ferroviária usam o nome de "clotoide", mas é a mesma curva. Internacionalmente chamam também de "espiral de Cornu".

ROTEIRO DE CÁLCULO

1° *passo:* verificar se para a curva horizontal já projetada existe ou não a necessidade de ser introduzida a espiral. Isto é obtido pelo cálculo da superelevação necessária. Se ela resulta menor ou igual a 2%, não há necessidade.

Para valores maiores do que 2%, a espiral é feita. Já que a curva horizontal foi projetada, são conhecidos os valores do raio (R_c), a estaca do P.I., o ângulo de interseção (Δ) e naturalmente a velocidade diretriz (V) para a qual a estrada está sendo projetada. Aplica-se então a fórmula:

$$e = \frac{v^2}{gR_c} - f \text{ onde } v = \frac{V}{3{,}6}$$

para transformar V em km/h, v em m/s; onde g = gravidade, podendo-se arredondar para 10 m/s² e f é escolhido de acordo com V, usando-se a tabela:

V km/h	f (%)
80 ou menor	0,16
90	0,15
100	0,14
110	0,13
120	0,12
130	0,11
140 ou maior	0,10

Quando e resultar maior do que 0,02 (2%), devemos introduzir a espiral.

2° passo: É a escolha do comprimento total da espiral (l_s). Aplica-se o critério baseado no tempo em que se passa de e = 0 para o valor e encontrado no 1° passo.

$$l_s = \frac{v^3}{b.R_c}$$

onde b = a aceleração centrípeta recomendada. Os manuais da A.A.S.H.O.. recomendam b variando de 0,50 a 0,61 para rodovias e a A.R.E.A.* 0,30 para ferrovias. Naturalmente o valor de l_s encontrado resultará fracionário. Então arredonda-se para múltiplo de 10 ou 20 metros próximos, acima ou abaixo.

3° passo: Cálculo de Θ_s, isto é, o ângulo interno da espiral. Inicialmente calcula-se D_c = grau da curva circular

$$D_c = \frac{3600}{\text{II}R_c} \text{ e aplica-se } \Theta_s = \frac{l_s D_c}{40}$$

Θ_s resultará em graus e fração de graus.

Para o futuro cálculo de p e k deveremos entrar com Θ_s em radianos; então aplica-se:

$$\Theta_{S(\text{em radianos})} = \Theta_{S(\text{em graus})} \times \frac{\text{II}}{180}$$

4° passo: Cálculo de p e k.

$$p = l_s\left(\frac{\Theta_s}{12} - \frac{\Theta_s^{\ 3}}{336}\right) \quad k = l_s\left(\frac{1}{2} - \frac{\Theta_s^{\ 2}}{60}\right)$$

Estas fórmulas são de desenvolvimento em série, porém os termos do 3° em diante são desprezíveis; por isso aplica-se apenas os dois primeiros (Θ_s em radianos)

5° *passo:* Cálculo da tangente espiral T_s

fórmula: $T_S = (R_c + p)\ \text{tg}\dfrac{\Delta}{2} + k$

6° passo: Cálculo das estacas *TS*, *SC*, *CS*, e *ST*.

Aplica-se Estaca do P.I.

$-T_s$	$+C$
Estaca do *TS*	Estaca do *CS*
$+l_s$	$+l_s$
Estaca do *SC*	Estaca do *ST*

O valor de $C = \dfrac{I_c}{D_c} 20$ m onde $I_c = \Delta - 2\Theta_s$

* A.R.E.A. = American Railway Engineering Association.

7° passo: Composição da tabela de locação

Estaca	l	$1/l_s$	$(l/l_s)^2$	Deflexão em graus	Deflexão em graus, minutos e segundos
1	2	3	4	5	6

A passagem da 4ª para a 5ª coluna é o produto por $\frac{\Theta_s}{3}$, já que a deflexão

$$\Psi = \left(\frac{l}{l_s}\right)^2 \times \frac{\Theta_s}{3}$$

EXERCÍCIO 13.1

Com esta explicação podemos passar para um exercício.

Dados: R_c = 850 m $\Delta = 36°24'$

Est. P.I. = 541 + 12,30 m V = 140km/h f = 0,10

1° passo $v = \dfrac{V}{3{,}6} = 38{,}89\ \text{m/s}$

$$e = \frac{38{,}89^2}{3{,}10 \times 800} - 0{,}10 = 0{,}0779 \quad \rightarrow \quad 7{,}8\%\ (\text{adotando-se } b = 0{,}5)$$

2° passo $l_s = \dfrac{38{,}89^3}{0{,}5 \times 850} = 138{,}38$

adotar 140 m (múltiplo de 20 m)

3° passo $D_c = \dfrac{3600}{\text{II} \times 850} = 1°{,}3481$

$$\Theta_s = \frac{140 \times 1°{,}3481}{40} = 4°{,}7185 \quad \Theta_s = 4{,}7185\frac{\text{II}}{180} = 0{,}0824 \text{ radianos}$$

4° passo $p = ls\left(\dfrac{\Theta_s}{12} - \dfrac{\Theta_s{}^3}{336}\right) = 0{,}96\ \text{m}$

$$k = l_s\left(\frac{1}{2} - \frac{\Theta_s{}^2}{60}\right) = 69{,}98\ \text{m}$$

5° passo $T_s = (850 + 0{,}96)\,\text{tg}\dfrac{36°24'}{2} + 69{,}98 = 349{,}76\ \text{m}$

6° passo $I = 36°24' - 2(4°{,}7185) = 26°{,}9630 = 26°57'46{,}''8$

$$C = \frac{26°{,}9630}{1\ {,}3481}20 = 400{,}00$$

Est. P.I.	=	541 + 12,30 m
$-Ts$	=	17 + 9,76 m
Est. TS	=	524 + 2,54 m
$+\ ls$	=	7 + 0,00
Est. SC	=	531 + 2,54 m
$+\ C$	=	20 + 0,00
Est. CS	=	551 + 2,54 m

Est. CS	=	551 + 2,54 m
$+\ ls$	=	7 + 0,00
Est. ST	=	558 + 2,54 m

Tabela de TS até SC

Estaca	l	l/l_s	$(l/l_s)^2$	Ψ em graus	Ψ ° ′ ″
524 + 2,54	–	–	–	–	–
525	17,46	0,124714	0,015554	0,024463	0° 01′ 28″,07
526	37,46	0,267571	0,071594	0,112606	0° 06′ 45″′38
527	57,46	0,410429	0,168452	0,264945	0° 15′ 53″,80
528	77,46	0,553286	0,306125	0,481481	0° 26′ 53″,33
529	97,46	0,696143	0,484615	0,762215	0° 45′ 43″,97
530	117,46	0,839000	0,703921	1,107145	1° 06′ 25″,72
531	137,46	0,981857	0,964043	1,516272	1° 30′ 58″,58
531 + 2,54	140	1,000000	1,000000	1,572825	1° 34′ 22″,17

Tabela de locação do arco de círculo entre SC e CS, a partir da tangente a SC.

	Estaca	Deflexão	Leitura do círculo horizontal	Azimute da tangente
SC	531 +2,54	–	0°	0°
	532	0° 588461	0° 35′18″,46	
	533	0° 674068	1° 15′45″,10	
	534	0° 674068	1° 56′11″,75	
	535	0° 674068	2° 36′38″,39	
	536	0° 674068	3° 17′05″,04	
	537	0° 674068	3° 57′31″,68	
	538	0° 674068	4° 37′58″,33	
	539	0° 674068	5° 18′24″,97	
	540	0° 674068	5° 58′51″,62	
	541	0° 674068	6° 39′18″,26	
	542	0° 674068	7° 19′44″,91	
	543	0° 674068	8° 00′11″,55	
	544	0° 674068	8° 40′38″,20	
	545	0° 674068	9° 21′04″,84	
	546	0° 674068	10° 01′31′″49	
	547	0° 674068	10° 41′58″,13	
	548	0° 674068	11° 22′24″,78	
	549	0° 674068	12° 02′51″,42	
	550	0° 674068	12°43′18″,07	
	551	0° 674068	13° 23′44″,71	
CS	551 + 2,54	0,085607	13° 28′52″,90	26°57′46″

13,481360

26°57′46″

$$d_{20} = \frac{1°,348136}{2} = 0°,674068$$

$$d_{2,54} = d_{20\,\mathrm{m}} \frac{2,54}{20} = 0,085607$$

$$d_{17,46} = d_{20\,\mathrm{m}} \frac{17,46}{20} = 0°588461$$

A seguir, vem a tabela de locação de *ST* até *CS*.

	Estaca	l	l/l_s	$(l/l_s)^2$	Ψ em graus	Ψ ° ′ ″
ST	558 + 2,54	–	–	–	–	–
	558	2,54	0,018143	0,000329	0°,000518	0°00′01″,86
	557	22,54	0,161000	0,025921	0°,040769	0°02′26″,77
	556	42,54	0,303857	0,092329	0°,145218	0°08′42″,78
	555	62,54	0,446714	0,199554	0°,313863	0°18′49″,91
	554	82,54	0,589571	0,347594	0°,546705	0°32′48″,14
	553	102,54	0,732429	0,536452	0°,843745	0°50′37″,48
	552	122,54	0,875286	0,766125	1°,204981	1°12′17″,99
CS	551 + 2,54	140	1,000000	1,000000	1°,572825	1°34′22″,17

A locação da espiral de saída é feita de *ST* para *CS*, para não alterar o seu sistema de cálculo, isto é, seu raio diminuindo.

EXERCÍCIO 13.2

V = 80 km/h Raio = 200 m

Δ = 90° Est. P.I. = 42 + 5,40 m f = 0,16

1° passo $v = \dfrac{80}{3,6} = 22,22 \text{ m/s} \quad e = \dfrac{22,22^2}{10 \times 200} - 0,16 = 0,09 = 9\%$

2° passo $l_s = \dfrac{22,22^3}{0,5 \times 200} = 109,71$ adotar 110 m de 10 m em 10 m

3° passo $D_c = \dfrac{3600}{\text{II} \times 200} = 5°,729578 \quad \Theta_s = \dfrac{110 \times D_c}{40} = 15°,756339$

$\Theta_s = 0,275000$ radianos

4° passo $p = 110\left(\dfrac{\Theta_s}{12} - \dfrac{\Theta_s^{\,3}}{336}\right) = 2,51 \text{ m}$

$k = 110\left(\dfrac{1}{2} - \dfrac{\Theta_s^{\,2}}{60}\right) = 54,86 \text{ m}$

5° passo T_s = (200 + 2,51) tg 45° + 54,86 = 253,37 m

6° passo

P.I.	=	42 + 5,40
–	=	12 + 13,37
T.S.	=	29 + 12,03
$+l_s$	=	5 + 10,00
S.C.	=	35 + 2,03

	Estaca	l	l/l_s	$(l/l_s)^2$	Ψ em graus	Ψ ° ′ ″
TS	29 + 12,3	–	–	–	–	–
	30	7,97	0,072445	0,005250	0°,027572	0°01,39″,26
	30 + 10 m	17,97	0,163364	0,026688	0°, 140167	0°08′24″,60
	31	27,97	0,254273	0,064655	0°,339573	0°20′22″,46
	31 + 10 m	37,97	0,345182	0,119150	0°,625792	0°37′32″,85
	32	47,97	0,436091	0,190175	0°,998822	0°59′55″,76
	32 + 10 m	57,97	0,527000	0,277729	1°,458664	1°27′31″,19
	33	67,97	0,617909	0,381812	2°,005318	2°00′19″,14
	33 + 10 m	77,97	0,708818	0,502423	2°,638783	2°38′19″,62
	34	87,97	0,799727	0,639564	3°,359061	3°21′32″,62
	34+ 10 m	97,97	0,890636	0,793233	4°,166150	4°09′58″,14
	35	107,97	0,981545	0,963431	5°,060051	5°03′36″,18
	35 + 2,03	110	1,000000	1,000000	5°,252113	5°15′07″61

Para preenchimento desta tabela, é relativamente fácil fazermos uma programação nas pequenas calculadoras eletrônicas, como por exemplo as HP 11C ou HP 15C.

Vamos exemplificar:

[g]	p/R	R/s	
[f]	CLEAR PRGM	[f]	HMS
[f]	LBL A	[g]	RTN
l_s	÷	[g]	P/R
R/S			
[g]	x^2		
R/S			
Θs	x		
3	÷		

PARA USAR O PROGRAMA BASTA ENTRAR COM 0 VALOR DE l E ACIONAR [f] A

No exercício 13.2 temos l_s = 110 e Θ_s = 15°,756339

Programamos para esses valores. Agora entrando com l = 7,97 obtemos:

0,072455 0,005250 0°,027572 0°,01′39″, 26;

enfim toda a primeira linha da tabela do exercício 13.2.

EXERCÍCIO 13.3

Dados: velocidade diretriz = V = 140 km/h

Raio da curva circular = R_c = 800 m

Ângulo de interseção = Δ = 28°42′

Fator de atrito = f = 0,12

Estaca do P.I. = 1210 + 3,40 m

Aceleração centrípeta, b = 0,05 m/s^3

Veículo padrão

Distância normal entre 2 veículos cruzando: 0,75

a) calcular a superelevação.

b) calcular a superlargura.

c) calcular a deflexão a partir da tangente, para locar a estaca 1.200 + 0,00 m.

Solução:

$$1a - v = \frac{V}{3,6} = \frac{140}{3,6} = 38,888...\text{m / s}$$

$$e = \frac{v^2}{gR_c} - f = \frac{38,888^2}{10 \times 800} - 0,12 = 0,07 \rightarrow 7\%$$

$$1b - U = R_c + F - \sqrt{R^2} - L^2 = 800 + 2,60 - \sqrt{800^2} - 6,1^2 = 2,62\,\text{m}$$

$$F_A = \sqrt{R^2} + A\,(2L + A) - R = \sqrt{800^2} + 1,2(2 \times 6,1 + 1,2) - 800 = 0,01\,\text{m}$$

$$Z = \frac{V}{9,6\sqrt{R_c}} = \frac{140}{9,6\sqrt{800}} = 0,52$$

$$W_c = 2(\text{U} + \text{C}) + F_A + \text{Z} = 2(2,62 + 0,75) + 0,01 + 0,52 = 7,27\ \text{m}$$

$$W_n = 2(\text{F}+\text{C}) = 2(2,60 + 0,75) = 6,70\ \text{m}$$

$$w = WC - W_n = 7,27 - 6,70 = 0,57\ \text{m}$$

$$1c - D_c = \frac{3600}{\text{II}\text{R}_c} = \frac{3600}{\text{II} \times 800} = 1°,432394$$

$$l_s = \frac{v^3}{bR_s} = \frac{38,888^3}{0,5 \times 800} = 147,03 \text{ adotar } 140\,\text{m}$$

$$\Theta_s = \frac{l_s D_c}{40} = \frac{1401 \times 1,432394}{4} = 5°,013381$$

$$p = l_s\left(\frac{\Theta_s}{12} - \frac{\Theta_s^{\ 3}}{336}\right) = 0{,}93\text{ m} \quad \Theta_s \text{ em radianos}$$

$$\Theta_s = \frac{5°{,}013381 \times \text{II}}{180} = 0{,}087500 \text{ radianos}$$

$$k = l_s\left(\frac{1}{2} - \frac{\Theta_s^{\ 2}}{60}\right) = 69{,}98\text{ m}$$

$$T_s = (R_c + \varphi)\ \text{tg}\tfrac{\Delta}{2} + k = (800 + 0{,}93)\ \text{tg}\frac{28°42'}{2} + 69{,}98 = 274{,}88\text{ m}$$

Est. P.I.	=	1.210 + 3,40 m
$-T$s	=	13 + 14,88 m
Est. T.S.	=	1196 + 8,52
$+ l_s$	=	7 + 0,00
S.C.		1203 + 8,52

l = (1200 + 0,00) – (1196 + 8,52) – 3 + 11,48 = 71,48 m

$$\Psi = \left(\frac{l}{l_s}\right)^2 \frac{\Theta_s}{3} = \left(\frac{71{,}48}{140}\right)^2 \frac{5{,}013381}{3} = 0°{,}435635$$

$\Psi = 0°\ 26'\ 08'',28$

14
Locação dos taludes

É uma atividade já na fase final da locação, quando obviamente todo o projeto geométrico está pronto; também já estão projetadas as seções transversais típicas de corte e de aterro. Já foram escolhidas as inclinações dos taludes de corte e de aterro.

O alinhamento já foi colocado com as curvas horizontais com ou sem espirais de transição. As estacas do alinhamento já foram cravadas de 20 em 20.

Vejamos um exemplo de seção transversal. (Figura 14.1)

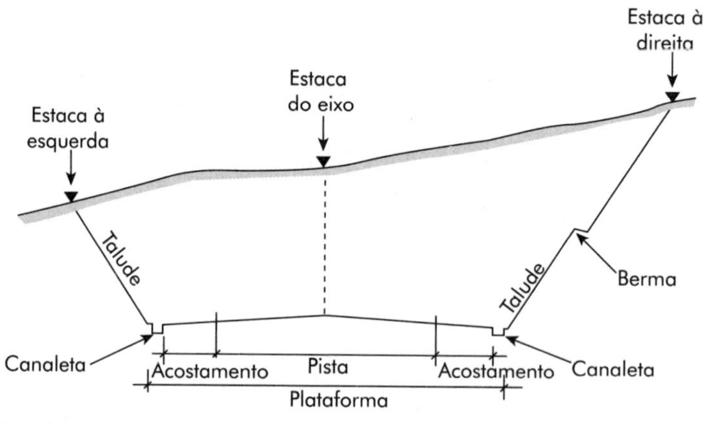

Figura 14.1

A seção desenhada, de corte, mostra a plataforma que conterá a pista, os acostamentos e obrigatoriamente as canaletas. Estas são indispensáveis nos cortes para condução das águas pluviais para as extremidades dos cortes. Nos trechos de aterro as canaletas são facultativas, pois as águas podem descer pelos taludes, naturalmente com risco de erosão. Quando os taludes são muito altos, a colocação das bermas, também chamadas "terraças", são úteis para diminuir o risco de erosão.

Para efeito da locação topográfica dos taludes a plataforma é considerada horizontal, pois os detalhes só serão colocados no acabamento. A locação dos taludes consiste na cravação das estacas laterais e a determinação dos valores x_{direita}, x_{esquerda}, y_{direita}, y_{esquerda} e d (Figura 14.2).

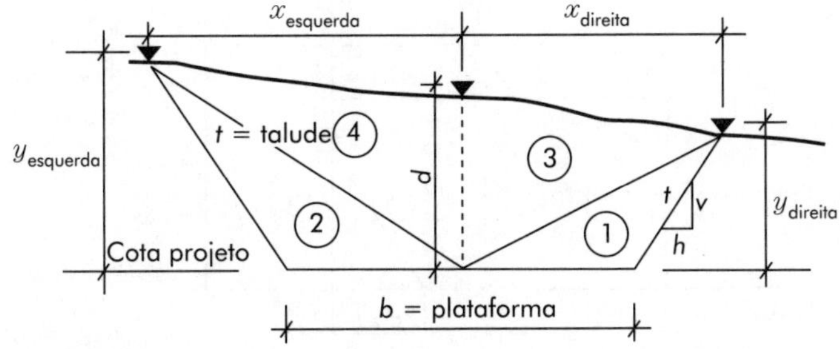

Figura 14.2

Com estes dados a seção transversal pode ser desenhada e calculada a sua área, composta de quatro triângulos.

$$A = \frac{1}{2}\frac{b}{2}y_{\text{dir}} + \frac{1}{2}\frac{b}{2}y_{\text{esq}} + \frac{1}{2}d.x_{\text{dir}} + \frac{1}{2}d.x_{\text{esq}}$$

$$A = \frac{b}{4}\Sigma y + \frac{d}{2}\Sigma x \qquad A = \frac{b}{4}\left(y_{\text{dir}} + Y_{\text{esq}}\right) + \frac{d}{2}\left(x_{\text{dir}} + x_{\text{esq}}\right)$$

Os valores previamente conhecidos são: a cota do projeto na seção escolhida b e t.

Devemos ter também uma estaca de referência de nível (RN) próxima à seção, pois a procura dos taludes é uma operação de nivelamento geométrico.

A atividade de campo seria mais facilmente explicada no próprio terreno, porém tentaremos fazê-la aqui.

A sequência dos cálculos pode ser acompanhada pela Figura 14.3

Cota R.N.
\+ V. Ré
A.I.
− C.P.
M.F.
− l_c
d (este cálculo é definitivo)

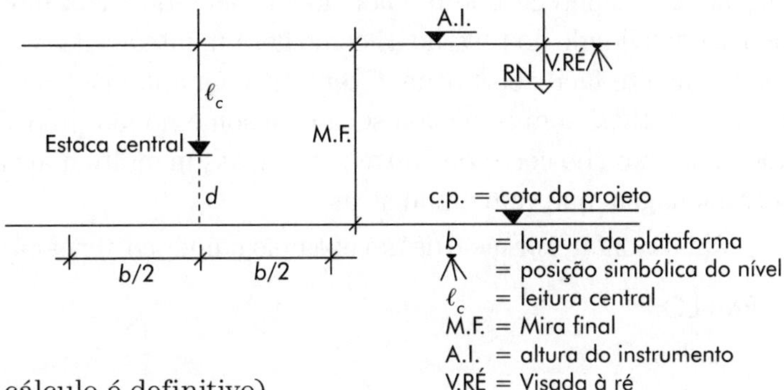

Figura 14.3

A mira final (MF) pode ser definida como uma leitura de mira hipotética, que faríamos com a mira apoiada na plataforma, como se a estrada estivesse pronta. É apenas um artifício para agilizar os cálculos.

Em seguida, a procura das duas estacas laterais é feita por meio de tentativas, que continuaremos tentando explicar com desenhos.

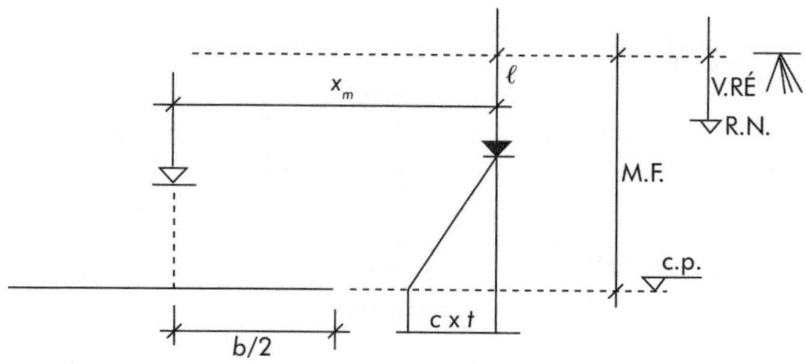

Figura 14.4

TENTATIVA

Escolhe-se um valor x_m (x medido), (Figura 14.4). Mede-se o valor x_m com a trena e coloca-se a mira sobre o solo. O nível faz a leitura l. O cálculo é feito na seguinte sequência:

$$
\begin{array}{rl}
x_{\text{medido}} & = \\
\hline
\text{M.F.} & = \\
-l & = \\
\hline
c & = \\
c \times t & =
\end{array}
\qquad
c \times t + \frac{b}{2} = x_{calculado}
$$

e faz-se a comparação com o x_{medido}. Caso a diferença seja menor ou igual a 5 cm, a tentativa é aceita, o que dificilmente acontece.

Mas, como a 1ª tentativa orienta bem a segunda, geralmente acerta-se nesta segunda vez. Acontece que o valor do x calculado varia muito pouco, em virtude da pouca declividade do terreno. E como geralmente aceita-se uma tolerância de 5 cm, é relativamente fácil acertar na 2ª tentativa. Quando isso não acontece, é fatal acertar na 3ª tentativa. Com isso cada seção consome no máximo 15 minutos, portanto 80 a 100 m por hora ou cerca de 500 m por dia, assim muito mais rápido do que a equipe de terraplenagem que vem vindo atrás.

Vamos tentar, por meio de um exemplo numérico, tornar a explicação mais completa.

EXEMPLO:

Dados:

seção n. 62 com cota de projeto (CP.) = 328,420 m;

largura da plataforma, b = 14 m;

talude de corte, t_c = 2/3.

Cota da referência de nível n. 40, RN_{40} = 329,337 m

Visada a ré, RN = 2,242;

leitura central na estaca 62 = 2,04 m.

Solução:

$$
\begin{array}{rcr}
RN_{40} & = & 329{,}337 \\
+\,V.Ré & = & 2{,}242 \\
\hline
AI. & = & 331{,}579 \\
-CP. & = & 328{,}420 \\
\hline
M.F. & = & 3{,}16 \\
-l_c & = & 2{,}04 \\
\hline
d & = & 1{,}12
\end{array}
$$

(aproximando para centímetros) — refere-se a M.F. = 3,16

1ª tentativa à direita

$$
\begin{array}{rcl}
x_m & = & 10\ m \\
M.F. & = & 3{,}16 \\
l & = & 1{,}04 \\
\hline
c & = & 2{,}12 \\
{}^{2}/_{3} \times 2{,}12 & = & 1{,}41 \\
{}^{2}/_{3} \times 2{,}12 + 7\ m & = & 8{,}41 \\
x_{calc} & = & 8{,}41
\end{array}
$$

(2,04 – 10% de 10 m) — refere-se a l = 1,04

não deu certo, 7 m = b/2

Para as tentativas à direita e à esquerda teremos que assumir as leituras de mira (l). Para não assumir leituras absurdas, vamos impor condições de que o terreno sobe para a direita com rampa de 10% e desce para a esquerda com rampa de 11%.

2ª tentativa à direita (assumir um x_m perto de 8,41 e menor, porque a altura de corte irá diminuir).

2ª tentativa à direita

$$
\begin{array}{rcl}
x_m & = & 8{,}20\ m \\
M.F. & = & 3{,}16 \\
l & = & 1{,}22 \\
\hline
c & = & 1{,}94 \\
{}^{2}/3 \times 1{,}94 & = & 1{,}29 \\
x_{calculado} = 1{,}29 + 7{,}00 & = & 8{,}29
\end{array}
$$

(2,04 – 10% de 8,20 m) tentativa errada

3ª tentativa à direita

$$
\begin{array}{rcl}
x_m & = & 8{,}30 \\
M.F. & = & 3{,}16 \\
l & = & 1{,}21 \\
\hline
c & = & 1{,}95 \\
1{,}95 \times {}^{2}/_{3} & = & 1{,}30 \\
x_{calc} & = & 8{,}30
\end{array}
$$

(2,04 – 10% de 8,30) tentativa certa

1ª tentativa à esquerda

$$
\begin{array}{rcl}
x_m & = & 8\ m \\
M.F. & = & 3{,}16 \\
l & = & 2{,}92 \\
\hline
c & = & 0{,}24 \\
{}^{2}/3 \times 0{,}24 & = & 0{,}16 \\
x_{calc} & = & 7{,}16
\end{array}
$$

(2,04 + 11% de 8,00)

(tentativa errada)

2ª tentativa à esquerda

$$
\begin{array}{rcl}
x_m & = & 7{,}20 \\
M.F. & = & 3{,}16 \\
l & = & 2{,}83 \\
\hline
c & = & 0{,}33 \\
{}^{2}/3 \times 0{,}33 & = & 0{,}22 \\
x_{calc} & = & 7{,}22
\end{array}
$$

(2,04 + 11% de 7,20)

tentativa certa, porque a diferença é menor do que 5 cm.

Desenho da seção n. 62

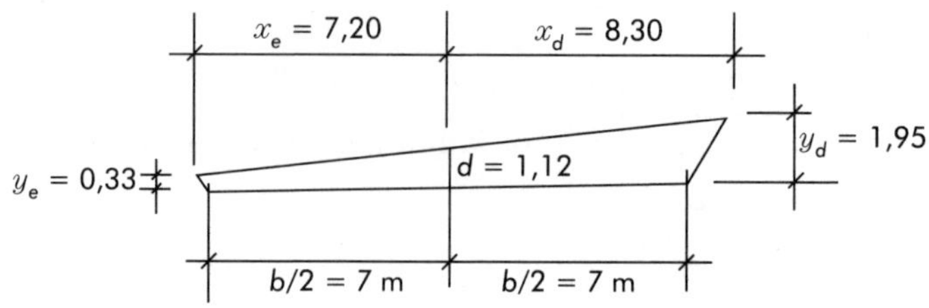

Figura 14.5

CORTE OU ATERRO

Geralmente as inclinações dos taludes não são iguais para os cortes ou aterros. Quanto menor for a inclinação, mais estável ficarão os taludes, porém aumentam os volumes da terra a ser deslocada. A escolha, portanto, das inclinações fica contida entre dois objetivos: estabilidade e economia. Para estradas secundárias onde o objetivo da economia prepondera, a escolha é empírica e usa-se para o corte os valores entre 2/3 e 1/1 e para o aterro valores variando entre 1/1 e 3/2.

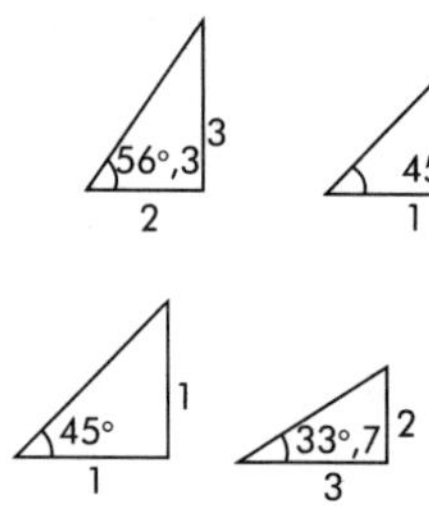

Em estradas de 1ª classe, principalmente quando o paisagismo é considerado importante, esquece-se a economia e usam-se inclinações menores e com as extremidades arredondadas. (Figura 14.6).

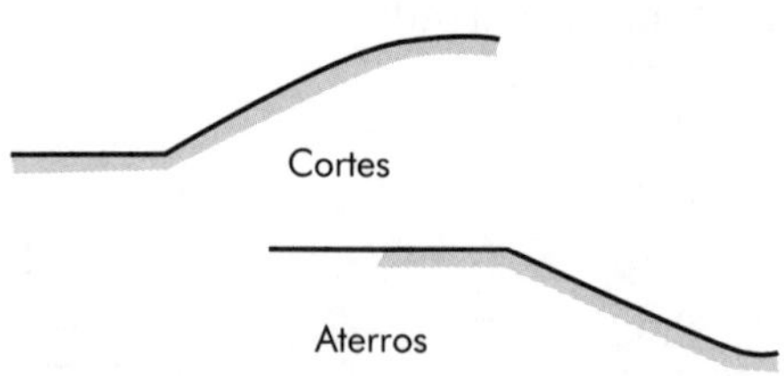

Figura 14.6

Temos três hipóteses na comparação entre mira final (M.F), e leitura de mira (l)

1ª hipótese: M.F. > l trata-se de CORTE; a visão gráfica é:

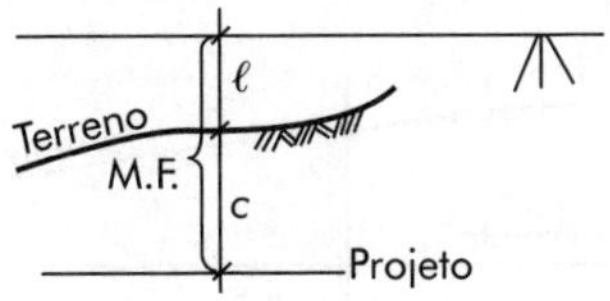

Figura 14.7

O cálculo então será:

$$\frac{\begin{array}{r}M.F.\\-l\end{array}}{c}\ (\text{corte})$$

emprega-se então o talude de corte (t_c)

2ª hipótese: l > M.F. Trata-se de ATERRO; a visão gráfica é:

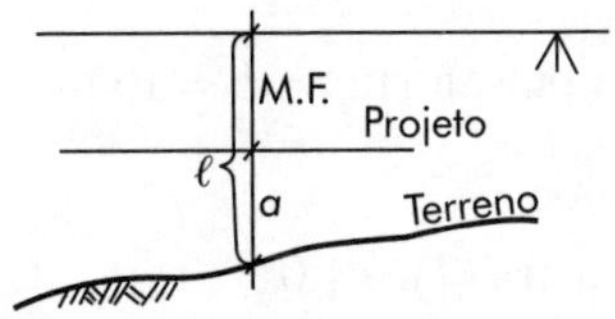

Figura 14.8

O cálculo será

$$\frac{\begin{array}{r}l\\-M.F.\end{array}}{a}\ (\text{aterro})$$

emprega-se então o talude de aterro (t_a)

3ª hipótese: Mira final negativa: é também sem preaterro; a visão gráfica é:

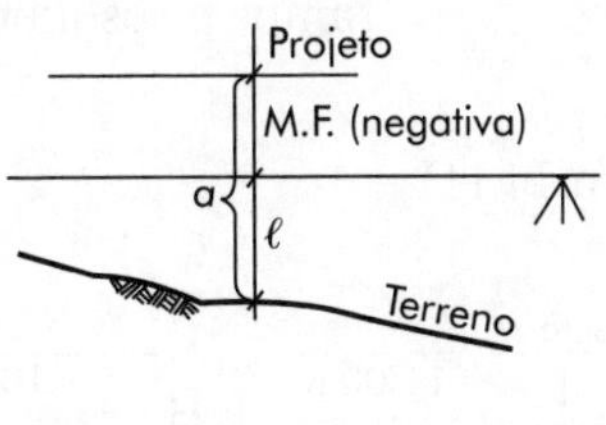

Figura 14.9

A mira final (M.F.) é negativa, porque na operação A.I. – CP. = M.F. a cota do projeto é maior de que a altura do instrumento. O cálculo fica: $\frac{\begin{array}{r}l\\+M.F.\end{array}}{a}$ será a soma dos dois valores porque – (–M.F.) = + M.F.

Naturalmente nunca poderemos ter corte, pois o aparelho estaria soterrado (abaixo da superfície do terreno)

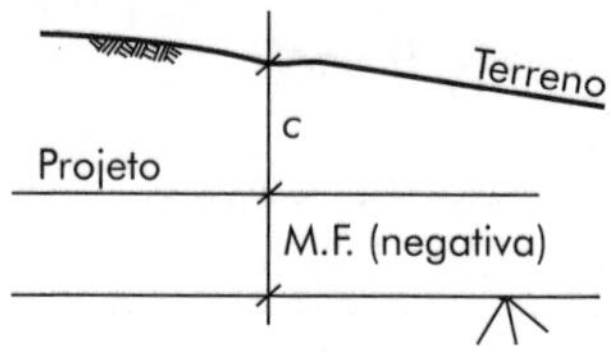

Figura 14.10

Não haverá condições de se fazer a leitura (l) com mira apoiada no terreno.

Outro exemplo:

Cota R.N. = 84,322

V.Ré = 3,218 m

Cota do projeto = 85,680 m

leitura central = l_c = 2,02

tc = 1/1 t_a = 3/2 largura da plataforma = b = 16 m

Foram feitas duas tentativas:

x_m à direita = 10 m com leitura (l) = 1,02

x_m à esquerda = 11 m com leitura (l) = 3,23

Para tornar possível outras tentativas, supor que o terreno tenha rampas uniformes para a direita e para a esquerda.

Cota RN	=	84,322
Vis. Ré	=	3,218
Alt. Instr.	=	87,540
Cota Proj.	=	85,680
M.F.	=	1,86
lc	=	2,02
d_{aterro}	=	0,16

$$\text{rampa p / direta} = r_d = \frac{2{,}02 - 1{,}02}{10{,}00} 100 = +10\%$$

$$\text{rampa p / esquerda} = r_e = \frac{2{,}02 - 3{,}23}{11{,}00} 100 = 11\%$$

rampas do terreno (Figura 14.11)

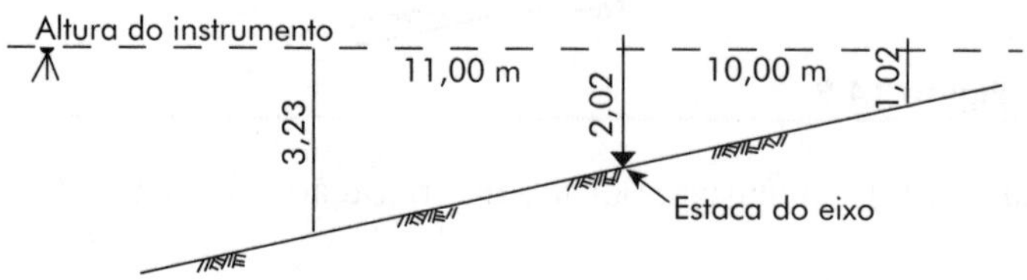

Figura 14.11

1ª tentativa à direita

$$x_m = 10\text{ m}$$
$$\text{M.F.} = 1{,}86$$
$$l = 1{,}02 \qquad l = 2{,}02 - 10\%\text{ de }10\text{ m}$$
$$(\text{corte})\ c = 0{,}84$$
$$c \times t_c = 0{,}84$$
$$c \times t_c + {}^{b}/2 = x_{\text{calc}} = 8{,}84$$

2ª tentativa à direita

$$x_m = 8{,}70$$
$$\text{M.F.} = 1{,}86$$
$$l = 1{,}15 \qquad l = 2{,}02 - 10\% \times 8{,}70$$
$$\text{c} = 0{,}71$$
$$c \times t_c = 0{,}71$$
$$c \times b_c + {}^{b}/2 = x_{\text{calc}} = 8{,}71$$

tentativa aceita.

1ª tentativa à esquerda

$$x_m = 11\text{ m}$$
$$l = 3{,}23 \qquad l = 2{,}02 + 11\%\text{ de }11\text{ m}$$
$$-\text{M.F.} = 1{,}86$$
$$(\text{aterro})\quad a = 1{,}37$$
$$a \times t_a = \frac{3a}{2} = 2{,}06$$
$$x_{\text{calc}} = \frac{3a}{2} + b/2 = 10{,}6$$

2ª tentativa à esquerda

$$x_m = 9{,}80$$
$$1 = 3{,}10 \qquad l = 2{,}02 + 11\% \times 9{,}80$$
$$-\text{M.F.} = 1{,}86$$
$$a = 1{,}24$$
$$\frac{3a}{2} = 1{,}86$$
$$x_{\text{calc}} = \frac{3a}{2} + b/2 = 9{,}86$$

3ª tentativa à esquerda

x_m = 9,90 m

l = 3,11 $l = 2{,}02 + 11\% \times 9{,}90 =$

M.F. = 1,86

a = 1,25 tentativa aceita.

$$\frac{3a}{2} = 1{,}87$$

$$x_{calc} = \frac{3a}{2} + b/2 = 9{,}87 \text{ m}$$

Desenho da seção

Observação: a escala vertical está 4 vezes maior do que a horizontal

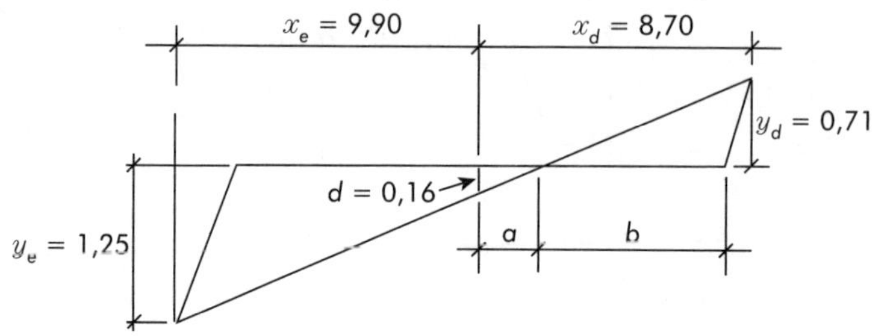

Figura 14.12

$$\frac{a}{0{,}16} = \frac{8{,}70}{0{,}16 + 0{,}71} \quad a = 1{,}60 \therefore b = 8{,}00 - 1{,}60 = 6{,}40$$

$$\text{Área de corte} = \frac{6{,}40 \times 0{,}71}{2} = 2{,}2720 \text{ m}^2$$

$$\text{Área de aterro} = \frac{16}{4} \times 1{,}25 + \frac{1{,}60 \times 0{,}16}{2} = 5{,}1280 \text{ m}^2$$

Como se vê, trata-se de uma seção mista (corte e aterro)

TABELA DE ANOTAÇÃO NA CADERNETA DE CAMPO

A tabela de anotação é uma mistura da tabela de nivelamento geométrico com a dos taludes e por isso bastante longa. Vamos aproveitar para anotar os dois exemplos já feitos.

Estaca	Visada à ré	Altura instrum.	Cota projeto	Mira final	Leitura (l)	Altura de		Visada a vante	Cota
						Corte	Aterro		
RN_{40}	2,242	331,579							329,337
62			328,42	3,16	2,04	1,12			
Dir-8,30					1,21	1,95			
Esq-7,20					2,92	0,24			
RN_n	3,218	85,540							84,322
n			85,68	1,86	2,02		0,16		
Dir-8,70					1,15	0,71			
Esq-9,90					3,11		1,25		
$RN_{(n+1)}$	3,371	88,367						0,544	84,996

anotação do 1.° exemplo — anotação do 2° exemplo — ver observação

Observação: foi acrescentada na tabela a linha referente a RN(m + 1) para justificar a coluna: Visada à Vante. Ela existe para anotarmos a mudança do nível para uma nova posição, para ir acompanhando a sequência das estacas. Por isso é que a tabela é um misto de nivelamento geométrico e locação de taludes. As colunas 1-2-3-8 e 9 constituem o nivelamento geométrico e as colunas 1-4-5-6 e 7 a locação dos taludes. As visadas à vante intermediárias estão também na coluna 6 (leitura = l).

Numa visão panorâmica, a Figura 14.13 mostra em planta a sequência das estacas de 20 em 20 m.

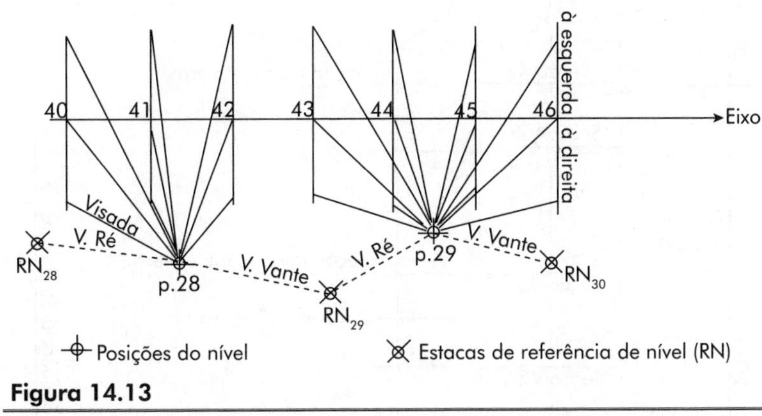

Figura 14.13

O nível na posição P.28 fez a visada à ré para a RN_{28} e determinou a altura do instrumento.

Supõe-se que com o nível na posição P.28 foi possível locar as seções completas (eixo direita e esquerda) n. 40, 41 e 42. Em seguida, antes de retirar o aparelho da P.28, cravou-se a RN_{29} e determinou-se sua cota com a visada à vante. O nível ocupou depois a posição P.29 e fez-se a visada à ré para determinar a nova altura do instrumento. Dessa posição foi possível locar as seções 43, 44, 45 e 46. Após, foi cravada a RN30 e nova visada à vante foi feita para a determinação de sua cota. As estacas de referência de nível (R.N.) devem ser colocadas nas laterais fora da futura faixa de terraplenagem, pois elas são necessárias não só durante toda a execução do movimento de terra como também do acabamento final. E, se possível, permanecer mesmo após a conclusão da rodovia ou ferrovia para uso geral.

PASSAGEM DE CORTE PARA ATERRO E VICE-VERSA

Por meio de desenhos de seções em sequência, de baixo para cima, vamos mostrar como se atravessa uma transição de CORTE para ATERRO. De início, temos o perfil longitudinal do trecho:

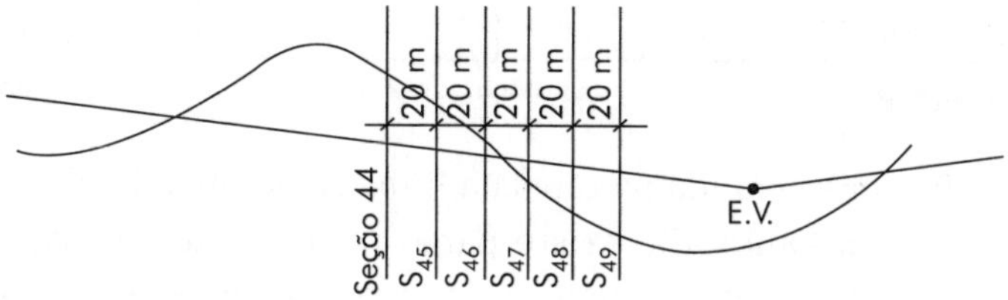

Figura 14.14

As seções desenhadas acompanham o perfil longitudinal.

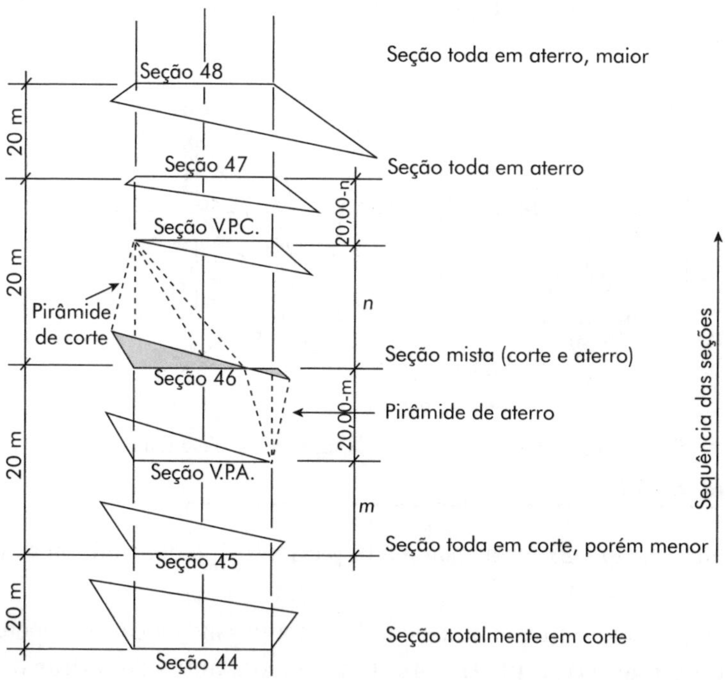

Figura 14.15

A seção 44 está ainda distante da passagem do corte para o aterro. Por isso, tem taludes maiores. A seção 45 já está se aproximando da passagem, então o corte diminui de ambos os lados. A seção 46 já é mista, pois continua a ter corte à esquerda e no eixo, mas, à direita, já há taludes de aterro. A seção 47 já é toda de aterro. A seção 48, além de continuar a ser toda de aterro, tem taludes maiores porque está se afastando da passagem do corte para o aterro. E assim continua; os aterros irão aumentando e, depois de passar por um máximo, irão diminuindo e se aproximando de outra passagem, mas agora de aterro para corte. Verifica-se na sequência das seções que o aterro sempre apresenta inclinações, além de serem no mesmo sentido, relativamente uniformes como acontece normalmente nos terrenos naturais.

Tendo-se constatado que a seção 45 é toda de corte e a 46 é mista, sabemos que entre elas terá uma seção chamada V.P.A. (vértice da pirâmide de aterro). E a seção que do lado direito não tem corte nem aterro, porque o corte acabou e o aterro começa. Com isso forma-se em seguida uma pirâmide de aterro que tem como base o triângulo de aterro da seção 46 e, como vértice, o ponto a esquerda da seção V.P.A. Mais adiante, veremos como se procura e se encontra essa seção.

Vejamos o que acontece entre as seções 46 (mista) e a 47 (só de aterro). Agora, será do lado esquerdo que o corte irá acabar e começar o aterro, já que deste lado a seção 46 tem corte e a 47 tem aterro. Então a seção onde não haverá nem corte nem aterro será a seção V.P.C, (vértice da pirâmide de corte). A pirâmide de corte tem a base no quadrilátero de corte da seção 46 e vértice no ponto à esquerda da seção 47.

Procura do V.P.A. e do V.P.C. (Figura 14.16)

Sabemos que o V.P.A. está do lado direito entre as seções 45 e 46. Marcamos a distância $b/2$ a partir da estaca central da S45 e temos o ponto A, onde é cravada uma baliza. Fazemos o mesmo na seco 46 e temos o ponto B, onde também cravamos outra baliza. Será no alinhamento A-B que encontraremos o V.P.A.. Quando M.F.> leitura temos corte; quando leitura > M.F. temos aterro. Como estamos procurando um ponto onde não há nem corte nem aterro, teremos que encontrar o ponto onde leitura = M.F.

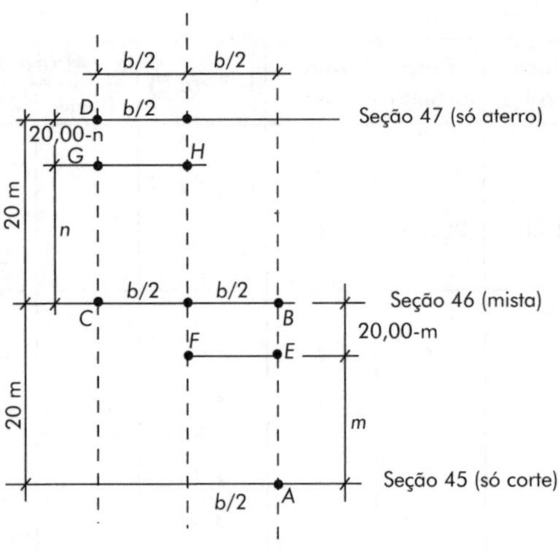

Figura 14.16

Então a mira irá se deslocando entre A e B, até que a leitura de mira seja igual à Mira Final (MF). Mas a mira final deverá ir sendo calculada em função da distância m e da rampa do projeto (greide ou "grade"). A expressão greide resulta do abrasileiramento da expressão "grade", inglesa, que significa perfil do projeto ou rampa do projeto. Como a M.F. é a diferença entre a altura do instrumento (A.I.) e a cote do projeto (C.P.), quando esta varia a M.F. também varia (Figura 14.17).

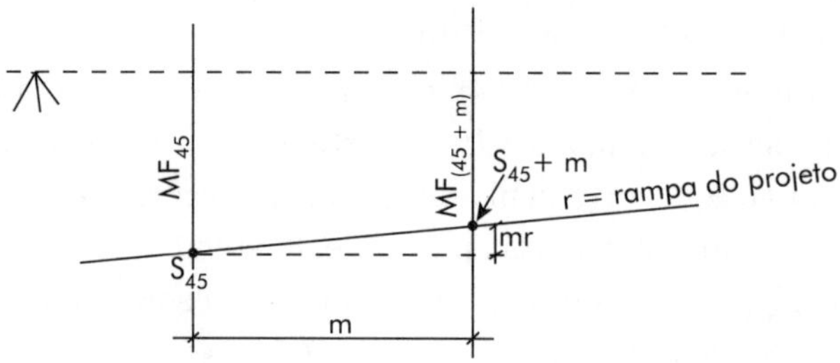

$MF_{(45+m)} = MF_{45-mr}$

Figura 14.17

Encontrado o ponto E à distância m de A, mede-se o mesmo valor m ao longo do eixo e marcasse o ponto F. O talude à esquerda desta seção V.P.A. será encontrado e locado da forma já conhecida.

O ponto G onde está o V.P.C, é procurado de forma idêntica entre C e D, sendo $M.F._{(46+n)}$ = M.F.46 – $n \times r$ procura-se então que o ponto de leitura (l) seja igual a $M.F._{(46+h)}$.

Na prática aceita-se até uma diferença de 2 cm, o que toma a procura mais rápida.

EXERCÍCIO 14.1

É dada a tabela de locação de taludes incompleta. Pede-se completá-la, desenhar as seções e calcular os volumes de corte ou de aterro.

Estaca	Visada à ré	Altura instrum.	Cota projeto	Mira final	Leitura (l)	Altura de		Visada a vante	Cota
						Corte	Aterro		
RN_{80}	?								250,392
121					1,84		?		
Dir-16,20		251,081	252,80	?	?		?		
Esq-?					?		3,18		
RN_{81}	15,40	?						3,232	?
122			?	?	?		4,67		
D ir-18,66					2,72		?		
Esq-l6,30					1,54		?		
123			?	?	2,98		?		
Dir-?					3,50		?		
Esq-16,06					?		?		

Outros dados: largura da plataforma, b = 16 m
talude de corte, $t_c = 3/2$
talude de aterro, $t_a = 2/1$
rampa do projeto, $r = -4\%$

Observação: foram colocados pontos de interrogação nos locais a serem preenchidos; exemplo: para se chegar ao valor de 251,081 (1ª altura do instrumento), partindo-se da cota da RN_{80} = 250,392, foi necessária a Vis.Ré = 0,689 a ser somada.

Solução:

$$251{,}081 - 250{,}392 = 0{,}689 = \text{Vis.Ré para } RN_{80}$$

$$251{,}08 - 252{,}80 = -1{,}72 = \text{MIRA FINAL na estaca 121}$$

$$1{,}72 + 1{,}84 = 3{,}56 = \text{Altura de aterro no eixo da estaca 121}$$

Para a direita da seção foi dado o valor de x da tentativa aceita (16,20 m). Vamos então repor a tentativa.

Dir. x = 16,20 (as setas indicam a sequência do cálculo)

$$\begin{array}{rcrl}
\text{leitura (?)} & = & 2{,}38 & \\
-(\text{–M.F.}) & = & +\,1{,}72 & \\
\hline
a\,(?) & = & 4{,}10 & \qquad t_a = 2/1 \\
2a(?) & = & 8{,}20 & \div 2 \qquad b/2 = 8{,}00\text{ m} \\
x_{\text{calculado}} = 2a + b/2 & = & 16{,}20 & -\,8{,}00
\end{array}$$

Para a esquerda partimos de a= 3,18 e completamos a tentativa.

ESQ. x = 14,36 m (as setas indicam a sequência do cálculo)

$$\begin{array}{rcrl}
\text{Leitura} & = & 1{,}46 & \\
\text{M.F.} & = & +\,1{,}72 & \\
\hline
a & = & 3{,}18 & \\
2a & = & 6{,}36 & \text{x}2 \\
2a + b/_2 & = & 14{,}36 & +\,8{,}00
\end{array}$$

Em seguida, havendo a necessidade de mudar o aparelho, foi cravada a estaca da RN_{81}, feita a visada à vante de mudança (3,232); o nível ocupou nova posição e fez a visada à ré (1,540) para a RN_{81}.

$$251{,}081 - 3{,}232 = 247{,}849 = \text{cota da } RN_{81}$$

$$247{,}849 + 1{,}540 = 249{,}389 = \text{nova altura do instrumento.}$$

A cota do projeto da estaca 122 foi calculada:

$$252{,}80 + \frac{-4}{100}\,20\ \text{m} = 252{,}00\ \text{m}$$

e da seção 123:

$$252{,}00 + \frac{-4}{100}\,20\ \text{m} = 251{,}20\ \text{m}$$

Mira final na seção 122 = 249,389 – 252,00 = 2,61

Para que a altura de aterro no eixo da S_{122} seja de 4,67, é necessária a leitura 2,06, porque 4,67 – 2,61 = 2,06.

Tentativa à direita de 122:

$$\begin{array}{rcrl}
x_m & = & 18{,}66 & \\
\text{leitura} & = & 272 & \\
-(-\text{M.F.}) & = & +\,2{,}61 & \quad + \\
\hline
a & = & 5{,}33 & \\
2a & = & 10{,}66 & \quad \text{x2} \qquad \text{b/2} = 8\ \text{m} \\
2a + \text{b}/_2 & = & 18{,}66 & \quad +
\end{array}$$

partindo da leitura, somamos 2,61 e teremos a; multiplicamos por 2 e somamos b/2 e temos o valor de x.

Tentativa à esquerda de 122

Partimos do x = 16,30 e subimos, calculando $2a$, a e a leitura (l) (as setas indicam a sequência do cálculo)

$$\begin{array}{rcrl}
l & = & 1{,}54 & \\
\text{M.F.} & = & +2{,}61 & \\
\hline
a & = & 4{,}15 & \\
2a & = & 8{,}30 & \quad \div 2 \\
x & = & 16{,}30 & \quad -8{,}00
\end{array}$$

Para a seção 123: M.F.= 249,389 – 251,80 = –1,81

2,98 + 1,81 = 4,79 = altura de aterro no eixo

Tentativa à direita: (as setas indicam a sequência do cálculo)

$$\begin{array}{rcrl}
l & = & 3{,}50 & \quad + \\
\text{M.F.} & = & 1{,}81 & \\
\hline
a & = & 5{,}31 & \\
2a & = & 10{,}62 & \quad \text{x2} \\
x & = & 18{,}62\ \text{m} & \quad +8{,}00\ \text{m}
\end{array}$$

Tentativa à esquerda (as setas indicam a sequência da cálculo)

$$
\begin{aligned}
l &= 2{,}22 \\
\text{M.F.} &= 1{,}81 \\
\hline
a &= 4{,}03 \\
2a &= 8{,}06 \quad \div 2 \\
x &= 16{,}06 \quad -8{,}00
\end{aligned}
$$

Em seguida apresentamos a tabela completa, ressaltando que os pontos de interrogação estão substituídos pelos valores calculados.

Tabela completa

Estaca	Visada à ré	Altura instrum	Cota projeto	Mira final	Leitura (l)	Altura de		Visada a vante	Cota
						Corte	Aterro		
RN_{80}	0,689								250,392
121					1,84		3,56		
Dir-16,20		251,081	252,80	–1,72	2,38		4,10		
Esq-14,36					1,46		3,18		
RN_{81}	15,40	249,38						3,232	247,849
122			252,00	–2,61	2,06		4,67		
D ir-18,66					2,72		5,33		
Esq-l6,30					1,54		4,15		
123			251,20	–1,81	2,98		4,79		
Dir-18,62					3,50		5,31		
Esq-16,06					2,22		4,03		

$$A_{121} = \frac{16{,}00}{4}(4{,}10 + 3{,}18) + \frac{3{,}56}{2}(16{,}20 + 14{,}36) = 83{,}5168\ \text{m}^2$$

$$A_{122} = \frac{16{,}00}{4}(5{,}33 + 4{,}15) + \frac{4{,}67}{2}(18{,}66 + 16{,}30) = 119{,}5516\ \text{m}^2$$

$$A_{123} = \frac{16{,}00}{4}(5{,}31 + 4{,}03) + \frac{4{,}79}{2}(18{,}62 + 16{,}06)\ 120{,}4186\ \text{m}^2$$

$$V = \frac{20{,}00}{2}(83{,}5168 + 2 \times 119{,}5516 + 120{,}4186) = 4.430{,}3860\ \text{m}^3$$

Nota-se também que o trecho é todo de aterro, não sendo, portanto, utilizado o talude de corte = t_c = 3/2.

Os dados da tabela são suficientes para os desenhos das seções transversais e o cálculo das áreas de cada seção. Calculamos depois o volume de aterro entre as 3 seções (Figura 14.18).

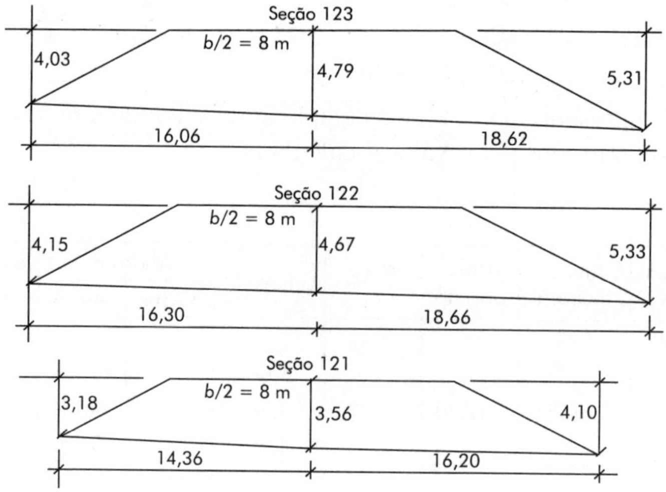

Figura 14.18

15

Cálculo de volumes – correções prismoidal e de volumes em curvas

O volume de terra, seja de corte ou de aterro entre duas seções consecutivas, pode ser calculado aplicando-se fórmulas geométricas diferentes. Faremos uma comparação entre três delas:

1) Fórmula de prisma (também conhecida como fórmula para cálculo de volume pelas áreas extremas).
2) Fórmula de tronco de pirâmide.
3) Fórmula prismoidal.

Nem as superfícies nem os sólidos naturais têm um formato geométrico exato. Como exemplo temos o nosso próprio planeta; a única maneira de definir a forma da Terra é chamá-la de geoide.

Qual a forma da Terra? É geoide.

O que é um geoide? É a forma da Terra.

Procura-se, então, aproximar as formas do terreno com alguma figura plana geométrica quando se trata de superfície, ou de algum sólido geométrico quando se trata de volume.

Qual o sólido geométrico mais próximo daquele que é formado por duas seções paralelas? Conhecemos a área de cada seção e a distância perpendicular que as separa.

Vamos usar um exemplo já feito, para partirmos para uma comparação prática. Trata-se do último exemplo do capítulo locação de taludes, o exercício 14.1. Vamos repor os 3 desenhos: seções 121, 122 e 123 (Figura 15.1).

EXERCÍCIO 15.1

1) Fórmula de prisma

$$V = \frac{S_1 + S_2}{2} l$$

$$V_{(121-122)} = \frac{83{,}5168 + 119{,}5516}{2} 20 \text{ m} = 2.030{,}6840 \text{ m}^3$$

$$V_{(122-123)} = \frac{119{,}5516 + 120{,}4186}{2} 20 \text{ m} = 2.399{,}7020 \text{ m}^3$$

$$\text{Total} = 4.430{,}3860 \text{ m}^3$$

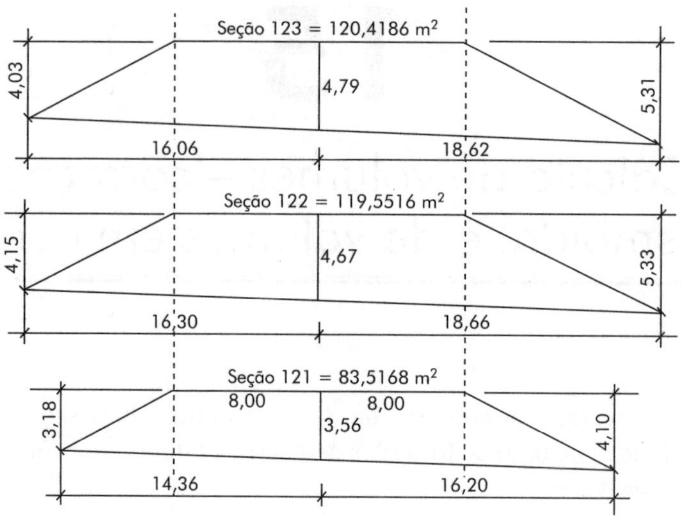

Figura 15.1

2) Fórmula de tronco de pirâmide

$$V = \left(S_1 + S_2 + \sqrt{S_1 \times S_2}\right)\frac{l}{3}$$

$$V_{(121-122)} = \left(83{,}5168 + 119{,}5516 + \sqrt{83{,}5168 \times 119{,}5516}\right)\frac{20}{3} = 2019{,}9414 \text{ m}^3$$

$$V_{(122-123)} = \left(119{,}5516 + 120{,}4186 + \sqrt{119{,}5516 \times 120{,}4186}\right)\frac{20}{3} = 2.399{,}6968 \text{ m}^3$$

$$\text{Total} = 4.419{,}6301 \text{ m}^3$$

Na comparação entre as duas primeiras fórmulas (prisma e tronco de pirâmide) verificamos que, quando as duas áreas consecutivas são de valores quase iguais, a diferença nos cálculos dos volumes é muito pequena (entre S_{122} e S_{123}); quando os valores das áreas têm diferenças maiores, os volumes são também mais diferentes (entre S_{120} e S_{121}).

Outro exemplo mais exagerado:

$$\begin{matrix} S_1 = 12 \text{ e } S_2 = 13 \\ l = 20 \end{matrix} \begin{cases} \text{Volume por prisma} = 250{,}0000 \\ \text{Volume por Tronco Pirâmide} = 249{,}9333 \end{cases}$$

diferença quase nula

$$\begin{matrix} S_1 = 5 \text{ e } S_2 = 20 \\ l = 20 \end{matrix} \begin{cases} \text{Vol. por prisma} = 250{,}0000 \\ \text{Vol. por Tr. Pirâmide} = 233{,}3333 \end{cases}$$

diferença grande

A fórmula prismoidal para cálculo de volume é empírica: $V = (S_1 + 4Sm + S_2)^1/6$, onde Sm é uma área média empírica diferente da média aritmética.

Caso Sm fosse $S_1 + {}^{S2}/2$ a fórmula seria idêntica à fórmula de prisma (Figura15.2).

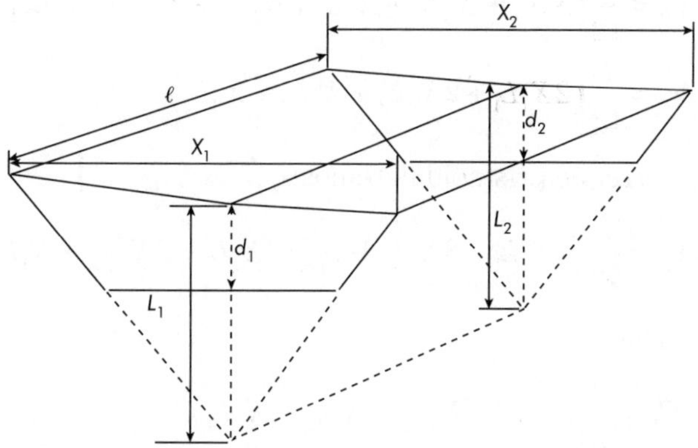

Figura 15.2

A área media empírica $Sm = \frac{1}{2}\left(\frac{X_1 + X_2}{2}\right)\left(\frac{L_1 + L_2}{2}\right)$ ou seja, uma área calculada com a média aritmética das larguras totais X e com a média aritmética das alturas totais centrais L. Considera-se, de início, o sólido total como se as seções 1 e 2 tivessem as alturas L_1 e L_2. No final, será descontado o volume abaixo da plataforma.

Para facilitar a aplicação da fórmula prismoidal na prática, costuma-se aplicar a fórmula de prisma e em seguida fazer a correção para a fórmula prismoidal. Vejamos como pode-se calcular essa correção:

$$V_E = \text{volume pela fórmula de prisma} = \left(\frac{S_1 + S_2}{2}\right)l$$

$$V_P = \text{volume pela fórmula prismoidal} = \left(S_1 + 4S_m + S_2\right)\frac{l}{6}$$

onde $S_m = \frac{1}{2}\left(\frac{X_1 + X_2}{2}\right)\left(\frac{L_1 + L_2}{2}\right)$

$$S_1 = \frac{X_1 L_1}{2} \qquad S_2 = \frac{X_2 L_2}{2}$$

então: $V_E = \frac{l}{4}\left(X_1 L_1 + X_2 L_2\right)$

Vamos multiplicar por 3 num artifício para comparar com a fórmula prismoidal

$$V_E = \frac{l}{12}\left(3X_1 L_1 + 3X_2 L_2\right)$$

$$V_P = \left(S_1 + 4S_m + S_2\right)\frac{l}{6} = \left[\frac{X_1 L_1}{2} + \frac{X_2 L_2}{2} + \frac{4}{2}\left(\frac{X_1 + X_2}{2}\right)\left(\frac{L_1 + L_2}{2}\right)\right]\frac{l}{6}$$

desenvolvendo:

$$V_P = \frac{l}{12}\left[X_1L_1 + X_2L_2 + X_1L_1 + X_1L_2 + X_2L_1 + X_2L_2\right]$$

$$V_P = \frac{l}{12}\left(2X_1L_1 + 2X_2L_2 + X_1L_2 + X_2L_1\right)$$

chamando de C_p a correção prismoidal, temos:

$$C_P = V_E = V_P = \frac{l}{12}\left(3X_1L_1 + 3X_2L_2\right) - \frac{l}{12}\left(2X_1L_1 + 2X_2L_2 + X_1L_2 + X_2L_1\right)$$

pondo $\frac{l}{12}$ em evidência:

$$C_P = \frac{l}{12}\left(X_1L_1 + X_2L_2 - X_1L_2 - X_2L_1\right)$$

$$C_P = \frac{l}{12}\left(X_1 - X_2\right)\left(L_1 - L_2\right) \quad \text{mas } L_1 - L_2 = d_1 - d_2$$

$$\therefore\ C_P = \frac{l}{12}\left(X_1 - X_2\right)\left(d_1 - d_2\right)$$

Vamos, em seguida, calcular a correção prismoidal entre as seções 121 e 122 e entre 122 e 123

$$X_{121} = 14{,}36 + 16{,}20 = 30{,}56 \quad d_{121} = 3{,}56$$

$$X_{122} = 16{,}30 + 18{,}66 = 34{,}96 \quad d_{122} = 4{,}67$$

$$C_{P\,(121-122)} = \frac{20}{12}\left(30{,}56 - 34{,}96\right)\left(3{,}56 - 4{,}67\right) = 8{,}1400\ \text{m}^3$$

$$X_{123} = 16{,}06 + 18{,}62 = 34{,}68 \quad d_{123} = 4{,}79$$

$$C_{P\,(122-123)} = \frac{20}{12}\left(34{,}96 - 34{,}68\right)\left(4{,}67 - 4{,}79\right) = -0{,}0560\ \text{m}^3$$

Já que $C_p = V_E - V_p \therefore V_p = V_E - C_p$, portanto, quando a correção prismoidal é positiva, deve ser subtraída de V_E para termos V_p. Quando a C_p é negativa, deve ser somada. Portanto, os volumes calculados pela fórmula prismoidal entre 121 e 122 e entre 122 e 123, são:

$$V_{(121-122)} = 2.030{,}6840 - 8{,}1400 = 2.022{,}5440\ \text{m}^3$$

$$V_{(122-123)} = 2.399{,}7020 + 0{,}0560 = 2.399{,}7580\ \text{m}^3$$

Vamos colocar todos os volumes calculados lado a lado para uma comparação final.

Pelo que se nota, as diferenças são sempre pequenas, mas, como os cálculos e as correções são programadas nos computadores, não há por que não aplicar a fórmula prismoidal. Anteriormente não se aplicava, porque a demora dos cálculos não era compensada por diferença tão pequena.

Volume entre	Pela fórmula de prisma	Pela fórmula de tronco pirâmide	Pela fórmula prismoidal
121 – 122	2.030,6840	2.019,9414	2.022,5440
122 – 123	2.399,7020	2.399,6968	2.399,7580

EXPLICAÇÃO DA FÓRMULA PRISMOIDAL

2 seções consecutivas são:

a) paralelas e espaçadas da distância d

b) $AB = CD$

c) as declividades dos taludes são iguais;

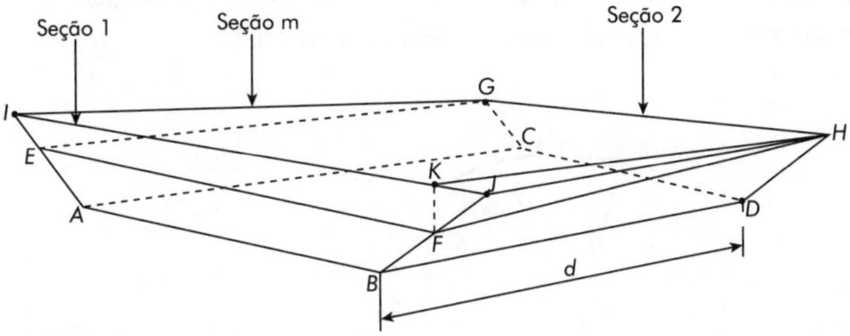

Figura 15.3

Conclui-se que o volume de terra entre elas será igual à soma de 3 outros volumes:

1) volume do prisma $ABEF - CDGH$

2) volume da cunha $EFIJ - GH$

3) volume da pirâmide KJF (base) e H (vértice);

Chamamos de m a seção média, isto é, a seção situada à distância $d/2$ da seção 1 e da seção 2.

Volume v_1 do prisma, onde: $a_1 = a_2 = a_m$

$$v_1 = a_1 \times d \text{ ou}$$

$$v_1 = \frac{d}{6}(a_1 + 4a_m + a_2)$$

Volume v_2 da cunha, onde: $a_2 = 0$ e $a_m = \frac{a_1}{2}$

$$v_2 = d\frac{a_1}{2} \quad \text{ou} \quad v_2 = \frac{d}{6}(a_1 + 4a_m + a_2)$$

Volume v_3 da pirâmide, onde: $a_2 = 0$ e $a_m = \frac{a_1}{2}$

$$v_3 = \frac{d}{2}a_1 \quad \text{ou} \quad v_3 = \frac{d}{6}(a_1 + 4a_m + a_2) \text{ portanto.}$$

Somando-se os três volumes $v_1 + v_2 + v_3 = V$ temos

$$V = \frac{d}{6}\left(A_1 + 4A_m + A_2\right) \text{ (fórmula prismoidal)}$$

Para uma série de seções equidistantes A_1, A_2, A_3, A_4 etc., podemos considerar A_2 como a seção média entre A_1 e A_3; e A_4 como seção média entre A_3 e A_5 etc.

$$V_{\text{total}} = \frac{d}{6}\left(A_1 + 4A_2 + 2A_3 + 4A_4 + 2A_5 + 4A_6 + \ldots 4A_{n-1} + A_n\right)$$

VOLUME NAS CURVAS

O volume calculado nos trechos em curvas horizontais precisa ser corrigido, porque duas seções consecutivas não são paralelas (Figura 15.4).

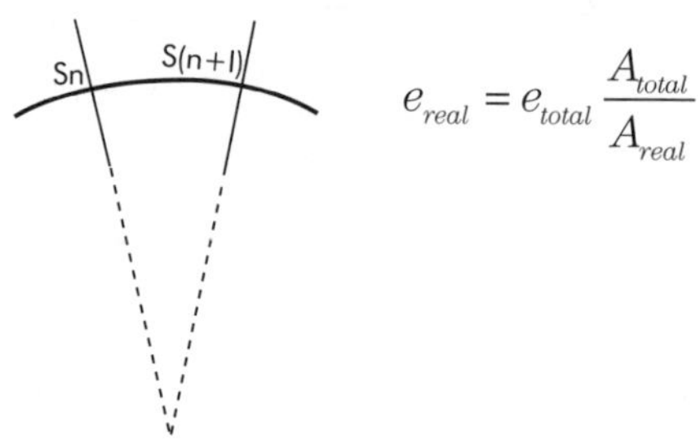

Figura 15.4

Para isso, vamos de início calcular a excentricidade do centro de gravidade de uma seção transversal (Figura 15.5).

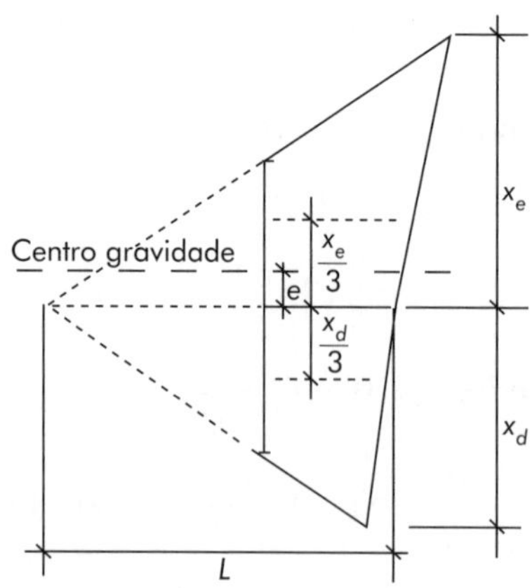

Figura 15.5

EXERCÍCIO

Considerando a seção total vamos igualar os momentos em torno da posição do centro de gravidade da seção

$$\frac{L}{2}(x_e + x_d)e = \frac{L}{2}(x_e)\frac{x_e}{3} - \frac{L}{2}(x_d)\frac{x_d}{3} \therefore e(x_e + x_d) = \frac{x_e^{\,2} - x_d^{\,2}}{3}$$

$$e(x_e + x_d) = \frac{(x_e + x_d)(x_e - x_d)}{3} \therefore e = \frac{x_e - x_d}{3}$$

mas esta excentricidade é para a seção inteira e devemos considerar apenas a área acima da plataforma.

Podemos fazer a correção com uma regra de três entre excentricidades e áreas.

$$\mathrm{e}_{real} \rightarrow e_{\mathrm{total}}$$
$$A_{real} \rightarrow A_{total}$$

No entanto, é uma regra de três inversa, por isso

$$e_{real} = e_{total}\frac{A_{total}}{A_{real}}$$

onde A total é a área da seção inteira, enquanto A real é a área somente acima da plataforma. Um exemplo ajuda a esclarecer (Figura 15.6)

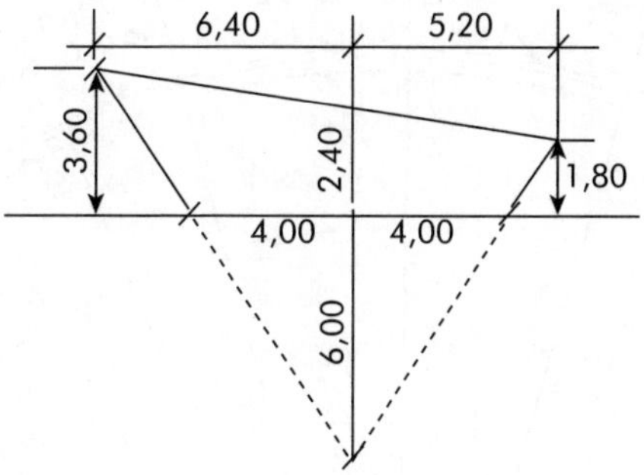

Figura 15.6

EXERCÍCIO 15.2

$$A_{total} = \frac{1}{2}(6{,}00 + 2{,}40)(6{,}40 + 5{,}20) = 48{,}72\ \mathrm{m}^2$$

$$A_{total} = \frac{8{,}00}{4}(3{,}60 + 1{,}80) + \frac{2{,}40}{2}(6{,}40 + 5{,}20) = 24{,}72\ \mathrm{m}^2$$

$$e_{total} = \frac{6{,}40 - 5{,}20}{3} = 0{,}40\ \mathrm{m}$$

$$e_{real} = 0{,}40\frac{48{,}72}{24{,}72} = 0{,}7883 \cong 0{,}79\ \mathrm{m}$$

Correção nas curvas

Quando calculamos o volume entre duas seções (1) e (2) em trechos de curva horizontal e aplicamos a fórmula de prisma, temos:

$$V = (A_1 + A_2)\frac{l}{2}$$

mas cometemos erro, porque o desenvolvimento l deverá ser do centro de gravidade e não do eixo das seções.

Supondo que a excentricidade da seção (1) fosse e_1 e se mantivesse constante no trecho, teríamos o desenvolvimento l_1 que pode ser calculado por proporcionalidade

$$\frac{l_1}{R + e_1} = \frac{l}{R} \therefore l_1 = l\frac{R + e_1}{R}$$

e o desenvolvimento l_2 da seção (2):

$$l_2 = l\frac{R + e_2}{R}$$

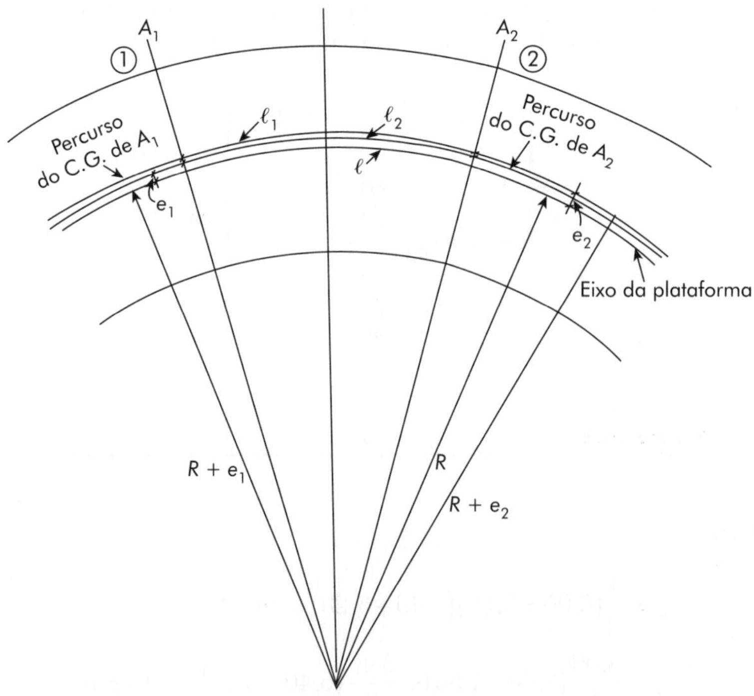

Figura 15.7

Se por outro lado a área A_1 da seção (1), se mantivesse constante, teríamos o volume V_1

$$V_1 = A_1 l_1 = A_1 \, l \frac{R + e_1}{R}$$

e para a seção (2)

$$V_2 = A_2 l_2 = A_2 \, l \frac{R + e_2}{R}$$

tirando a média aritmética

$$V = \frac{V_1 + V_2}{2} \left[A_1 \, l \, \frac{R + e_1}{R} + A_2 \, l \, \frac{R + e_2}{2} \right] \frac{1}{2}$$

$$\therefore \; V = \frac{l}{2R} \left[A_1 \left(R + e_1 \right) + A_2 \left(R + e_2 \right) \right]$$

se compararmos com a fórmula inicial

$$\mathrm{V} = \left(A_1 + A_2 \right) \frac{l}{2}$$

fazendo a subtração das duas fórmulas, temos a necessária correção.

$$C = \frac{l}{2} \left(A_1 + A_2 \right) - \frac{l}{2R} \left[A_1 \left(R + e_1 \right) + A_2 \left(R + e_2 \right) \right]$$

simplificando

$$C = \frac{l}{2R} \left(A_1 R + A_2 R \right) - \frac{l}{2R} \left[A_1 \left(R + e_1 \right) + A_2 \left(R + e_1 \right) \right]$$

$$C = \pm \frac{l}{2R} \left(A_1 e_1 + A_2 e_2 \right)$$

vamos explicar o porquê dos sinais ±. A correção no cálculo do volume pode ser para mais ou para menos, dependendo das excentricidades e_1 e e_2 serem para o lado externo da curva (+) ou do lado interno (–). Quando a excentricidade é para fora, o volume calculado como se estivesse em reta (seções paralelas), erra para menos; então a correção deverá ser para mais. Caso contrário, para menos.

Por exemplo: no caso da seção da Figura 15.8, se a curva for para a direita a correção será para mais, portanto positiva, pois o C.G. está para o lado de fora do eixo. Por esta razão, a aplicação da fórmula de prisma erra para menos.

Se a curva horizontal for para a esquerda, a correção será negativa.

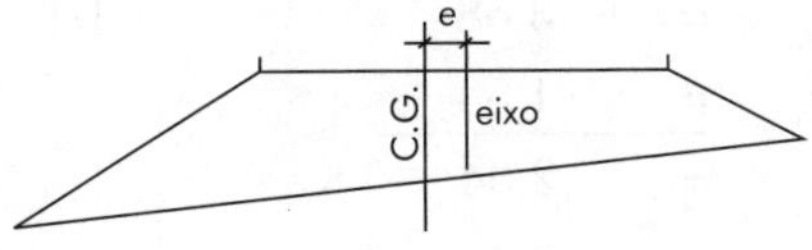

Figura 15.8

Já no caso da Figura 15.9, com curva à direita, a correção será negativa, com curva à esquerda será positiva.

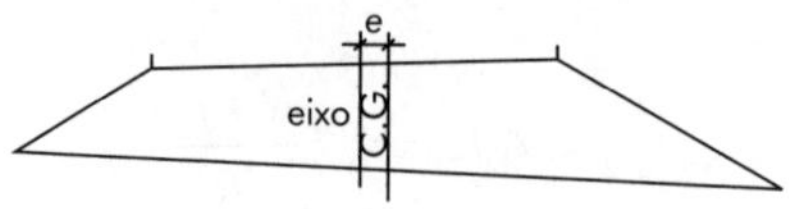

Figura 15.9

Poderíamos imaginar a hipótese da 1ª seção ser como a da Figura 15.8 e a 2. seção ser como a da Figura 15.9, porém na prática isso não ocorre, pois em 20 m de distância o terreno não pode mudar tanto.

EXERCÍCIO 15.3

Dados b = 12 m

$t_c = 1/1$

$t_a = {}^3/2$

Cota RN_{63} = 328,355 m

V. Ré = 3.425

Seção 84 { (C. Projeto = 328,20 l_c = 1,54; altura de corte à direita = 1,72; altura de corte à esquerda = 2,40 — rampa do projeto = 3%

Seção 85 { l_c = 1,10; altura de corte à direita = 1,50; altura de corte à esquerda = 2,26

Curva à direita com raio, R = 250 m

Solução:

Seção 82

Cota RN_{63}	=	328,355		à direita da Seção 82		
V. Ré	=	3,425		M.F	=	3,53
A.I.	=	331,780		Leit	=	1,86
$C.P._{82}$	=	328,20		c	=	1,72
$M.F._{82}$	=	3,58		$1/1_c$	=	1,72
l_c	=	1,54		x	=	7,72
d_{corte}	=	2,04				

à esquerda da Seção 82

$$\begin{array}{rcl} \text{M.F.} & = & 3{,}58 \\ l & = & 1{,}18 \\ \hline c & = & 2{,}40 \\ x & = & 8{,}40 \end{array}$$

Seção 83

$$\begin{array}{rcr} \text{A.I.} & = & 331{,}780 \\ \text{CP.} & = & 328{,}80 \\ \hline \text{M.F.}_{83} & = & 2{,}98 \\ l_c & = & 1{,}10 \\ \hline d_{corte} & = & 1{,}88 \end{array}$$

Cota projeto = 328,20 + 3% de 20 m = 328,80 m

à direita da Seção 83

$$\begin{array}{rcl} \text{M.F.} & = & 2{,}98 \\ l & = & 1{,}48 \\ \hline c & = & 1{,}50 \\ x & = & 7{,}50 \end{array}$$

à esquerda da Seção 83

$$\begin{array}{rcl} \text{M.F.} & = & 2{,}98 \\ l & = & 0{,}72 \\ \hline \text{c} & = & 2{,}26 \\ x & = & 8{,}26 \end{array}$$

Desenho das seções

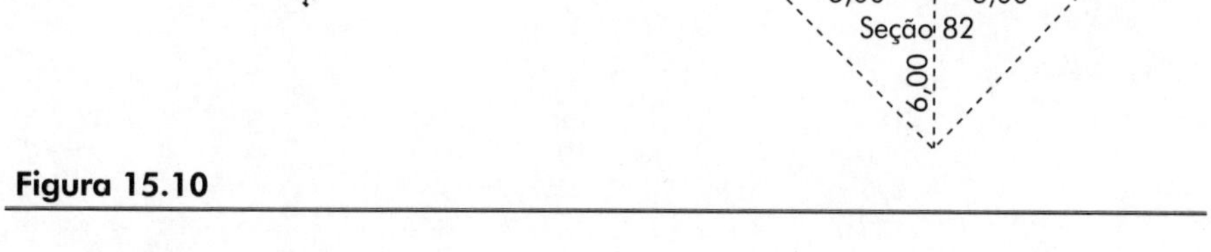

Figura 15.10

Seção 83

$$A_{\text{real}} = \frac{12}{4}(1{,}50 + 2{,}26) + \frac{1{,}88}{2}(7{,}50 + 8{,}26) = 26{,}0944 \text{ m}^2$$

$$A_{\text{total}} = \frac{7{,}88}{2}(7{,}50 + 8{,}26) = 62{,}0944 \text{ m}^2$$

Seção 82

$$A_{\text{real}} = \frac{12}{4}(1{,}72 + 2{,}40) + \frac{2{,}04}{2}(7{,}72 + 8{,}40) = 28{,}8024 \text{ m}^2$$

$$A_{\text{total}} = \frac{8{,}04}{2}(7{,}72 + 8{,}40) = 64{,}8024 \text{ m}^2$$

$$e_{82} = \frac{(6{,}40 - 5{,}20) \times 64{,}8024}{3 \times 28{,}8024} = 0{,}51 \text{ m}$$

$$e_{83} = \frac{(8{,}26 - 7{,}50) \times 62{,}0944}{3 \times 26{,}0944} = 0{,}60 \text{ m}$$

$$V = (28{,}8024 + 26{,}0944)\frac{20}{2} = 548{,}9680 \text{ m}^3$$

$$\text{correção prismoidal} = C_P = \frac{20}{2 \times 250}(28{,}8024 \times 0{,}51 + 26{,}0949 \times 0{,}60) = 1{,}2138 \text{ m}^3$$

Volume corrigido = 548,9680 + 1,2138 – 550,1818 m^3

A correção foi somada porque a excentricidade é externa, pois a curva é à direita. Como se vê, a correção representa cerca de 0,22% do valor do volume.

16

Diagrama de massas (Bruckner)

O diagrama de massas ("mass diagram") também é conhecido como diagrama de Bruckner, seu criador. É utilizado para planejar o transporte de terra entre cortes e aterros, bem como calcular suas quantidades para efeito de valores (importâncias a serem pagas).

É muito importante saber como é construído para poder aplicá-lo. Costuma-se desenhá-lo abaixo do perfil longitudinal da estrada, na mesma escala horizontal, para perfeita correspondência (Figura 16.1)

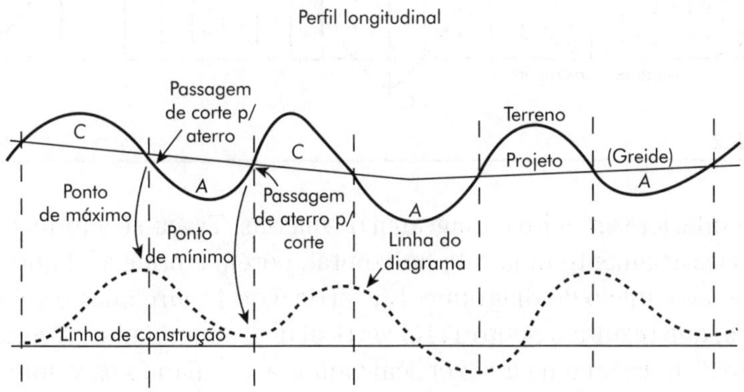

Figura 16.1

Veremos que, pela forma como o diagrama é construído, as passagens de corte para aterro correspondem a pontos de máximo relativo e as passagens de aterro para corte a mínimos relativos.

CONSTRUÇÃO DO DIAGRAMA

Já tendo sido feitos todos os cálculos de volumes entre as seções de 20 em 20 metros, na construção do diagrama adotamos uma escala vertical na qual distâncias representam volumes e uma escala horizontal na qual distância representam distâncias; por exemplo:

Escala vertical: 1 cm = 100 m^3

Escala horizontal: 1 : 5.000

Na escala vertical cada centímetro vale 100 m^3, portanto um volume de 540 m^3 será representado por 5,4 cm. Já na escala horizontal cada centímetro representa 50 m ou 5 decâmetros (5 Dam).

Na Figura 16.2 está a explicação da construção do diagrama. Na parte superior aparece o perfil longitudinal com o perfil do terreno e o perfil do projeto (greide). Cada trecho de corte e de aterro já teve seu volume calculado: V_1, V_2, V_3 etc.

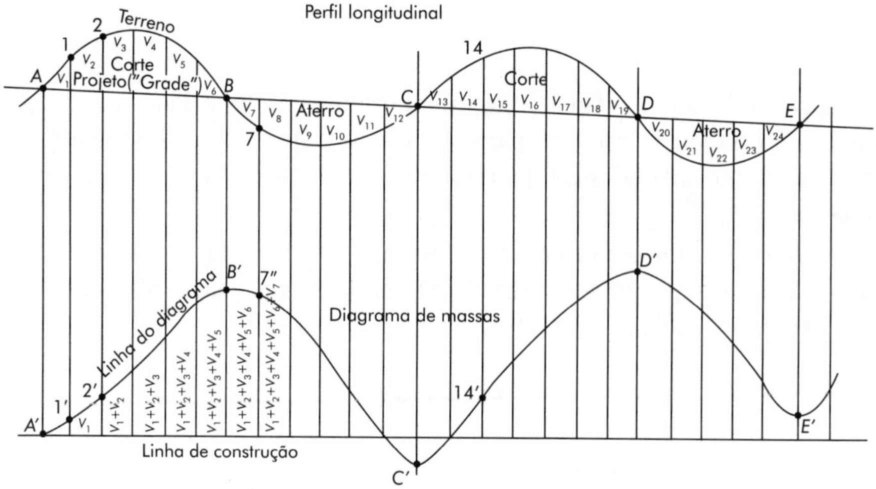

Figura 16.2

Na parte inferior será feito o diagrama de massas. Traça-se a linha de construção que não é necessariamente uma reta horizontal, porém é preferível que seja. O ponto A', vertical de A é o início do diagrama. Na vertical de 1 marcamos o volume V_1 na escala escolhida, que resulta o ponto 1'. Na vertical de 2 acumulamos o volume V_2, resultando o ponto 2'. E assim em cada vertical vamos acumulando os volumes V_3, V_4, V_5 e V_6 (todos eles de corte).

Na vertical de 7, o volume V_7 é considerado negativo por ser aterro; por isso, nesta vertical teremos o volume total de corte do trecho AB menos o volume V_7. Então a linha do diagrama continuará a descer até C quando termina o trecho de aterro e tem início o novo corte. Então a linha do diagrama começa a subir até D' em seguida descerá até E'. Assim uma ordenada qualquer no diagrama sempre representará, na devida escala, o volume acumulado algebricamente desde o início. Por exemplo, a ordenada 14' indica o volume acumulado desde A até 14, ou seja, todo o volume de corte AB, menos o volume de aterro BC, mais o volume de corte C 14. Como o ponto 14' está acima da linha de construção, este volume acumulado algebricamente é de corte. Caso estivesse abaixo da linha de construção, seria de aterro.

PRINCÍPIOS DO DIAGRAMA DE MASSAS

Uma forma de bem assimilar o funcionamento do diagrama antes de aplicá-lo é através de princípios que o regem.

1° princípio: da construção do diagrama

A linha do diagrama sobe nos trechos de corte e desce nos aterros; portanto passa por máximos relativos na passagem de corte para aterro e por mínimos relativos na passagem de aterro para corte (Figura 16.3).

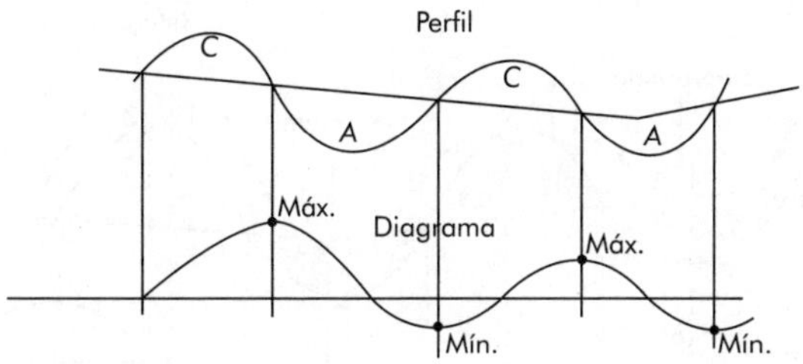

Figura 16.3

Tanto os máximos como os mínimos são relativos e não há necessidade de termos os absolutos, porque os transportes serão feitos em trechos relativamente curtos.

2° princípio: da linha de distribuição

Quando traçamos uma linha paralela à linha de construção cortando a linha do diagrama, ficam determinados volumes iguais de corte e de aterro (Figura 16.4). Esta linha chama-se linha de distribuição.

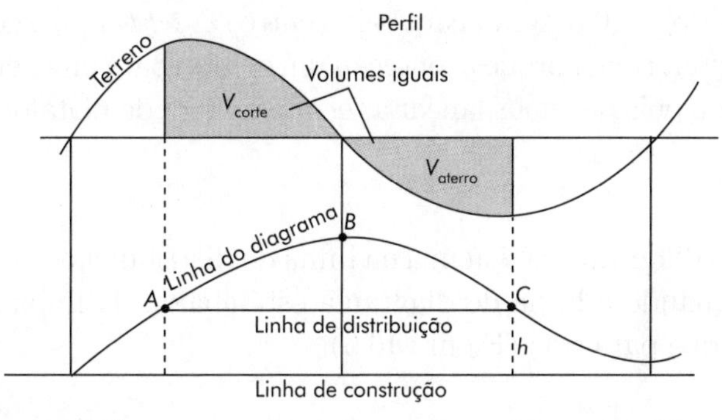

Figura 16.4

É fácil entender: já que a linha de distribuição é paralela à de construção, a ordenada em A é igual à ordenada em C; ambas valem h. *Arribas*, representam o saldo acumulado em cada ponto, portanto todo o volume acumulado positivamente no trecho de corte de A até B é depois acumulado negativamente no trecho de aterro de B até C. Por exemplo: se chegamos ao ponto A com uma sobra de 1.000 m^3, de A até B acumulamos mais terra (corte), de B a C gastamos no aterro e no final a sobra continua a ser 1.000 m, é porque o volume de corte foi igual ao espaço do aterro.

3° princípio: dos empréstimos e refugos

Quando duas linhas de distribuição sucessivas fazem um degrau para baixo, temos a necessidade de um "empréstimo"; quando o degrau é para cima. temos um "Refugo" ou "bota-fora" (Figura 16.5).

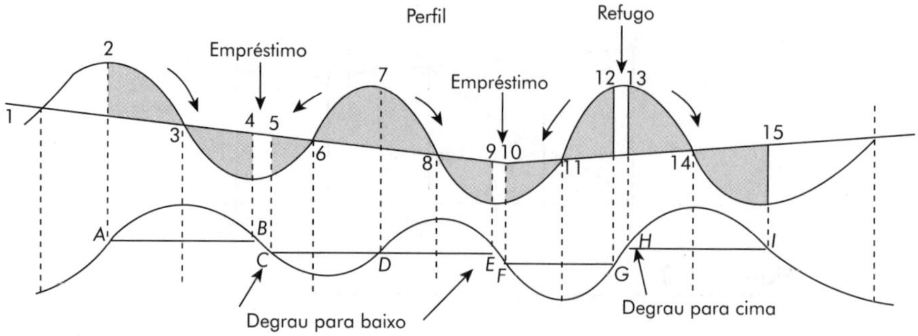

Figura 16.5

"Empréstimo" acontece quando falta terra e temos necessidade de tirá-la das partes laterais para a plataforma. "Refugo" ou "bota-fora" é quando sobra terra na plataforma e necessitamos jogá-la na laterais (Figura 16.5).

Verifica-se que a linha de distribuição *AB* é seguida pela *CD*, porém, forma um degrau para baixo; então o corte 2-3 preenche o aterro 3-4, e o corte 6-7 preenche o aterro 5-6; por isso o aterro 4-5 necessita de um empréstimo para ser preenchido. O mesmo acontece com o aterro 9-10 (degrau para baixo entre *DE* e *FG*). Já o corte 12-13 não tem para onde ir na plataforma, porque aconteceu um degrau para cima entre *FG* e *HI*; é um refugo ou bota-fora, pois devemos lançar a terra para fora da plataforma.

4° princípio

Quando a linha do diagrama está acima da linha de distribuição, o transporte da terra é para a frente; quando a linha do diagrama está abaixo da linha de distribuição, o transporte da terra é para trás (Figura 16.6).

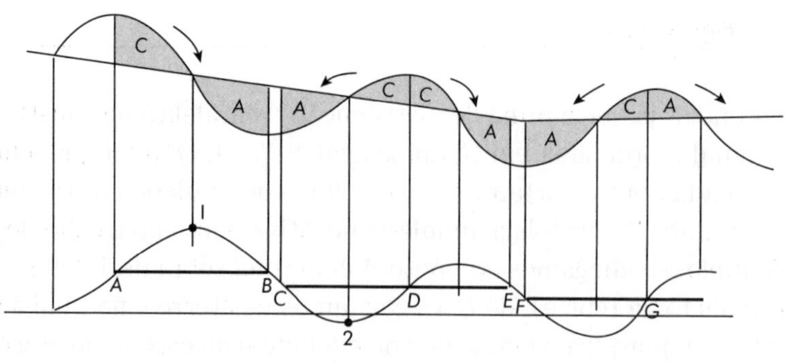

Figura 16.6

Vemos que a linha do diagrama está acima da linha de distribuição AB. Então, a partir de A, a linha do diagrama sobe – portanto é corte. Depois do ponto de máximo 1 ela começa a descer, então é aterro, por isso o transporte da terra só pode ser para a frente, do corte para o aterro. A linha do diagrama está abaixo da linha de distribuição C-D. Então, a partir de C, a linha do diagrama desce; portanto é aterro até atingir o ponto de mínimo 2; em seguida ela sobe e é corte; logo o transporte só pode ser para trás, isto é, do corte que está na frente para o aterro que está atrás.

Limite econômico de transporte é a distância máxima para a qual é conveniente economicamente transportar uma terra disponível. Digamos que no trecho A temos disponível e no trecho B precisamos de terra para aterro. A solução lógica é transportá-la de A para B. Mas não podemos esquecer que há outra alternativa; podemos fazer um bota-fora em A e um empréstimo em B. Vamos usar a alternativa mais econômica. Para isso calculamos o limite econômico de transporte (l.e.t.).

Seja P_C preço unitário do corte, ou seja, o preço para cortar um metro cúbico. Seja P_T o preço unitário do transporte, isto é, o preço para transportar um metro cúbico à distância de um decâmetro (10 m). Então:

$$l.\text{ e. }t. = \frac{P_C}{P_T}$$

Se $P_C = 100$ e $P_T = 1$ $l.\text{ e. }t. = \frac{100}{1} = 100\text{ Dam }(1.000\text{ m})$.

Quer dizer que, se a distância entre A e B for superior a 100 Dam, custará mais caro aproveitar a terra disponível em A transportando-a do que jogá-la fora em A (refugo ou bota-fora) e fazer um "empréstimo" em B, retirando terra das laterais. Esta a razão do aparecimento dos degraus entre as linhas de distribuição.

Distância livre de transporte é uma distância inicial onde o transporte é gratuito. Já que boa parte do maquinário necessita andar para cortar, como é o caso dos "bulldozers", dos "scrapers", muitas vezes os contratos preveem uma distância inicial gratuita. Por exemplo: 5 Dam, ou seja, os primeiros 50 m não serão pagos. Isto fará com que o limite econômico de transporte (*l. e. t.)* seja ampliado em 5 Dam. Passa a ser

$$l.\,e.\,t. = \frac{P_C}{P_T} + d.l.t.$$

onde *d. l. t.* é a distância livre de transporte.

No exemplo ficará

$$l.\,e.\,t. = \frac{100}{1} + 5 = 105\text{ Dam}$$

Este fato limita o comprimento das linhas de distribuição, provocando os degraus, isto é, os empréstimos e os refugos. Logicamente este limite só pode ser aplicado quando em B houver possibilidades de se obter o empréstimo, como terra de boa qualidade para o aterro.

CÁLCULO DA QUANTIDADE DE TRANSPORTE

O diagrama de massas, além de permitir o planejamento racional do transporte, também permite calcular a quantidade de transporte, trecho por trecho, que multiplicado pelo preço unitário nos dará o custo total de cada trecho para efeito de pagamento.

Para isso temos dois processos: o *método das áreas* entre a linha do diagrama e a linha de distribuição e o método da *distância média de transporte*, entre o corte e o aterro.

MÉTODO DAS ÁREAS

Lembrando que as ordenadas verticais representam volume e as abscissas representam distâncias, a área entre a linha do diagrama e a linha de distribuição representam o produto de volumes por distâncias, isto é, a quantidade de transporte: metros cúbicos vezes decâmetros – $m^3 \times$ Dam, exatamente a unidade de transporte.

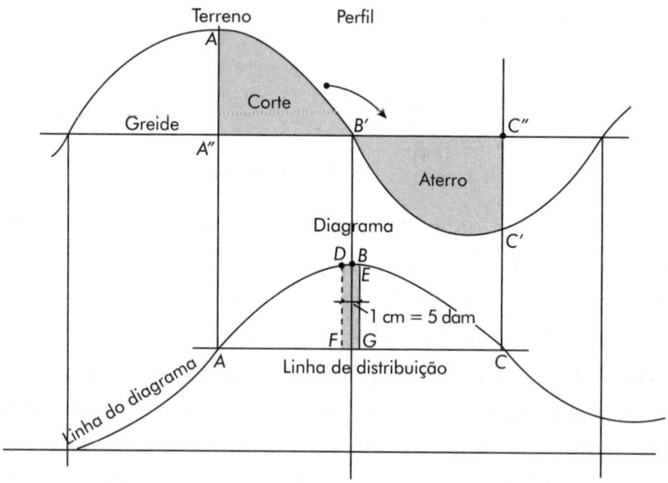

Figura 16.7

A quantidade de transporte para o trecho da Figura 16.7 é a área *ABC* no diagrama multiplicado pelo preço unitário de transporte. A área *ABC* deverá ser calculada com o auxílio do planímetro ou aplicando-se a forma de Bezout (fórmula dos trapézios) com a ajuda do papel milimetrado. Para facilitar, vamos fazer um exemplo numérico:

Dados:

- Escala horizontal 1:5.000
- Escala vertical 1 cm = 50 m^3
- Preço unitário do transporte 0,05 R$ / m^3 Dam.
- Distância livre de transporte *(d.l.t.)* = 5 Dam
- Área total *ABC* calculada = 324 cm^2
- Área *DBEGF* = 68 cm^2

Solução:

A distância livre de transporte assegura que em qualquer transporte cinco decâmetros não pagam. Então vemos que todas as viagens passam obrigatoriamente pelo ponto *B'*. Não é possível levar terra ao corte *A' B'* para o aterro *B' C'* sem passar por *B*. Por isso colocamos em *B* a distância livre de transporte de 5 Dam. Na escala 1:5.000, 5 Dam são representados por 1 cm.

1:5.000 1 cm = 5.000 cm 1 cm = 50 m 1 cm= 5 Dam

Então colocamos 5 mm para cada lado de *B* e temos a área *DBEGF*. Por isso, da área total *ABC* (324 cm^2) descontamos essa área (68 cm^2). Em seguida, multiplicamos pelas escalas horizontal e vertical e, pelo preço unitário, temos o custo total.

Custo total do trecho = (324 – 68) × 5 × 50 × 0,05 R$ = 3.200,00 R$*. Lembrando que cada centímetro horizontal vale 5 Dam e cada centímetro vertical vale 50 m^3.

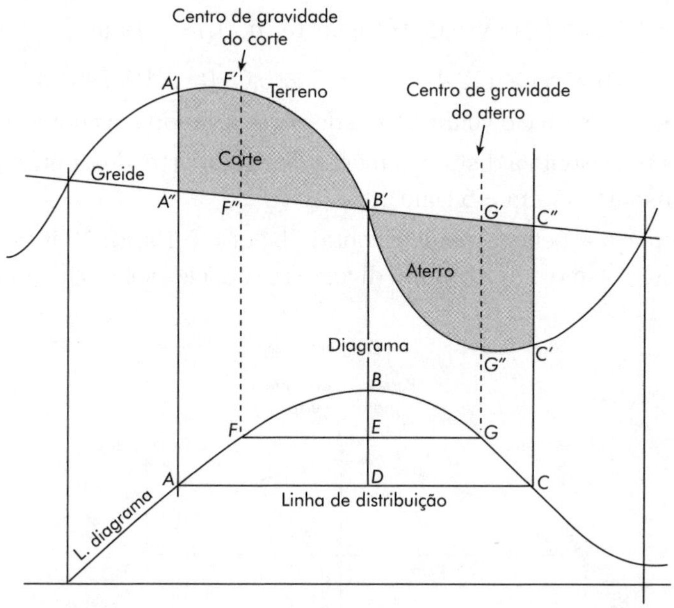

Figura 16.8

MÉTODO DA DISTÂNCIA MÉDIA DE TRANSPORTE

Para levar a terra do corte para o aterro, algumas viagens são curtas e outras longas. Precisamos procurar a distância média, portanto. Um processo gráfico permitirá essa procura com facilidade. Analisando a Figura 16.8, vemos que a ordenada central *BD* no diagrama representa o volume de corte *A' B' A''* e o espaço de aterro *A'B'C''*, que são iguais. Localizando o ponto *E* na meia altura de *BD*, temos *BE* = *ED*, portanto dividindo ao meio o volume total de corte e o espaço total de aterro. Traçando a reta *FED* paralela à linha de distribuição *ADC* encontramos os pontos *F* e *D* na linha do diagrama.

* Valores apenas para efeito de exemplificação. Não são valores de mercado.

Subindo ordenadas até o perfil, vemos que os volumes de corte *ATT"A"* e *F'B'F"* são iguais, portanto a ordenada *F F"F'* passa pelo centro de gravidade do corte; o mesmo acontece com a ordenada *G G"G'* que passa pelo centro de gravidade do aterro.

Então a distância *FG* é a *distância média de transporte*. Para ter a quantidade de aterro, basta multiplicá-la pelo volume total de corte. Este é dado pela ordenada *BD* do diagrama.

Vamos a um exemplo para completar.

No trecho de diagrama da Figura 16.9, o volume total de corte é representado pela ordenada no ponto de máximo (5,6 cm). A reta paralela à linha de distribuição, passando pelo ponto médio da ordenada máxima, mede 12,4 cm. Supondo as mesmas escalas:

Escala horizontal 1:5.000 (1 cm = 5 Dam)
Escala vertical 1 cm = 50 m^3
Preço unitário do transporte R$ 0,05 R$/m Dam
Distância livre de transporte (*d.l.t.*) = 5 Dam

Custo total = 5,6 × 50 × (12,4 – 1,0) × 5 × 0,05 R$ = R$ 798,00**

Explicações: 5,6 × 50 é o volume total de corte levando em conta a escala vertical.

(12,4 – 1,0) representa a distância média de transporte, descontando-se a distância livre de transporte (1 cm = 5 Dam).

O produto por 5 é pela escala horizontal (1 cm = 5 Dam). O livro "Exercícios de Topografia" deste mesmo autor contém diversos exercícios sobre Diagrama de Massas.

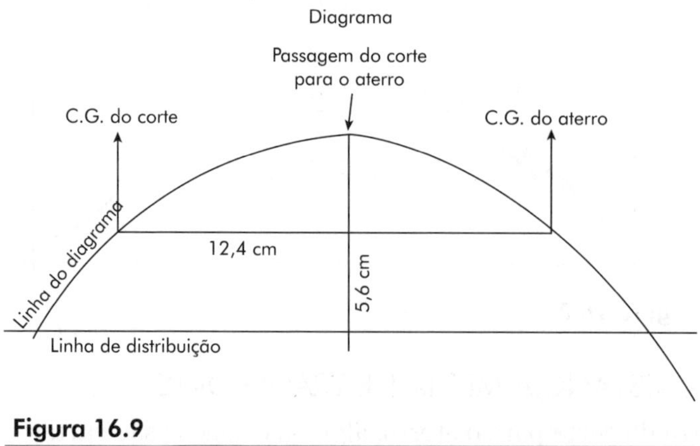

Figura 16.9

** Valores apenas para efeito de exemplificação. Não são valores de mercado.

17

Sequência de atividades no projeto do traçado geométrico de estradas

A construção de uma rodovia compreende basicamente seis atividades: reconhecimento, anteprojeto, linha de ensaio, projeto planialtimétrico, locação e construção. Esta matéria trata das quatro primeiras atividades.

Aplicável aos mais diversos ramos da engenharia, a topografia tem contudo utilização em maior escala nos levantamentos, projetos, locação e execução de estradas de rodagem e de ferro.

A semelhança com a aplicação em ferrovias é muito grande. Quase total. Porém, há certas diferenças nos métodos, principalmente pelo fato de as ferrovias exigirem traçados mais suaves. Nelas, as rampas devem ser de declives e aclives menores e as curvas mais abertas (raios maiores). Por outro lado, em nosso país houve preferência pela rodovia sobre a ferrovia, evidentemente errada, e que nos leva agora a um agravamento na crise do petróleo.

De forma resumida, as atividades para a construção de uma rodovia são:

1) reconhecimento;
2) anteprojeto, com seus traçados e variantes;
3) linha de ensaio ou de exploração;
4) projeto planimétrico e altimétrico;
5) locação;
6) construção.

Seguem-se as atividades complementares, tais como sinalização, paisagismo, conservação, fiscalização etc. Em todas elas há participação maior ou menor da topografia.

Reconhecimento e anteprojeto referem-se à obtenção de dados planialtimétricos com precisão relativamente pequena de uma faixa de grande largura, desde o ponto *A* até o *B*. Chama-se de ponto *A* o ponto de partida e *B* o de chegada da rodovia a ser implantada. Justamente por necessidade de grande largura de faixa (dezena ou dezenas de quilômetros), o reconhecimento não pode ser de alta precisão. No passado não havia outra alternativa senão proceder a esse reconhecimento por terra, em operação demorada, sacrificada e incompleta. Atualmente, o emprego da aerofotogrametria resolve esse problema, eliminando-se os inconvenientes. Podem ser aproveitados trabalhos já executados anteriormente ou contrata-se um levantamento fotogramétrico no local.

As plantas não precisam ser executadas em grande escala, pois o objetivo do estudo é apenas a seleção de alguns traçados possíveis, para compará-los. Podem-se escolher também algumas variantes nos traçados. A escolha dos traçados é facilitada pela eventual existência de pontos obrigatórios tais como cidades, gargantas para transposição de cadeias de montanhas ou travessias de cursos de água. Não se pode esquecer de que a topografia participa da fixação de pontos de apoio no solo, que permitirão a correção das fotos aéreas e, portanto, a reconstituição em plantas com curvas de nível. Equipe (com longa prática) seleciona traçado, com ou sem variante, que, sendo considerado o melhor, deverá ser transformado no projeto definitivo.

A linha de ensaio ou exploração é uma operação que poderá ser executada por topografia de campo ou ainda por aerofotogrametria. Nesta segunda hipótese poderão ocorrer duas alternativas. No caso da existência anterior de aerofotogrametria executada com voos em pequena escala (grande altura), resultando também em plantas em pequena escala, será necessário contratar nova operação que resulte em plantas de escala maior, como 1:2 mil, e com curvas de nível no mínimo de 2 em 2 m. Na hipótese de haver sido contratada a aerofotogrametria também para o anteprojeto, deve-se optar pelo voo de baixa altura, desde o inicio, para que a operação sirva também para o projeto definitivo.

Quando se opta por linha de ensaio com trabalhos de campo, a topografia age na seguinte ordem: de início, loca o anteprojeto escolhido por meio de uma poligonal aberta de *A* a *B*. A poligonal é estabelecida pela cravação de estacas nos pontos de deflexão (Figura 17.1). Quando as distâncias forem medidas, serão cravadas estacas em espaçamento constante, de 20 em 20 m, cuja constância não se interrompe sequer nas estações de mudança de direção (Figura 17.2). Dessa maneira caso a distância 15-1 resulte 4,23 m, a estaca 16 será cravada a 15,77 m da estação I para completar os 20 m.

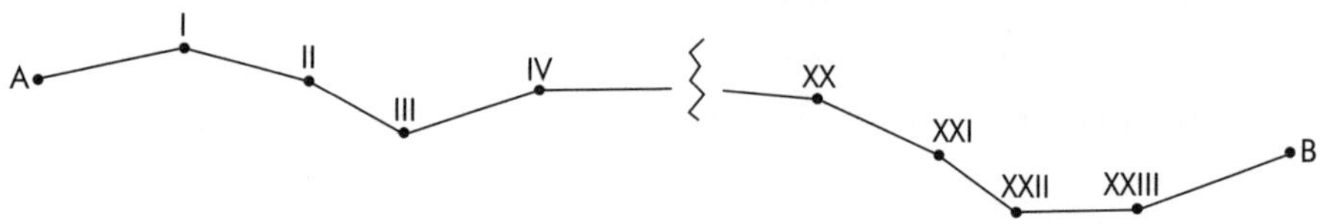

Figura 17.1 Poligonal que será o eixo da linha de ensaio.

Continuando, procede-se ao nivelamento geométrico de todas as estacas seguido de contranivelamento, por trechos de 2, 3 ou 4 km. Depois, serão feitos os levantamentos planialtimétricos das seções transversais com o emprego de taqueômetros autorredutores. O comprimento das seções transversais dependerá da necessidade, usando-se geralmente cerca de 120 a 150 m para cada lado, e obtém-se, assim, o levantamento de uma faixa de 240 a 300 m. Seguem-se cálculo e desenho e a interpolação para o traçado das curvas de nível.

Será dentro dessa faixa que se desenvolverá o projeto detalhado. As estações I, II, III etc. podem ser estabelecidas com distanciômetros eletrônicos, que tornam mais precisa e rápida a sua execução.

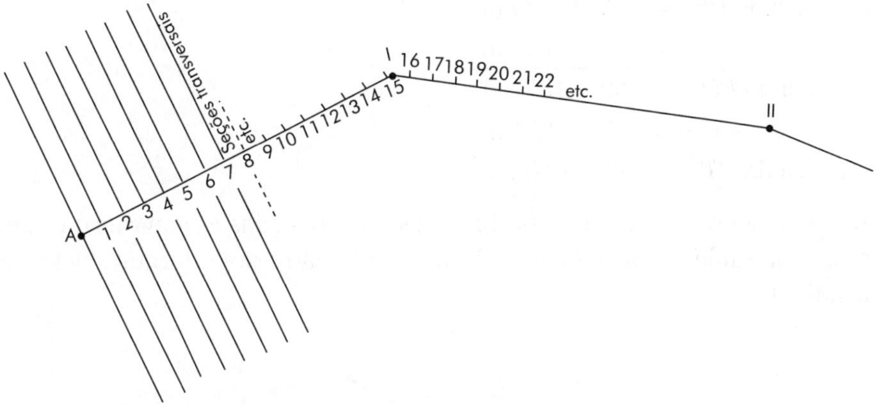

Figura 17.2 Linha de ensaio.

A vantagem desse sistema de levantamento da linha de ensaio é facilitar a implantação (locação) do projeto definitivo, porque as estacas do levantamento permanecem no local, servindo de apoio para ela.

PROJETO PLANIALTIMÉTRICO

Atividade executada em várias etapas, ela tem a seguinte sequência lógica:

a) Projeto da poligonal (ainda sem curvas horizontais de concordância), conhecido como "alinhamento".

b) Projeto de curvas horizontais de concordância e o consequente cálculo de seus valores geométricos em função do raio R e do ângulo de interseção I: T (tangente); D (grau da curva); e C (desenvolvimento da curva) (Figura 17.3).

$$D = \frac{3.600^\circ}{\text{II}\,R} T = T\,\text{tg}\frac{\text{I}}{2} \quad C = \frac{\text{I}}{D} 20 \text{ m}$$

Estaca do PC = estaca do $PI - T$

Estaca do PT = estaca do $PC + C$

PC é o ponto de curva, isto é, o ponto onde se inicia a curva.

PT é o ponto de tangência, isto é, onde termina a curva.

Por exemplo, seja $I = 44°36'$ e sendo escolhida uma curva de raio $R = 310$ m; seja a estaca do PI 37 + 4,85 m.

$$D = \frac{3.600^\circ}{\text{II}\,R} = \frac{3.600}{\text{II} \times 310} = 3^\circ{,}6965 = 3^\circ 41' 47'',4$$

$$T = R = \text{tg}\,\frac{1}{2} = 310 \text{ tg } 22^\circ 18' = 127{,}14 \text{ m}$$

$$C = \frac{\text{I}}{D} 20 = \frac{44{,}6}{3{,}6965} 20 = 241{,}31 \text{ m}$$

Estaca do *PI*	=	37 + 4,85 m
–*T*	=	6 + 7,14 m
Estaca do *PC*	=	30 + 17,71 m
+ *C*	=	12 + 1,31 m
Estaca do *PT*		42 + 19,02 m

Deve-se deliberar se na curva horizontal serão aplicadas as espirais de transição, na entrada e na saída, para colocação da superelevação e superlargura, detalhes que se verão adiante.

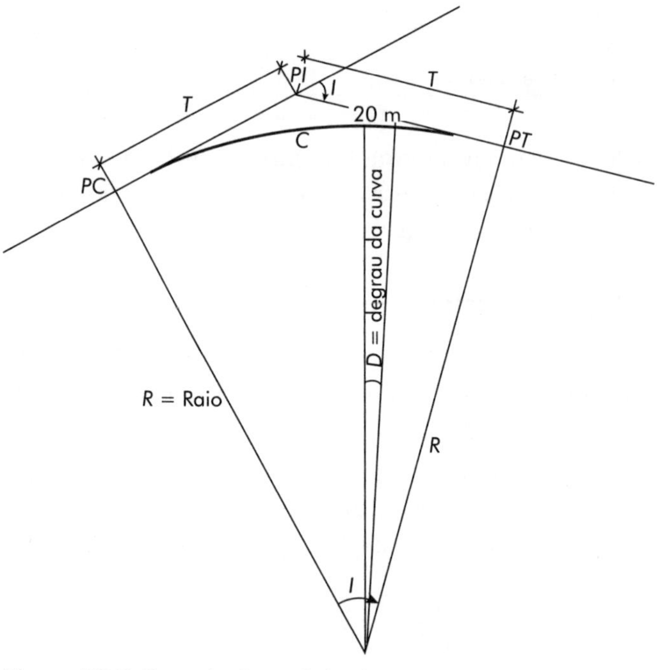

Figura 17.3 Curva horizontal circular.

c) desenho do perfil longitudinal do terreno. Representando o alinhamento já com as retas e curvas sobre o desenho da faixa da linha de ensaio, por meio do cruzamento com as curvas de nível, desenha-se o perfil longitudinal do terreno onde é usual ter a escala vertical cerca de dez vezes maior do que a escala horizontal, para ressaltar a altimetria.

d) Projeto do greide. O greide é o perfil longitudinal do projeto. Como o alinhamento, também é traçado pela equipe do projeto e, dependendo dessa escolha, tem-se um traçado melhor ou pior. No alinhamento são as retas mais longas e os menores ângulos de interseção que melhoram o traçado. No greide são as rampas menos inclinadas e mais longas que também melhoram o projeto geométrico. As diferenças entre duas rampas serão em seguida concordadas com a curva vertical (Figura 17.4).

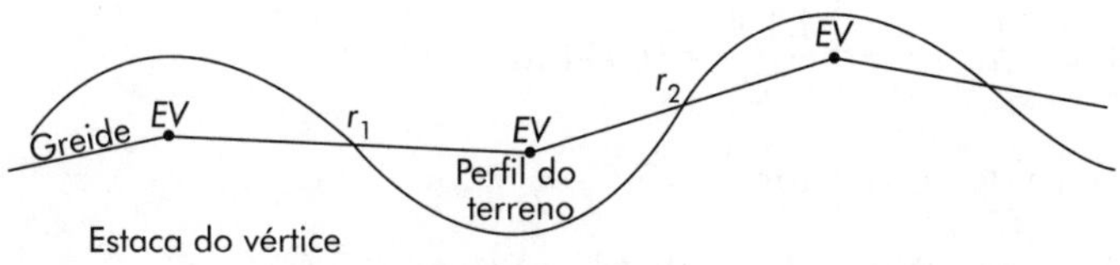

Figura 17.4 Perfil do terreno e greide.

A curva vertical ideal é a parabólica, porquanto é a que conserva constante a razão de mudança de rampa. Por exemplo, caso tenha de ser concordada uma mudança total de rampa de 5%, com uma curva de nove trechos de 20 m (cordas de 20 m em projeção horizontal), haverá mudança de 0,5 de corda a corda. Desse modo, se a rampa inicial for $r_1 = -2\%$ e a rampa final for $r_2 = +3\%$, as cordas terão, pela ordem:

1ª corda	=	–1,5%	6ª corda	=	+1,0%
2ª corda	=	–1,0%	7ª corda	=	+1,5%
3ª corda	=	–0,5%	8ª corda	=	+2,0%
4ª corda	=	0%	9ª corda	=	+2,5%
5ª corda	=	+0,5%			

A Figura 17.5 mostra uma curva vertical de concordância entre duas rampas positivas; o preparo da tabela para fixação das cotas na curva é este:

Dados:

$r_1 = +\,0{,}8\%$ $\qquad r_2 = +\,5{,}2\%$

$L = 200$ m em cordas de 20 m

Estaca do vértice = $EV = 104 + 0{,}00$ m

Cota da estaca do vértice = 342,440 m

$$\text{Estaca inicial} = EF = EV - \frac{L}{2} = (104 + 0{,}00) - (5 + 0{,}00) = 99 + 0{,}00$$

$$\text{Estaca final} = EF + EV + \frac{L}{2} = (104 + 0{,}00) + (5 + 0{,}00) = 109 + 0{,}00$$

$$\text{Cota da } EI = \text{Cota } EV - r_1\frac{L}{2} = 342{,}440 - \frac{40{,}8}{100}100 = 341{,}640 \text{ m}$$

$$\text{Cota da } EF = \text{Cota } EV + r_2\frac{L}{2} = 342{,}440 + \frac{45{,}2}{100}100 = 347{,}640 \text{ m}$$

$$\text{Ordenada central} = e = (r_2 - r_1)\frac{L}{8} = \frac{4{,}4}{100} \times \frac{200}{8} = 1{,}100 \text{ m}$$

$$1^{\text{a}} \text{ ordenada} = y_1 = \frac{e}{n^2} = \frac{1{,}100}{52} = 0{,}044 \text{ m}$$

onde n é o número de cordas em $\frac{L}{2} = 5$

2ª ordenada = $y_2 = 2^2 y_1 = 4 \times 0{,}044 = 0{,}176$ m

3ª ordenada = $y_3 = 3^2 y_1 = 9 \times 0{,}044 = 0{,}396$ m

4ª ordenada = $y_4 = 4^2 y_1 = 16 \times 0{,}044 = 0{,}704$ m

5ª ordenada = $y_5 = e = 5^2 y_1 = 25 \times 0{,}044 = 1{,}100$ m (ver Tabela 17.1)

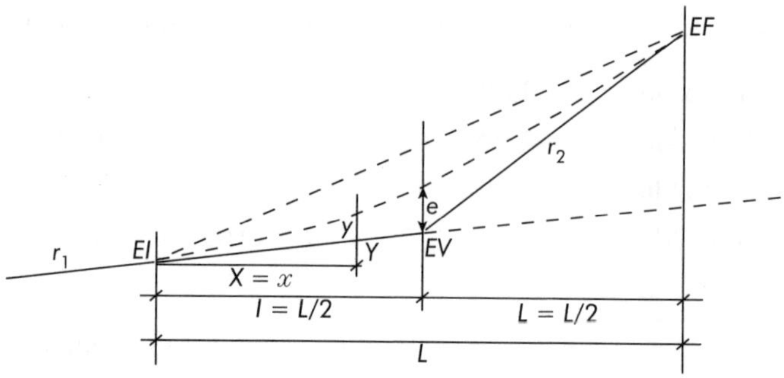

Figura 17.5

A escolha do comprimento da curva L é feita pela equipe do projeto em função de $A = r_2 - r_1$ e o raio mínimo R estabelecido para a categoria da estrada. Por exemplo, para o caso anterior em que $A = r_2 - r_1 = 5{,}2 - 0{,}8 = 4{,}4\%$, supondo que o raio mínimo fosse $R = 5.000$ m, ter-se-ia

$$L = AR = \frac{4{,}4}{100} 5.000 = 200 \text{ m}$$

O $L = 200$ m escolhido ficaria um pouco abaixo da especificação.

CURVAS

As curva verticais podem ser de lombada ou crista ("crest curve") ou de baixada ou depressão ("sag curve") (Figura 17.6).

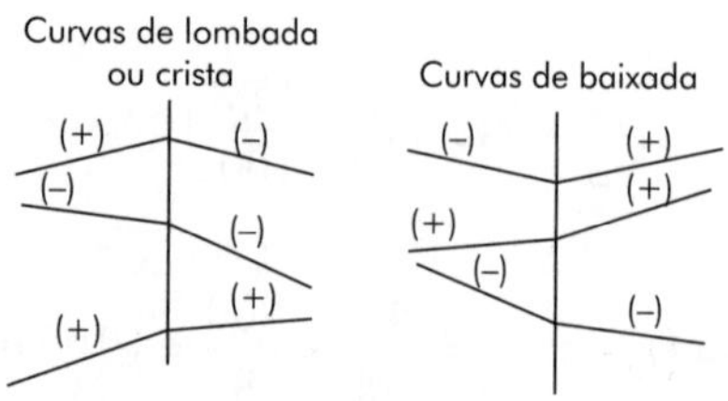

Figura 17.6

Até aqui as referências têm sido feitas a curvas simétricas, isto é, curvas que têm o primeiro ramo igual ao segundo:

$$l_1 = l_2 = L/2.$$

A curva assimétrica não é tão satisfatória; porém, quando uma das rampas é curta, a solução é recorrer a ela para que o outro ramo possa ser mais longo. Na Figura 17.7 vê-se que a rampa intermediária, sendo curta, obrigaria a duas curvas de raio muito pequeno. Não podendo aumentar o ramo l''_2 da primeira curva, houve pelo menos o aumento do ramo l'_1. O mesmo se fez com a segunda curva: $l''_2 > l''_1$. Eis um exemplo numérico de curva assimétrica.

Dados: $r_1 = -5{,}8\%$ $r_2 = +\,2{,}2\%$

$l_1 = 140$ m em cordas de 20 m

$l_2 = 100$ m em cordas de 20 m

Estaca do vértice = EV = 118 + 0,00 Cota da estaca do vértice = 547,180 m

Estaca inicial = El = EV = (118 + 0,00) – (7 + 0,00) = 111 + 0,00

Estaca final = EF = EV + 1_2 = (118 + 0,00) + (5 + 0,00) = 123 + 0,00

$$\text{Cota da } E1 = \text{Cota } EV - 1_1 r_1 = 547{,}180 - \frac{-5{,}8}{100}140 = 555{,}300 \text{ m}$$

$$\text{Cota da } EF = \text{Cota } EV + 1_2 r_2 = 547{,}180 + \frac{2{,}2}{100}100 = 549{,}380 \text{ m}$$

$$\text{Ordenada central} = e = \frac{(r_2 - r_1)1_2 1_2}{2L} = \frac{8 \times 140 \times 100}{100 \times 2 \times 240} = 2{,}3333 \text{ m}$$

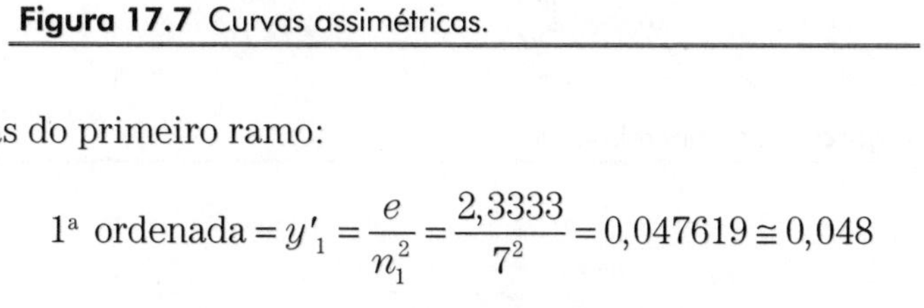

Figura 17.7 Curvas assimétricas.

Ordenadas do primeiro ramo:

$$1^{\text{a}} \text{ ordenada} = y'_1 = \frac{e}{n_1^2} = \frac{2{,}3333}{7^2} = 0{,}047619 \cong 0{,}048$$

(n_1 = número de cordas do primeiro ramo)

2ª ordenada = $y'_2 = 2^2 y'_1 = 4 \times 0{,}047619 = 0{,}190$

3ª ordenada = $y'_3 = 3^2 y'_1 = 0{,}429$

4ª ordenada = $y'_4 = 4^2 y'_1 = 0{,}762$
5ª ordenada = $y'_5 = 5^2 y'_1 = 1{,}190$
6ª ordenada = $y'_6 = 6^2 y'_1 = 1{,}714$
7ª ordenada = $y'_7 = e = 7^2 y'_1 = 2{,}3333$

Ordenadas do segundo ramo:

n_2 = número de cordas do 2.° ramo = 5

$$1^a \text{ ordenada} = y''_1 = \frac{2{,}3333}{5^2} = 0{,}093333$$

2ª ordenada = $y''_2 = 2^3 y''_1 = 0{,}373$
3ª ordenada = $y''_3 = 3^2 y''_1 = 0{,}840$
4ª ordenada = $y''_4 = 4^2 y''_1 = 1{,}493$
5ª ordenada – $y''_5 = e = 5^2 y''_1 = 2{,}3333$ (ver Tabela 17.2)

O projeto planialtimétrico deverá ser ainda melhorado em certos detalhes, dependendo da categoria e do cuidado com que é executado. Por exemplo, a introdução de superelevação e superlargura nas curvas horizontais e a consequente introdução da espiral de transição (clotoide). Já se viu que o arco de circunferência é a curva ideal para a concordância horizontal, porém tem como falta a súbita passagem do traçado em reta (raio infinito) para a curva com raio às vezes pequeno, justamente no *PC*, e o inverso no *PT* (ponto de passagem da curva para a reta). Por outro lado, no percurso em curva a superelevação elimina ou atenua a força centrífuga (Figura 17.8).

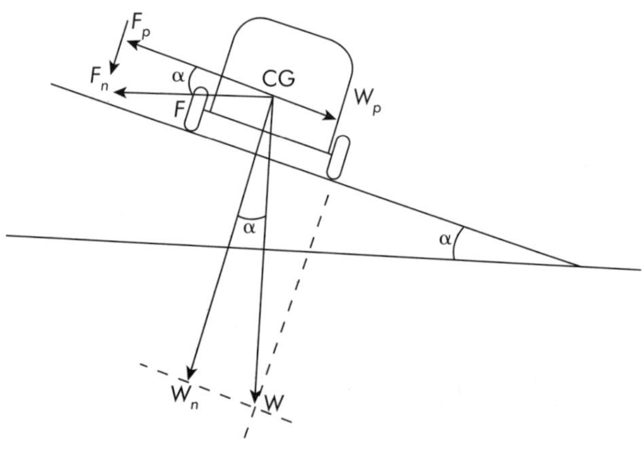

Figura 17.8 Superelevação

Tabela 17.1 Tabela de fixação de cotas na curva.

	Estaca	Rampa na tangente	Cota na tangente	$y(+)$	Cota na curva
EI	99		341,640	–	341,640
	100		341,800	0,044	341,844
	101		341,960	0,176	342,136
	102		342,120	0,396	342,516
	103	+ 0,8%	342,280	0,704	342,984
EV	104		342,440	1,100	343,540
	105	+ 5,2%	343,480	0,704	344,184
	106		344,520	0,396	344,916
	107		345,560	0,176	345,736
	108		346,600	0,044	346,644
EF	109		347,640	–	347,640

Tabela 17.2 Tabela de cotas.

	Estaca	Rampa na tangente	Cota na tangente	$y(+)$	Cota na curva
EI	111		555,300	–	555,300
	112		554,140	0,048	554,188
	113		552,980	0,190	553,170
	114		551,820	0,429	552,249
	115		550,660	0,762	551,422
	116	5,8%	549,500	1,190	550,690
	117		548,340	1,714	550,054
EV	118	+ 2,2%	547,180	2,333	549,513
	119		547,620	1,493	549,113
	120		548,060	0,840	548,900
	121		548,500	0,373	548,873
	122		548,940	0,093	549,033
EF	123		549,380	–	549,380

SUPERELEVAÇÃO

Um veículo de peso W, percorrendo a curva circulai de raio R, com a velocidade v, está sofrendo a força centrífuga F;

$$F = \frac{Wv^2}{gR}$$

Desde que se introduza a superelevação pela inclinação α, tem-se:

$W_n = W \cos \alpha$ e $Wp = W \operatorname{sen} \alpha$ em que W_n é a componente do peso normal ao pavimento, e W_p representa a componente do peso, paralela ao pavimento.

A força centrífuga F, que é horizontal porque o raio R é um comprimento horizontal, fica também dividida na força F_n, normal ao pavimento, e F_p, paralela ao pavimento, onde $F_n = F$ sen α e $F_p = F$ cos α.

Se quisermos eliminar a componente F_p, deveremos fazer W_p de igual valor.

Portanto,

$$W_\text{p} = F_p \text{ ou } W \operatorname{sen}\alpha = F \cos\alpha \quad \frac{\operatorname{sen}\alpha}{\cos\alpha} = \operatorname{tg}\alpha = \frac{F}{W}$$

tg $\alpha = e$ – superelevação (expressa em porcentagem)

$$e = \frac{F}{W} = \frac{Wv^2}{WgR} \therefore \; e = \frac{v^2}{gR}$$

Porém, se aplicar a superelevação e, obtida por esta fórmula, os valores serão exagerados e até se mostrarão de impossível execução. Por exemplo, para velocidade $V = 80$ km/h, numa curva de raio $R = 200$ m e arredondando a gravidade g para 10 m/s, tem-se

$$e = \frac{22,22^2}{10 \times 200} = 0,2469 \rightarrow 24,69\%$$

A velocidade em km/h deve ser transformada para m/s então $^{80}/_{3,6} = 22,22$ m/s.

Ora, o resultado obtido ($e = 25\%$) é absurdo e irrealizável, pois numa pista com 7 m de largura dever-se-ia elevar a margem externa da curva em 1,75 m. Isso acontece porque não se levou em conta o atrito dos pneus com a pavimento, o qual constitui força que permite diminuir a superelevação a ser aplicada. Essa diminuição pode ser introduzida na fórmula como uma porcentagem f a ser subtraída:

$$e = \frac{v^2}{gR} - f$$

CAMPOS DE PROVA

Em campos de prova os testes chegaram a determinados valores para f, que naturalmente dependem de diversos fatores: tipo de pavimentação, estado dos pneus, condição atmosférica (chuva, neve, seca), pressão dos pneus e, também, a velocidade (o atrito diminui com o aumento da velocidade). Os valores recomendáveis de f em função da velocidade são:

Velocidade km/h	f
50	0,16
65	0,15
80	0,14
95	0,13
110	0,12
130	0,11

Já o máximo de superelevação e varia para cada tipo de estrada ou via expressa urbana. Em termos gerais os valores recomendáveis são:

Tipo de via	e máximo
Estrada secundária	12%
Autopista	8%
Via expressa urbana	6%

Então, para estabelecer a ligação entre os valores R, V, f, e, imagine-se um exemplo: uma estrada antiga, construída em terra, está sendo aproveitada com pavimentação asfáltica ou em concreto, para uma velocidade padrão de 80 km/h e, em determinado momento, o engenheiro encontra uma curva horizontal com raio R = 120 m. Qual a superelevação e necessária?

$$e = \frac{22{,}22^2}{10 \times 120} - 0{,}14 = 0{,}27 \rightarrow 27\%$$

Chegou-se a um resultado impossível e só restam duas alternativas: modificar o traçado, aumentando o raio, ou diminuir a velocidade no trecho. Encarando a primeira hipótese e admitindo o valor e máximo de 12%, tem-se:

$$e = \frac{v^2}{gR} - f \therefore R = \frac{v^2}{g(e+f)} \quad R = \frac{22{,}22^2}{10(0{,}12 + 0{,}14)} = 189{,}90 \cong 190 \text{ m}$$

Deverá aumentar-se o raio de 120 m para 190 m ou, na segunda hipótese, reduzir a velocidade na curva para

$$V = \sqrt{Rg(e+f)} = \sqrt{120 \times 10(0{,}12 + 0{,}14)} = 17{,}66 \text{ m / s}$$

$$17{,}66 \text{ m/s} \rightarrow 63{,}59 \text{ km/h}$$

Então, sinalizará a curva para 60 km/h ou, sabendo da proverbial obediência por parte dos motoristas, 50 km/h, dando maior margem de segurança.

SUPERLARGURA

A largura da pista deverá ser levemente aumentada nas curvas de pista de mão dupla, para permitir o cruzamento de dois veículos com a mesma segurança que nas retas. Primeiro, porque o veículo ocupa maior largura nas curvas do que em retas; segundo, porque é necessário maior folga para a mesma segurança (Figuras 17.9, 17.10 e 17.11).

Sejam:

L = comprimento do veículo de eixo a eixo

A = distância do eixo dianteiro até o para-choque

F = largura do veículo

Sempre aplicando Pitágoras, tem-se

$$U = R - \sqrt{R^2 - L^2 + F}$$

$$F_A = \sqrt{R^2 + A(2L + A)} - R$$

ou, se se aplicar uma forma aproximada,

$$F_A = \frac{AL}{R}$$

a qual não é exata, mas leva aos mesmos resultados.

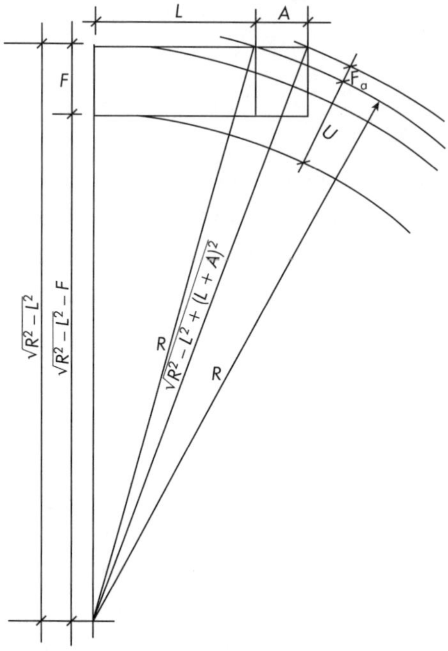

Figura 17.9 Superlargura.

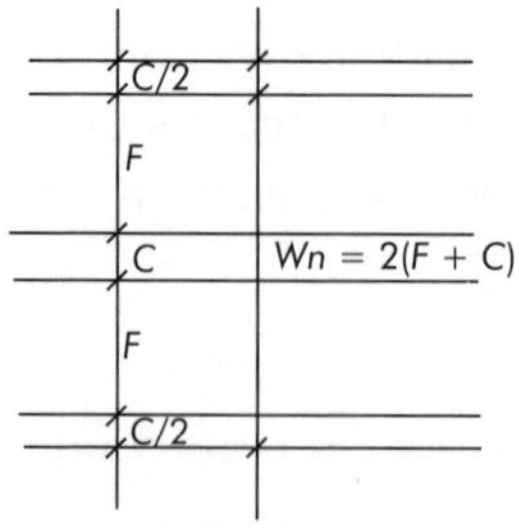

Figura 17.10 Largura nas retas (Wn).

O valor Z é um excesso de folga nas curvas para dar a mesma sensação de segurança e é obtido por testes em campos de prova. A fórmula empírica para o cálculo de Z é

$$Z = \frac{V}{9,6\sqrt{R}}$$

onde V é a velocidade em km/h e R o raio em metros (Z resulta também em metros.)

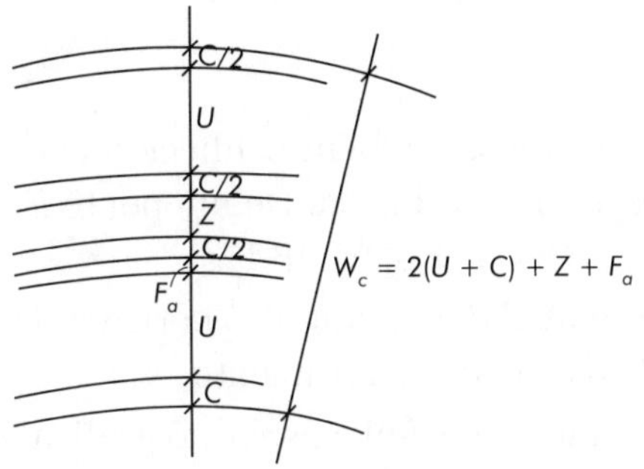

Figura 17.11 Largura nas curvas (Wc).

Para se exemplificar, supõe-se uma situação em que se disponha dos seguintes dados:

Velocidade do projeto = V = 100 km/h

Raio da curva = 300 m $\quad C = 0,60$

Usar como veículo-padrão um caminhão de porte grande:

F = 2,60 m $\quad L$ = 6,20 m $\quad A$ = 1,30 m (Figura 17.12)

$$U = R + F - \sqrt{R^2 - L^2} = 300,00 + 2,60 - \sqrt{300^2 - 6,2^2} = 2,66 \text{ m}$$

$$F_A = \sqrt{R^2 + A(2\,L + A)} - R = \sqrt{300^2 + 1,3(2 \times 6,2 + 1,3)} \cong 300 = 0,03 \text{ m}$$

$$\text{ou } F_A = AL = \frac{1,3 \times 6,2}{300} = 0,03 \text{ m}$$

$$Z = \frac{V}{9,6\sqrt{R}} = \frac{100}{9,6\sqrt{300}} = 0,60 \text{ m}$$

$W_e = 2(U + C) + Z + F_A$

W_e = 2 (2,66 + 0,60) + 0,60 + 0,03 = 7,15.

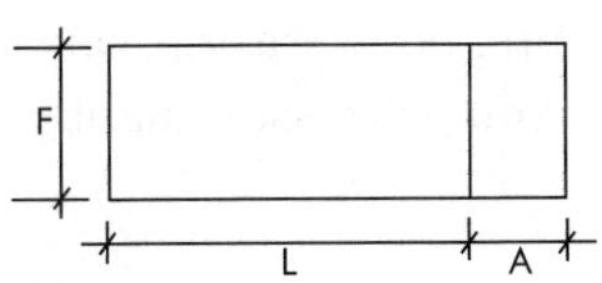

Figura 17.12

18

Problema dos três pontos – Pothenot

Este é um problema clássico, também conhecido como problema de Pothenot. Vamos inicialmente apresentar o problema. De um ponto P visamos para três pontos de posições conhecidas (A, B e C) (Figura 18.1).

A partir do ponto P são medidos os ângulos horizontais α e β. Os pontos de posições conhecidas A, B e C nos dão os comprimentos a, b e o ângulo em B.

O problema permite solução mecânica, solução gráfica ou soluções analíticas.

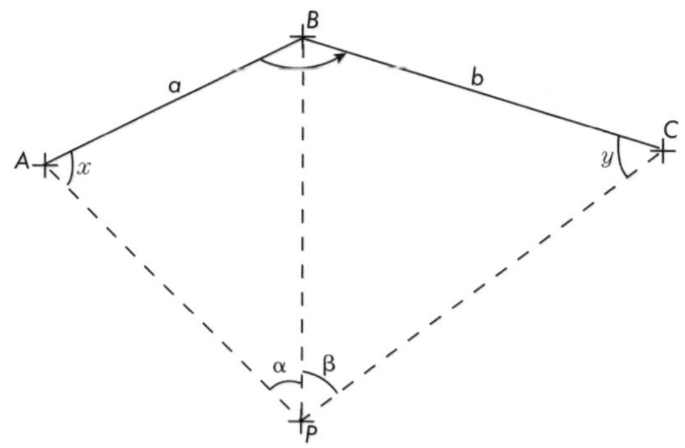

Figura 18.1

A solução mecânica é a utilização de um equipamento de desenho ("station pointer") composto de um arco de transferidor com três réguas (Figura 18.2). O arco de transferidor tem a origem 0 na régua b, para permitir a colocação do ângulo α entre a e b para o lado esquerdo, e o ângulo β entre b e c para o lado direito. A fábrica inglesa Cooke produziu o equipamento apresentado na Figura 18.3. Para uso do equipamento, os pontos A, B e C devem estar representados na planta e o operador procura fazer com que a régua a passe por A, a régua b por B e a régua c por C. Então o ponto p representa no papel o ponto P. É um processo de pouca precisão, mas rápido, e serve para evitar que numa operação de batimetria, sejam feitas medições em lugares repetitivos. Normalmente, futuramente, no escritório, tais locações serão abandonadas, e serão aplicados o método gráfico ou processos analíticos.

A solução gráfica aplica o conceito do "arco capaz".

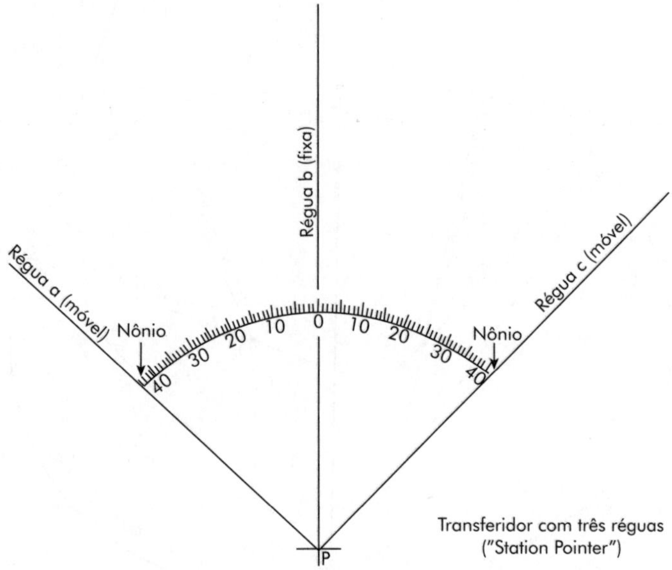

Figura 18.2

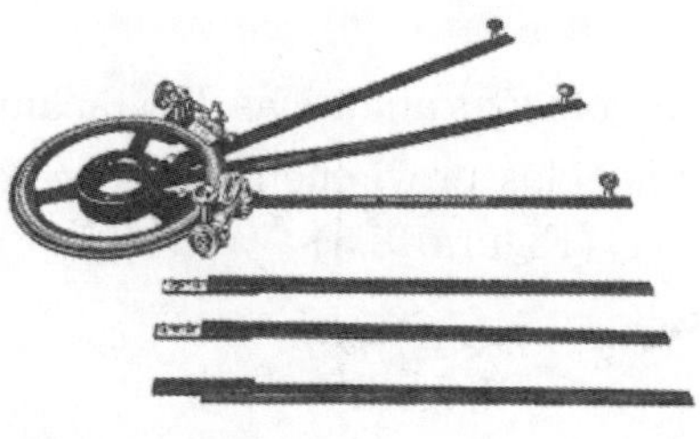

Figura 18.3 "Station pointers".

A Figura 18.4 mostra a aplicação do processo. Sequência: as retas *AB* e *BC* já se encontram traçadas.

a) Traçar as retas *AM* e *CN*, que fazem respectivamente ângulos α e β com *AB* e *BC*.

b) Traçar as retas AO_1 e CO_2 respectivamente à *AM* e *CN*, perpendiculares.

c) Traçar as mediatrizes a *AB* e *BC*, determinando os pontos O_1 e O_2.

d) Traçar as circunferências O_1 e O_2, cujos raios são respectivamente O_1A e O_2C.

e) O cruzamento das duas circunferências determina *P*.

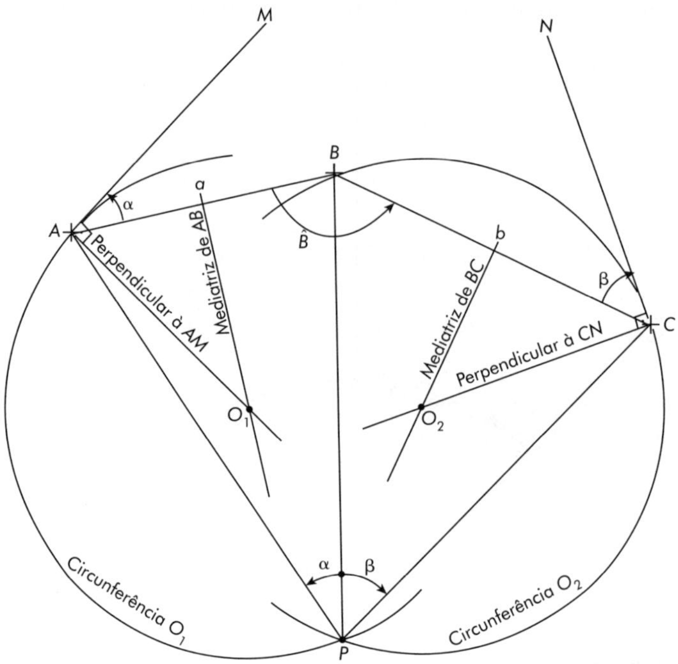

Figura 18.4 Solução gráfica do "problema dos 3 pontos".

Soluções analíticas

São conhecidas diversas soluções analíticas. Destacamos duas:

1ª solução: valores conhecidos previamente: a, b e B; valores medidos: α e β; procura-se localizar o ponto P (Figura 18.5)

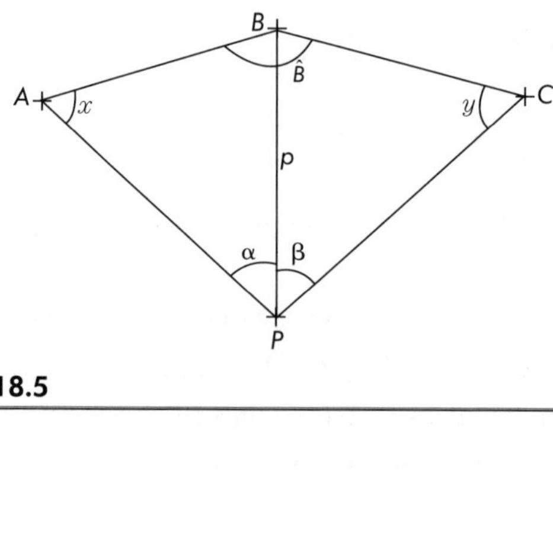

Figura 18.5

Dedução

$$\frac{p}{\operatorname{sen} x} = \frac{a}{\operatorname{sen}\alpha} \quad \frac{p}{\operatorname{sen} y} = \frac{b}{\operatorname{sen}\beta}$$

$$p = \frac{a \operatorname{sen} x}{\operatorname{sen}\alpha} = \frac{b \operatorname{sen} y}{\operatorname{sen}\beta} \quad \therefore \quad \frac{\operatorname{sen} x}{\operatorname{sen} y} = \frac{b \operatorname{sen}\alpha}{a \operatorname{sen}\beta}$$

fazendo $\frac{b \operatorname{sen}\alpha}{a \operatorname{sen}\beta} = K = \frac{\operatorname{sen} x}{\operatorname{sen} y} \quad \frac{\operatorname{sen} x - \operatorname{sen} y}{\operatorname{sen} x + \operatorname{sen} y} = \frac{K - I}{K + I}$

mas $\operatorname{sen} x - \operatorname{sen} y = \operatorname{tg} 1/2\ (x\text{-}y)$ e $\operatorname{sen} x + \operatorname{sen} y = \operatorname{tg} 1/2\ (x+y)$ substituindo

$$\frac{\operatorname{tg} 1/2(x-y)}{\operatorname{tg} 1/2(x+y)} = \frac{K - I}{K + I}$$

então:

$$\operatorname{tg} 1/2(x-y) = \operatorname{tg} 1/2(x+y)\frac{K - I}{K + I} \tag{1}$$

$$x + y = 360° - (\alpha + \beta + B) \tag{2}$$

pela fórmula 2, calcula-se $x + y$; aplicando a fórmula 1 calcula-se $x - y$; então temos x e temos y.

2ª solução: usando a mesma Figura 18.5:

$$x + y = d = 360° - (\alpha + \beta + B)$$

$$x = d - y$$

$$\operatorname{sen} x = \operatorname{sen} d \cos y - \operatorname{sen} y \cos d$$

$$\frac{b \operatorname{sen} y}{\operatorname{sen}\beta} = \frac{a \operatorname{sen} y}{\operatorname{sen}\alpha} \quad \therefore \quad \operatorname{sen} x = \frac{b \operatorname{sen}\alpha \operatorname{sen} y}{a \operatorname{sen}\beta}$$

igualando $\operatorname{sen} d \cos y - \operatorname{sen} y \cos d = \frac{b \operatorname{sen}\alpha \operatorname{sen} y}{a \operatorname{sen}\beta}$

dividindo por sen y:

$$\operatorname{sen} d \operatorname{cotg} y - \cos d = \frac{b \operatorname{sen}\alpha}{a \operatorname{sen}\beta}$$

dividindo por sen d:

$$\operatorname{cotg} y - \operatorname{cotg} d = \frac{b \operatorname{sen}\alpha}{a \operatorname{sen}\beta \operatorname{sen} d}$$

finalmente

$$\operatorname{cotg} y = \frac{b \operatorname{sen} \alpha}{a \operatorname{sen} \beta \operatorname{sen} d} + \operatorname{cotg} d$$ então calcula-se y e depois $x = d - y$.

EXERCÍCIO 18.1

Dados: coordenadas dos pontos A, B e C

$X_A = 10.000,000$ $Y_A = 20.000,000$

$X_B = 16.672,000$ $Y_B = 20.000,000$

$X_c = 27.732,760$ $Y_c = 14.215,240$

$\alpha = 20°05'53''$ $\beta = 35°06'08''$ Calcular X_p e Y_p

$x_{AB} = 6.672,000$ $y_{AB} = 0$

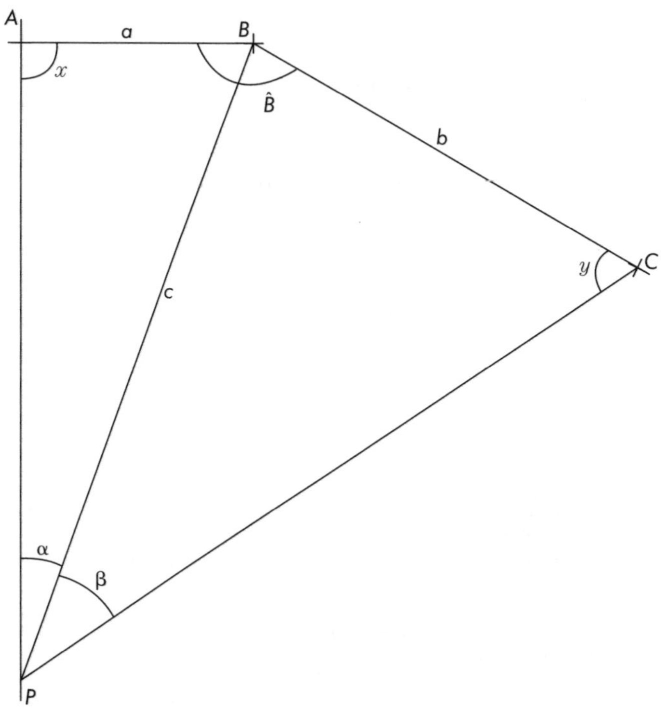

Figura 18.6 Corresponde ao exercício 18.1.

$$a = \sqrt{6.672,000^2 + 0^2} = 6.672,000$$

$$x_{BC} = 27.732,760 - 16.672,50 = 11.060,26$$

$$y_{BC} = 14.215.240 - 20.000,000 = -5.784,760$$

$$b = \sqrt{11.060,260^2 + 5.784,760^2} = 12.481,699$$

Rumo AB – 90° E (a linha AB está na direção W-E)

$$\text{tg rumo } BC = \frac{11.060,260}{-5.784,76} = -1,911965 \quad \therefore \quad \text{Rumo } BC = \text{S}62°23'22''\text{E}$$

$\hat{B}$ = 90° + 62°23′22″ = 152°23′22″

d = 360° – (α + β + $\hat{B}$)

d = 360° – (20°05′53″ + 35°06″08″ + 152°23′22″)= 152°24′37″

$$\text{cotg } y = \frac{b \,\text{sen}\, \alpha}{a \,\text{sen}\, \beta \,\text{sen}\, d} + \text{cotg } d$$

$$\text{cotg } y = \frac{12.481,699 \times \text{sen } 20°05'53''}{6.672,500 \times \text{sen } 35°06'08'' \times \text{sen } 152°24'37''} + \text{cotg } 152°24'37'' = 0,499957$$

y = 63°26′13″

$x = d - y$ = 152°24′37″ – 63°26′13″ = 88°58′24″

$$c = 6.672,500 \frac{\text{sen } 88°58'24''}{\text{sen } 20°05'53''} = 19.414,693$$

por ΔABP correto

verificação

$$c = 12.481,699 \frac{\text{sen } 63°26'13''}{\text{sen } 35°06'08''} = 19.414,693$$

por ΔBCP correto

Rumo AO = 90° – [180° – (88°58′24″ + 20°05′53″)] = S 19° 04′17″ W

x_{BP} – 19.414,693 sen 19°04′17″ > 6.343,673 W

y_{BP}= 19.414,693 cos 19°04′17″ – 18.349,063 S

Respostas = X_p = 16.672,500 – 6.343,673 = 10,328,827
Y_p = 20.000,000 – 18.349,063 = 1.650,937

USO DO PROBLEMA DOS TRÊS PONTOS

Pode ser usado em terra firme ou na superfície de grandes reservatórios ou na costa marítima. Quando é utilizado em terra firme participa de triangulações de grande porte e os ângulos a e b são medidos com o teodolito (teodolito de segundos). Quando é empregado na superfície d'água, naturalmente dentro de embarcações, os ângulos α e β são medidos com o sextante e participam de batimetrias para traçado de curvas batimétricas. Curva batimétrica é uma linha que liga pontos de mesma profundidade na massa líquida, sejam rios, lagos, represas, costa marítima.

19

Arruamentos e loteamentos

A topografia participa intensamente nos projetos e execuções de arruamentos e loteamentos. Inicialmente, no levantamento planialtimétrico da gleba colabora no projeto e, finalmente, atua na locação do projeto. Daremos uma noção da sequência lógica dos trabalhos. A legislação que regula este tipo de empreendimento é da alçada municipal. Por isso, antes de mais nada, é aconselhável uma *consulta à prefeitura* do município para indagar sobre eventual Lei de Zoneamento originada dos Planos Diretores. Indaga-se também sobre restrições e possíveis projetos já aprovados que atinjam a gleba. Em seguida é feito o levantamento planialtimétrico da gleba.

LEVANTAMENTO PLANIALTIMÉTRICO

Para o levantamento planialtimétrico é empregado o processo de poligonação de boa precisão; em geral, estabelece-se como limite de erro linear 1:2,000; portanto um limite de erro mais rigoroso do que o exigido para levantamentos rurais (1:1.000). As cotas das estacas da poligonal principal e das poligonais secundárias devem ser obtidas por nivelamento geométrico.

Em seguida é feita irradiação taqueométrica para a obtenção de curvas de nível. Desse levantamento resultam cálculos, a confecção de planta com todos os detalhes planimétricos e o traçado de curvas de nível. Em geral, as prefeituras estabelecem que as plantas devem usar a escala 1:1000 e as curvas de nível devem ser traçadas de metro em metro (intervalo de um metro).

CONSULTA SOBRE DIRETRIZES

É aconselhável novamente uma consulta à prefeitura, apresentando a planta do levantamento para se obter os traçados de eventuais projetos já aprovados de ruas ou avenidas que atravessem a gleba e que, portanto devem ser respeitados. Caso haja loteamento vizinho já aprovado, deverão ser apontadas as ruas que desembocam na gleba.

PROJETO

Os conhecimentos da topografia são muito úteis para um projeto racional. O projeto começa por um esboço dos eixos das ruas. De início, os eixos das ruas principais, isto é, aquelas que deverão atravessar a gleba em duas direções ortogonais. Para o traçado destes eixos são observadas as curvas de nível para evitar rampas violentas. É sempre bom lembrar que para o perfil de projeto das ruas não se pode ter cortes ou aterros de grande altura, porque tornarão os lotes de difícil utilização. Por isso o perfil do projeto deve acompanhar de perto o perfil do terreno.

O esboço é completado pelo traçado dos eixos das ruas secundárias. Este esboço é feito sobre cópia heliográfica da planta com curvas de nível. É feito à lápis, à "mão livre", porém sempre tendo em vista que a distância entre eixos de ruas paralelas devem prever a largura desejada das quadras (Figura 19.1).

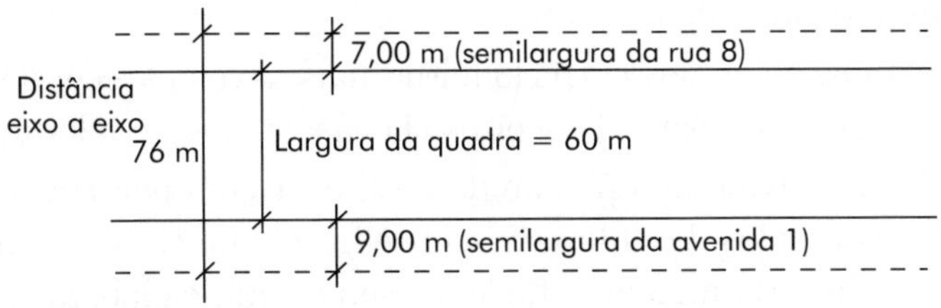

Figura 19.1

Para se ter quadra com 60 m de largura (lotes com 30 m da frente aos fundos) procura-se traçar o eixo da rua 8 à 76 m do eixo da avenida 1, para que a quadra resulte em 60 m de largura.

Largura da avenida 1 = 18 m

Semilargura = 9 m

Largura da rua 8 = 14 m

Semilargura = 7 m

Fazendo a largura total eixo a eixo de 76 m, teremos 76-9-7 = 60 m (largura da quadra).

As ruas secundárias não têm a responsabilidade de atravessarem a área, por isso são mais facilmente traçadas.

Somente quando a ""malha" de eixos estiver completa, é que faremos o "desenho do projeto". Este é o desenho tecnicamente acabado do esboço, transformando em retas bem traçadas aquelas à "mão livre". As curvas serão traçadas com compasso e escolhidos os valores geométricos das curvas: raio *(R)* comprimento de curva (C), ângulo de interseção (*I*) e comprimento da tangente (*T*). Por enquanto, somente aparecem os eixos das ruas. Em seguida, colocando a largura das ruas, resultarão entre elas as quadras. Somente no final as quadras serão subdivididas em lotes.

O projeto completo será composto de:

1) planta(s)
2) perfis longitudinais dos eixos das ruas
3) memorial descritivo
4) perfil transversal de cada tipo de rua

Nas plantas, além dos detalhes plantmétricos existentes e das curvas de nível, aparece o projeto planimétrico completo com ruas, quadras e lotes. Em geral, para evitar excesso de dados na mesma planta fazemos duas plantas. Na 1ª planta aparecem apenas as ruas e consequentemente as quadras; as ruas totalmente cotadas com distâncias de cruzamento a cruzamento; as curvas com seus ângulos de intersecção (*I*) raio (*R*), grau de curvas (*D*), estacas do P.C., do P. I. e do P. T., comprimento de curva (C) e das tangentes (*T*). Os lotes não aparecem na planta n. 1.

Na planta n. 2 são repetidos os desenhos das ruas, mas sem os dados técnicos da planta n. 1. Então as quadras aparecem divididas em lotes totalmente cotados, numerados e com o valor da área de cada um.

Tanto nas plantas como nos perfis longitudinais deve aparecer a solução para as águas pluviais, através do projeto de bueiros (bocas de lobo) e galerias.

O memorial descritivo tem a função de descrever com palavras tudo aquilo que não pode ser descrito pelos desenhos. É aconselhável que se tenha um modelo feito para outro projeto, para ter uma orientação do seu roteiro e elaboração.

LOCAÇÃO DO PROJETO

Quando o projeto for aprovado pela prefeitura local, é iniciada a locação.

Esta não é feita toda de uma só vez. Faz-se inicialmente uma locação provisória e parcial, para só depois de executada a terraplenagem das ruas se fazer a locação definitiva e total.

A locação provisória e parcial é feita somente dos eixos das ruas, incluídas as curvas horizontais sempre com estacas de 20 em 20 m. Nas curvas são também locados os P.Cs. e P. Ts. Com esta locação, a terraplenagem já poderá ser executada. A equipe de terraplenagem seguirá os perfis longitudinais das ruas onde, através das diferenças entre o perfil do terreno e o greide (perfil do projeto), aparecem as alturas de corte ou de aterro em cada estaca e portanto a cota final. Porque a terraplenagem, no seu trabalho, arranca ou soterra as estacas é que não se faz a locação total antes dela. Após o fim da terraplenagem os eixos das ruas são relocados, seguindo-se a locação dos alinhamentos laterais das ruas.

Com isso resultam as quadras. Finalmente, cada quadra será dividida em lotes de acordo com o projeto. Este é o fim da atividade topográfica nos loteamentos, ou seja, da locação total e definitiva.

Reconhece-se que, relativamente, poucos loteamentos seguem as atividades descritas neste capítulo. Isto só acontece por falta de fiscalização e controle das prefeituras, que fazem exigências através de leis e códigos porém não tem infra-estrutura para controle efetivo. Com isso surgem loteamentos tecnicamente ruins, que só prejudicam os compradores, já que resultam em bairros geometricamente mal planejados, com ruas excessivamente inclinadas e estreitas, cruzamentos fechados que não permitem circulação de ônibus etc. Os loteamentos bem planejados e com uma certa quantidade de infraestrutura básica como: rede de águas pluviais, guias e sarjetas, às vezes até pavimentação, redes de águas e esgoto, luz e força, iluminação nas ruas e até rede telefônica, acabam resultando em preços elevados dos lotes. Por isso são adquiridos por pessoas de posse. Os loteamentos mal planejados, mal executados e sem infraestrutura, é que são destinados ao povo sem posses. Basta observar as periferias das grandes metrópoles.

Outro problema que ocorre em nosso país é o pouco valor que os investidores dão a uma topografia bem executada, achando que podem substituí-la por trabalho de "práticos" mal preparados. Começam por maus levantamentos planimétricos, incompletos e sem precisão. Seguem-se projetos sem fundamentos básicos de urbanismo. Um exemplo típico disto aparece na Figura 19.2, onde se vê uma quadra em forma de paralelograma. Por si só o aparecimento de quadra com esta forma geométrica é um erro; pior ainda, porém, é sua subdivisão em lotes também em forma de paralelogramas, que resultam em péssimo aproveitamento para edificação.

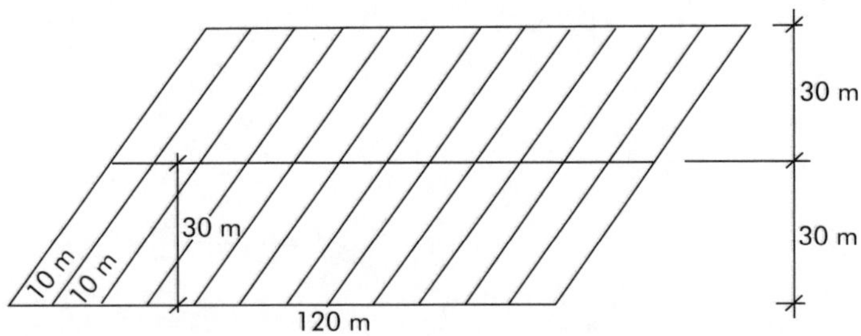

Figura 19.2 Quadra mal planejada e mal dividida.

Partindo da existência já inevitável da quadra em forma de paralelograma, pelo menos sua divisão em lotes poderia ser melhor, como mostra a Figura 19.3.

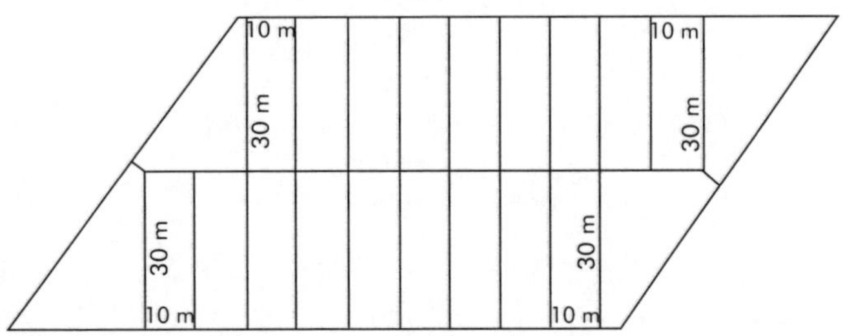

Figura 19.3 Quadra mal planejada, porém bem dividida.

Vemos que nesta nova subdivisão apenas os quatro lotes das esquinas permanecem irregulares, mas os demais passam a ser retangulares, com aproveitamento muito mais fácil para edificação. Sabe-se que os lotes de esquina são por si só especiais, não sendo muito prejudicial sua forma irregular. Prestam-se para instalação de postos de abastecimento de combustível, ou construções comerciais de panificadoras, farmácias, mercearias, açougues etc.

Os cruzamentos devem ser o mais possível ortogonais, evitando aqueles em ângulos agudos, que dão má visibilidade aos motoristas.

Em geral, quando existem zonas com terrenos muito inclinados, deve-se reservá-las para parques e jardins, já que lotes teriam mau aproveitamento.

Os vales devem ser destinados a futuras avenidas, pois prestam-se a vias semiexpressas. Imaginem se no início do século passado, quando a cidade de São Paulo mal chegava a 200.000 habitantes, tivessem reservado faixas em todos os fundos de vales proibindo-se nelas edificações. Poderíamos ter, hoje, excelentes e abundantes vias expressas, sem a necessidade de desapropriações onerosas.

A área total dos lotes que acaba resultando fica em torno de 65% da área da gleba, pois as prefeituras exigem cerca de 20% para ruas, cerca de 10% para praças e jardins e cerca de 5% para futuras implantações de serviços públicos, como escolas, creches, postos de saúde, delegacias etc. Estes dados são importantes para o planejamento econômico do investimento.

20

Locação de obras

Locação é a operação inversa do levantamento. No *levantamento*, também chamado de *medição*, o profissional vai ao terreno obter medidas de ângulos e distâncias para, no escritório, calcular e desenhar. *Na locação*, também chamada de *marcação*, os dados foram elaborados no escritório através de um projeto. O projeto da obra, no entanto, deverá ser implantado no terreno. Para isso, o profissional, munido dos dados do projeto, irá locá-los no terreno. Significa que o sucesso da obra depende de duas atividades bem executadas, para que resulte exatamente como foi projetada: um correto levantamento e de uma boa locação. Muitas vezes são encontradas dificuldades na locação, porém o erro inicial foi do levantamento que forneceu ao projetista uma forma do terreno que não coincide com a forma real. Como se proceder a um correto levantamento já foi abordado em outros capítulos. Vamos à locação.

Basicamente a locação pode ser efetuada usando-se os dois sistemas de coordenadas universais: os retangulares e os polares. Como regra geral, podemos dizer que as coordenadas retangulares (cartesianas) são melhores para locar alinhamentos, e as coordenadas polares (direção e distância) para locar pontos. Para caracterizar melhor a aplicação destes dois sistemas de coordenadas nas locações, vamos abordar diferentes tipos de obras.

EDIFÍCIOS

Os projetos de edifícios comumente compõem-se de paredes divisórias e limítrofes alinhadas. Quer dizer que os alinhamentos são a base do projeto. Então o uso das coordenadas retangulares é mais favorável.

LOCAÇÃO DE ESTACAS

Para se localizarem os diversos detalhes de um projeto sobre o terreno, o faremos pelas paredes que aparecem na planta. Porém desde que haja necessidade de estaqueamento, a posição da estaca deve ser fixada inicialmente. Só depois do estaqueamento pronto iremos locar as paredes. Devemos lembrar que o bate-estacas, como máquina extremamente pesada, e que é transportada arrastando-se no terreno, iria desmanchar qualquer locação prévia das paredes. Para locação das estacas, convém preparar uma planta deste detalhe, tal como aparecem na Figura 20.1. Deve-se notar a preocupação de se escolher uma origem para eixos de coordenadas ortogonais e as distâncias marcadas sobre eles serão, portanto, acumuladas desde a referida origem.

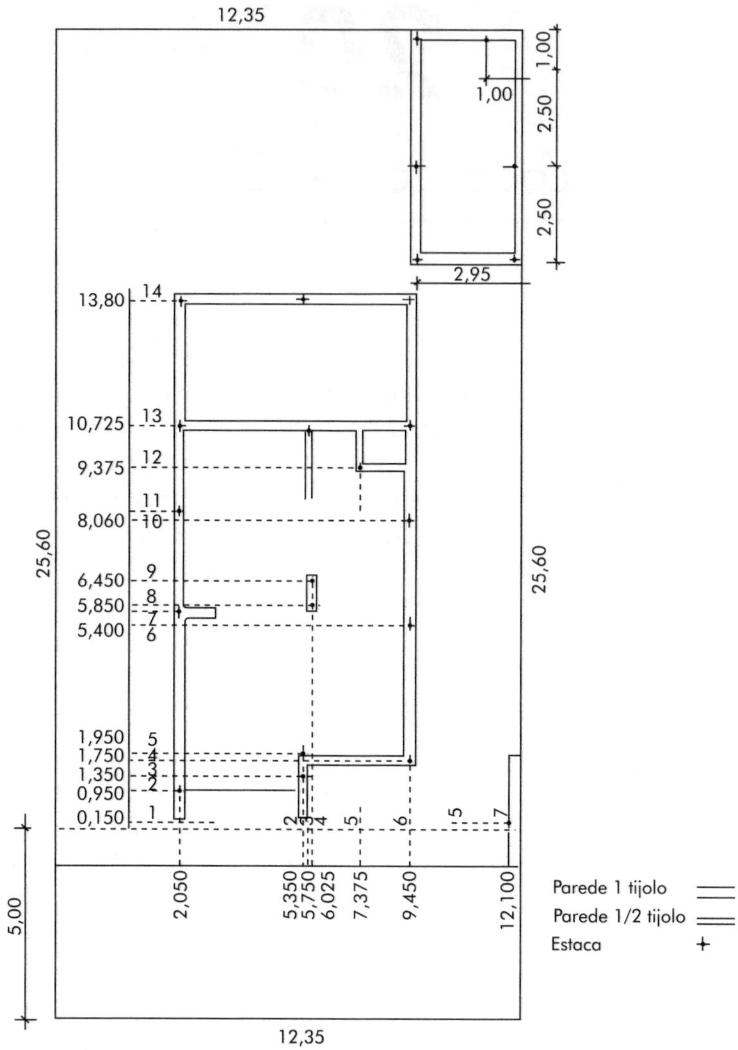

Figura 20.1

Nas construções, onde existe estrutura de concreto, caberá ao escritório de cálculo o fornecimento da planta de locação das estacas. No local, providenciamos a colocação de tábua ou sarrafo em volta de toda a área de construção formando um retângulo. O sarrafo deve ser colocado inteiramente nivelado.

Sobre o sarrafo serão medidas as diversas distâncias marcadas na planta, fixando por intermédio de cravação de pregos os mesmos pontos nos lados opostos do retângulo. Isto faz com que uma estaca exija a colocação de quatro pregos sobre o sarrafo, como mostra a Figura 20.5. A estaca *X* tem seu local fixado pela interseção de duas linhas esticadas: uma do prego 1 ao prego 1 e outra do 2 ao 2. Caso hajam diversas estacas no mesmo alinhamento, o mesmo par de pregos servirá para todas elas. Depois de terminada a cravação de todos os pregos necessários, iremos esticando linhas 2 a 2 e as interseções estarão no mesmo prumo do local escolhido pelo projeto para a cravação da estaca. Porém, como o cruzamento das linhas poderá estar muito acima da superfície do solo, por intermédio de um prumo levamos a vertical até o chão e nele cravamos pequena estaca de madeira (piquete), geralmente de peroba com secção 2,5 × 2,5 cm de comprimento. Este piquete deverá ser pintado com uma cor berrante (vermelho) para sua fácil identificação posterior. O piquete deve ser cravado até o nível do chão, para que o bate-estacas não o arranque ao passar sobre ele.

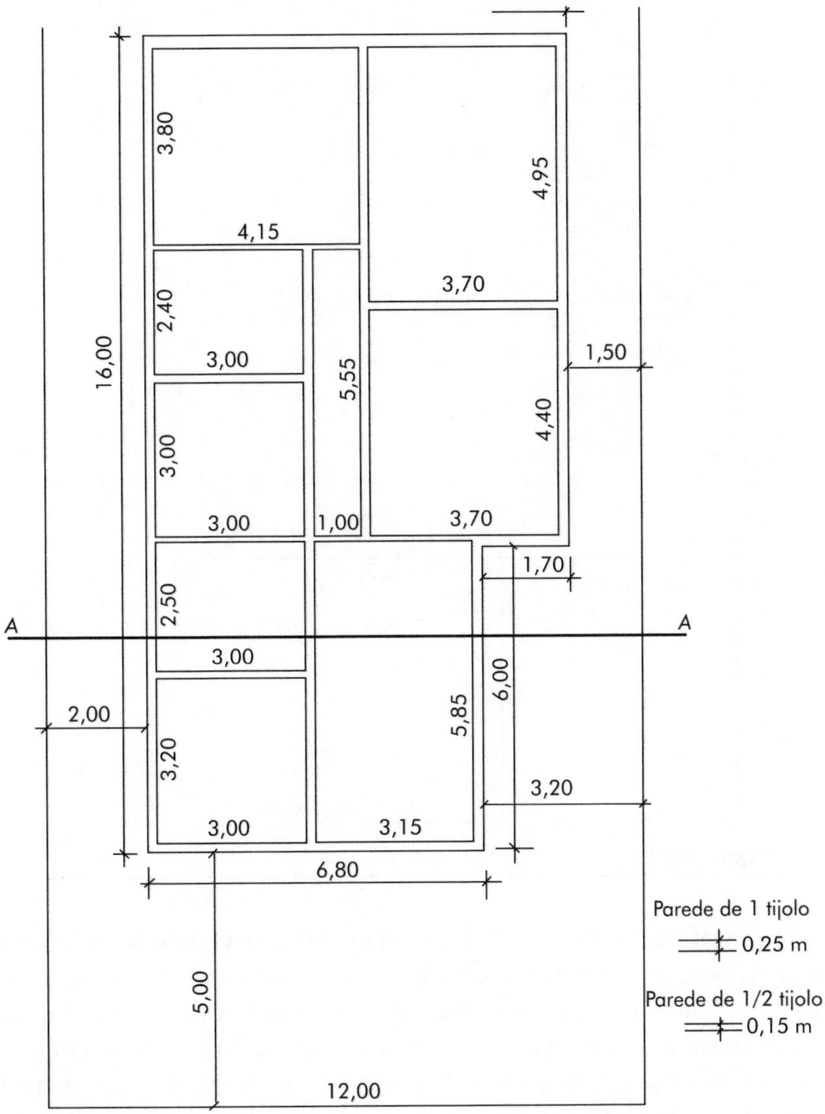

Figura 20.2

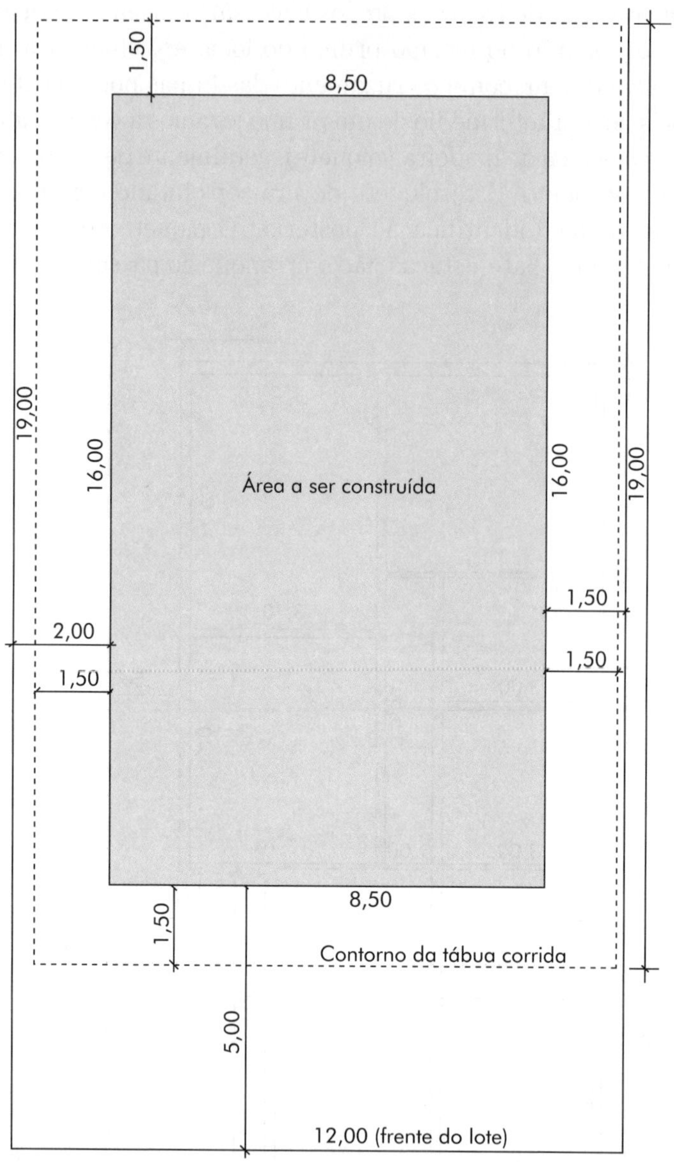

Figura 20.3

Quando se trata de edificação de casa térrea (1 só pavimento) ou sobrado (2 pavimentos), a colocação da tábua ou sarrafo corrido pode prever a necessidade dos futuros andaimes. Vamos explicar partindo da Figura 20.2. A planta representa o pavimento térreo de uma construção. Não há a preocupação de representar portas e janelas e nem definir a utilidade de cada compartimento. As medidas constantes na planta representam as distâncias livres, isto é de face a face de paredes. A *planta de obra*, geralmente em escala 1:50, não pode conter incoerências ou erros, ou seja, as distâncias parciais somadas devem resultar a distância total. No exemplo, na seção

A-A temos: 2,00 + 3,00 + 3,15 + 3,20 + 0,65 = 12,00 (largura do lote); 0,65 é a somatória das espessuras das paredes 0,25 + 0,15 + 0,25.

A tábua ou sarrafo que deve circundar a área construída terá as dimensões mencionadas na Figura 20.3. A tábua ou sarrafo deverá circundar o contorno da área a ser construída com um afastamento de 1,50 m para as futuras "passarelas" dos andaimes.

Para a pregagem da tábua corrida, serão cravados no solo pontaletes de pinho (3″× 3″). Esses são os pontaletes usados normalmente como escoramento de formas de lajes. A Figura 20.4 representa a colocação dos pontaletes e da tábua corrida. Os pontaletes serão cravados cerca de 0,60 m no solo para melhor fixação e espaçados cerca de 2,50 m, para que os vãos da tábuas das passarelas de andaime tenham resistência.

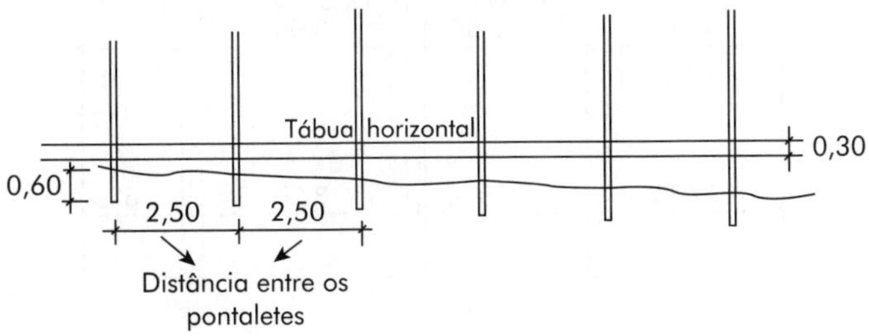

Figura 20.4

LOCAÇÃO DE PAREDES

Tanto a locação das paredes como a das estacas deve de preferência ser executada pelo próprio engenheiro. Uma locação malfeita trará desarmonia entre projeto e execução cujas consequências poderão ser bem graves. Caso se possa contar com um mestre de obras de certa capacidade, quando muito poderíamos aceitar a sua locação, desde que por nós verificada nas suas partes básicas (esquadros perfeitos e comprimentos totais exatos).

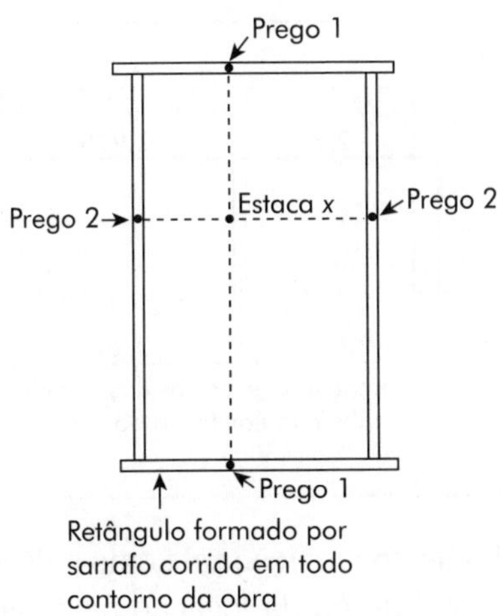

Figura 20.5

Ao marcarmos as posições das paredes, devemos fazê-la pelo eixo, para que se tenha distribuição racional das diferenças de espessura da parede, no desenho e na realidade. Nas plantas, é hábito desenhar as paredes de um tijolo com 25 cm de espessura; sabemos que, na execução, depois de revestida, apresenta a espessura de 27 ou 28 cm. As paredes de meio-tijolo aparecem nos desenhos com 15 cm e na execução com 14 cm. Ora, estas diferenças, que isoladamente são insignificantes acumuladas, já representam considerável modificação entre projeto e execução, caso não sejam distribuídas. A melhor forma de distribuição será a locação das paredes pelo eixo e não por uma das faces. Como exemplo, as Figuras 20.6, 20.7, 20.8.

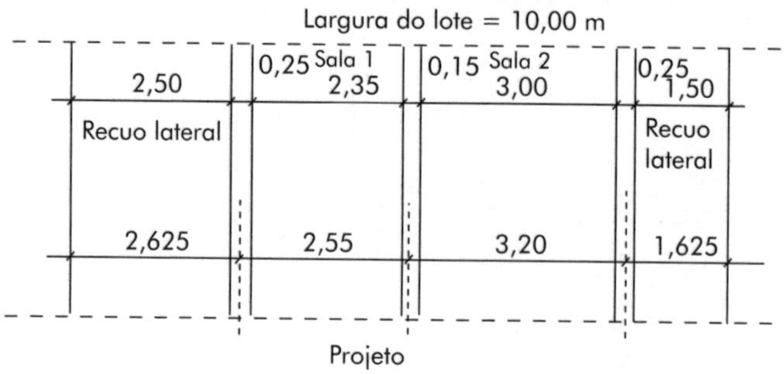

Figura 20.6

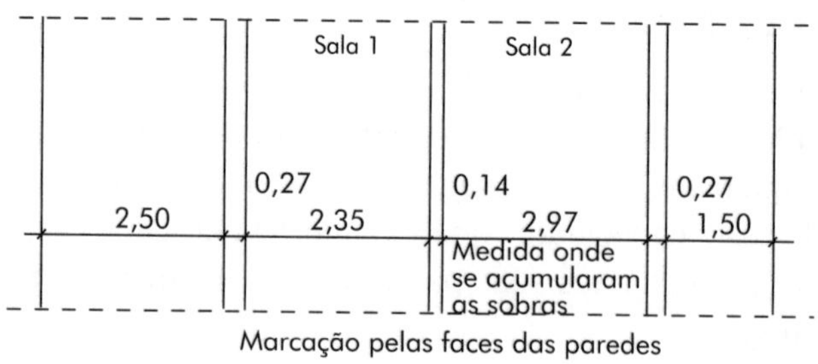

Figura 20.7

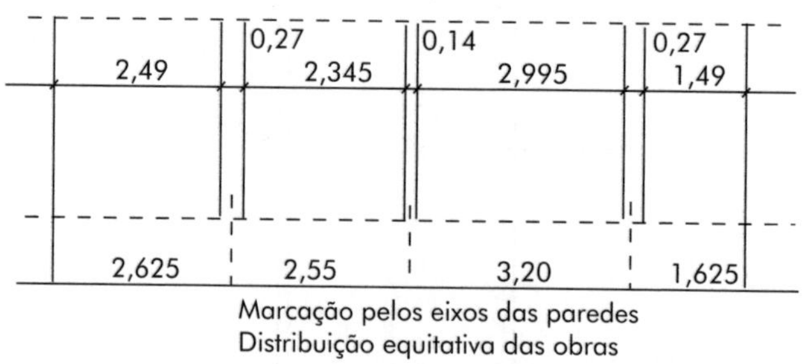

Figura 20.8

Na 20.6 aparece o trecho de construção tal como é desenhado na planta construtiva. A Figura 20.7 mostra o resultado da locação pelas faces das paredes e nota-se que a diferença total de 3 cm foi acumulada na sala 2.

Na Figura 20.8 aparece o resultado da locação pelos eixos, notando-se que a diferença de 3 cm total foi distribuída pelas duas salas e pelos dois recuos laterais, de forma a não modificar sensivelmente o projeto.

Além desta vantagem, teríamos menor risco de confusão por parte dos pedreiros já que sabemos que todos os alinhamentos marcados representam o eixo das paredes e, portanto, colocarão os tijolos metade para cada lado. Marcando pelas faces, poderia surgir dúvida quanto a parede ser de um ou outro lado do alinhamento marcado.

Quanto ao processo de fixação dos alinhamentos no terreno, são conhecidos dois processos:

a) processos dos cavaletes

Os alinhamentos são fixados por pregos cravados em cavaletes. Estes são constituídos de duas estacas cravadas no solo e uma travessa pregada sobre elas. A Figura 20.9 mostra como o alinhamento da parede foi estabelecido por intermédio dos dois cavaletes opostos.

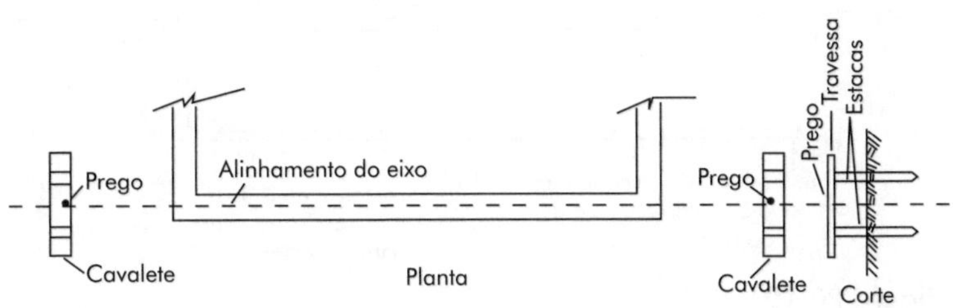

Figura 20.9

Deve-se, tanto quanto possível, evitar tal processo, porque os cavaletes podem facilmente ser deslocados por batidas de carrinhos de mão, pontapés etc. Deslocando-se o cavalete sem que tal seja notado, a parede resultará fora do alinhamento previsto.

Só se justifica o seu emprego em construção muito pequena, em que os alinhamentos permanecem fixados nos cavaletes poucas horas, porque logo são levantadas as paredes (construção de dormitórios de criada, garagem etc.).

b) processo de tábua corrida

Consiste na cravação de pontaletes de pinho (3″ × 3″ ou 3″ × 4″), distanciados entre si de 1,50 m aproximadamente, e afastados das futuras paredes cerca de 1,20 m. Estes pontaletes servirão mais tarde para erguimento de andaimes, sempre necessários. Nos pontaletes serão pregadas tábuas sucessivas, formando uma cinta em volta da área a ser construída. As tábuas deverão estar estendidas em nível para que se possa esticar a trena sobre elas. Pregos fincados nas tábuas determinam os alinhamentos.

Não há dúvida de que o deslocamento dos pontos marcados deste modo é impossível, e considerando que os pontaletes serão usados para andaimes, não haverá perda de tempo. É, pois, o processo ideal.

A locação deve ser procedida com trena de aço, já que é a única que nos merece fé. É proibido o uso de trena de pano, já que estica à vontade de quem a usa (pode-se empregar também trena de plástico).

Para perfeito esquadro entre dois alinhamentos, devemos usar o teodolito. Desde que se fixem dois alinhamentos ortogonais, com o aparelho os pontos restantes podem ser marcados com trena de aço. É hábito ainda, ao terminarmos a locação, estendermos linha em dois alinhamentos finais e verificar a exatidão do ângulo reto com o aparelho. Se o primeiro e o último esquadros estão perfeitos, os intermediários também estarão, salvo engano facilmente visível e retificável.

A Figura 20.10 mostra um trecho de construção locada pelo processo da tábua corrida.

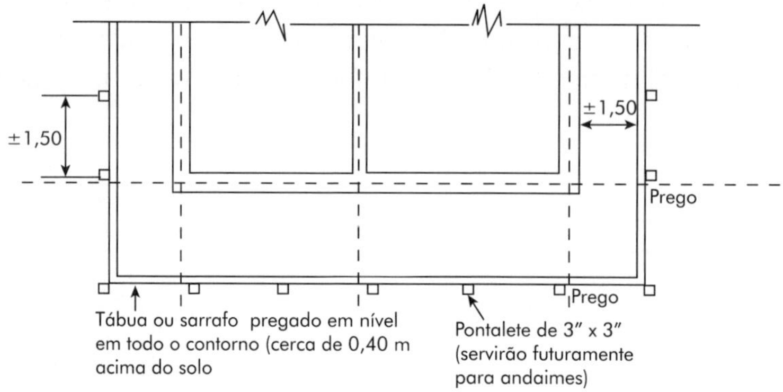

Figura 20.10

Desde que apenas o eixo foi demarcado, caberá ao mestre a colocação de pregos laterais que marquem a largura necessária para abertura da vala, do alicerce e da parede. A Figura 20.11 mostra um conjunto de pregos que 2 a 2 marcam com 20 cm a largura da parede (só tijolo, sem revestimento), com 30 cm a largura do alicerce (de tijolo e meio) e com 45 cm a largura da vala. Este último par de pregos pode ser dispensado, sendo que os pedreiros abrem a vala um pouco maior do que a largura do alicerce. Convém sempre recomendar que os pregos utilizados sejam sempre diferentes (menores) do que aquele que marca o eixo para evitar confusão.

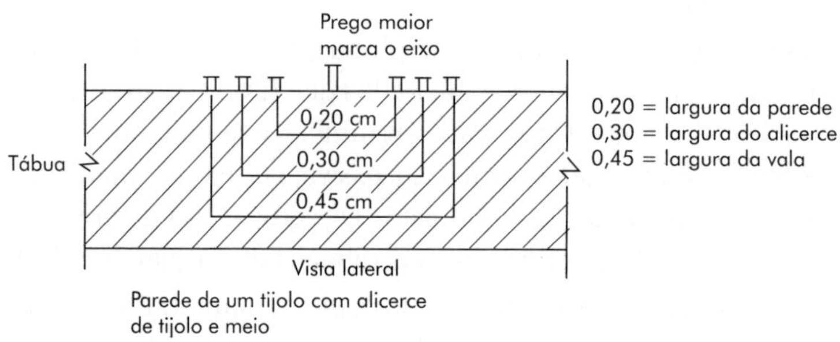

Figura 20.11

Geralmente, o engenheiro preocupa-se com a falta de exatidão na colocação da tábua estendida em volta da obra, quando esta colocação é feita pelo mestre de obras. Queremos mostrar num exemplo que esta preocupação é injustificada; em outras palavras: a falta de precisão nos ângulos retos e no nivelamento das tábuas não significa valor apreciável. Suponhamos que o mestre de obras ao colocar cometa o erro que aparece na Figura 20.12 em redor da área a ser locada, acertou em todas as medidas, exceto que na tábua dos fundos (10 m 30) errou em 3 cm. Vejamos qual a consequência deste erro na locação das paredes que aparecem na Figura 20.13: para não tornarmos a solução muito longa, vamos verificar quais os erros cometidos na locação dos eixos 2-2 (longitudinal) e C-C (transversal).

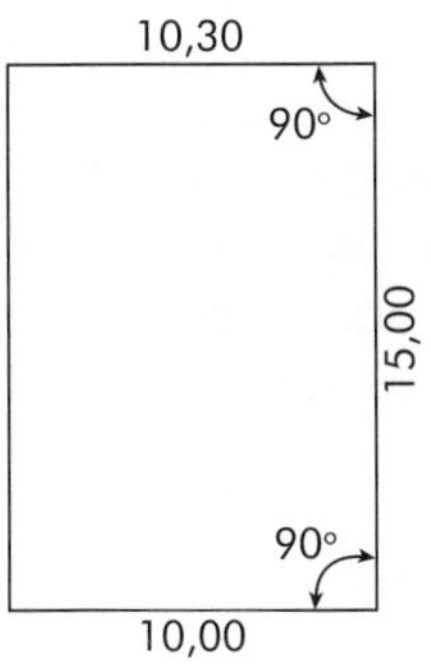

Figura 20.12

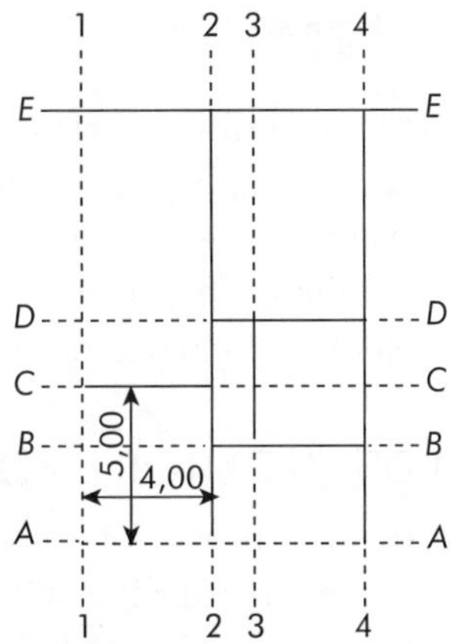

Figura 20.13

Solução:

- o eixo 2-2 não será afetado, não aparecendo portanto nenhum erro: isto porque ele será marcado a partir do eixo 1-1 e este, por sua vez, a partir do alinhamento lateral do lote, que nada tem a ver com a tábua lateral à esquerda, que se encontra mal colocada.
- quanto ao eixo C-C será afetado pelos erros que aparecem na Figura 20.14 (e_x e e_y); nesta figura vemos que deveriam ser medidos os 5 m ao longo do alinhamento SR, e, no entanto, foram marcados 5 m no alinhamento SM.

$$\frac{0,3}{15,00} = \frac{e_x}{5,00} : e_x = 0,10 \quad \text{o valor } e_y = 5,00 - \text{SR}$$

$$\text{SR} = \sqrt{5,00^2 - e_x^{\ 2}} = \sqrt{25,00 - 0,01} \quad \text{SR} = 4,9990$$

portanto e_y = 5,0000 – 4,9990 = 0,001 ou seja, apenas um milímetro.

Ora, o erro e_x = 0,10 não afetará o levantamento das paredes sendo a linha esticada entre os pregos C – C, sua posição somente será afetada pelo erro em y ou seja e_y = 0,001 (desprezível).

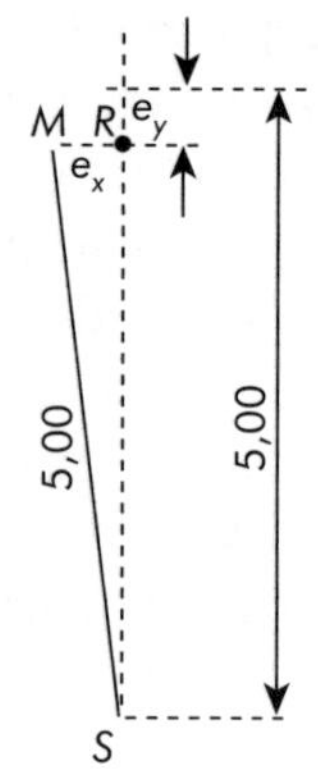

Figura 20.14

Isto mostra que a tábua corrida em volta da construção poderá ser colocada pelo mestre de obras, mesmo sabendo que serão cometidos erros nos ângulos retos e nos nivelamentos, já que o mestre de obras não possui os recursos (teodolito e nível topográfico) do engenheiro; ele usará o sistema 3-4-5 ou esquadro de pedreiro e o nível com tubo de plástico cheio d'água (vasos comunicantes).

LOCAÇÃO DE VIADUTOS E PONTES.

Os tabuleiros dos viadutos apoiam-se sobre pilares. Os eixos dos pilares são os pontos que devem ser locados. Na Figura 20.15 os pontos E e F são os eixos dos 2 pilares de suporte do viaduto, cujo eixo é a' b'.

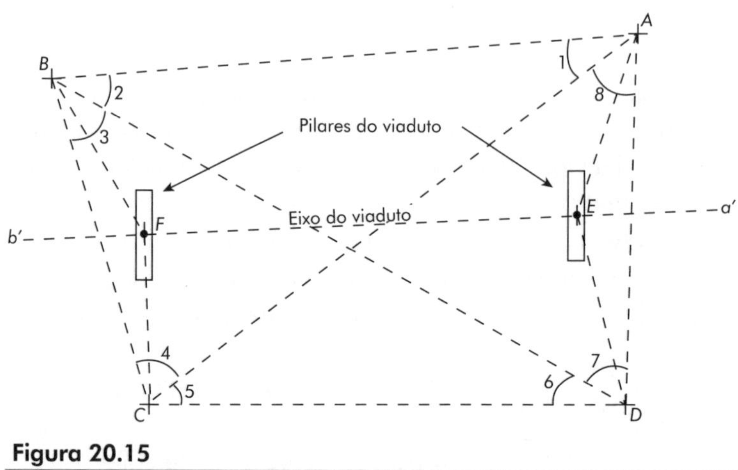

Figura 20.15

No local foram estabelecidas as estacas A, B, C e D, formando um quadrilátero irregular com visibilidade nas diagonais AC e BD. Um levantamento com teodolitos de segundos e distanciômetros eletrônicos pode estabelecer as coordenadas dos vértices

A, *B*, *C* e *D* com precisão milimétrica. No projeto do viaduto, os eixos dos pilares *E* e *F* devem também ter suas coordenadas estabelecidas com a mesma origem dos vértices de quadrilátero; com isso, facilmente ficam estabelecidas as direções e distâncias para que *E* e *F* sejam locadas a partir dos vértices também com precisão milimétrica.

LOCAÇÃO DE TÚNEIS

Os túneis devem ser perfurados simultaneamente pelas duas extremidades. Assim trabalharão duas equipes, acelerando os trabalhos. Também serão diminuídas as distâncias para a retirada do material escavado. Para que as duas equipes realmente se encontrem no ponto previsto, é necessário que as direções de perfuração sejam de alta precisão. Por isso deve ser montada uma triangulação com medidas de grande precisão. Para a construção do túnel de Heitersberg (Suíça), com cerca de 4.900 m de comprimento, foi estabelecida a base de triângulos da Figura 20.16.

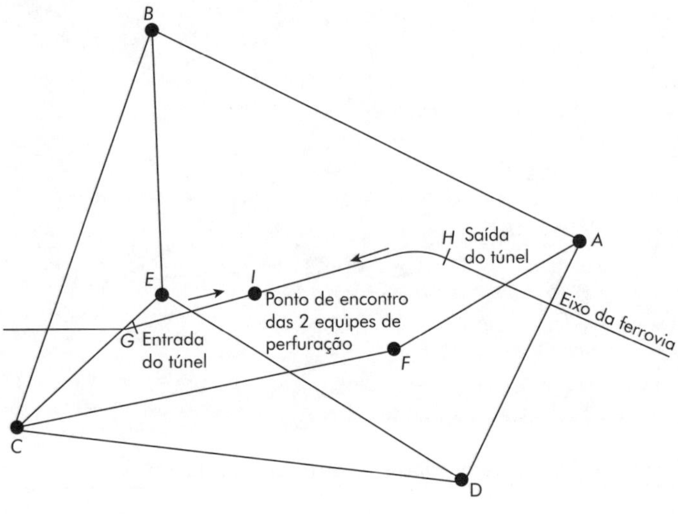

Figura 20.16

Esta descrição baseia-se em artigo publicado no Boletim n. 20 da Kern e Cia. S A. de Aaran-Suíça, com autorização do Instituto Topográfico Federal, de 12 de Novembro de 1973.

A ferrovia ligando Zurique com Berna, foi projetada com um túnel de 4,9 km na região de Heitersberg. Na região foram estabelecidos os marcos de referência *A*, *B*, *C*, *D*, *E* e *F*. O levantamento dos triângulos e quadriláteros foi efetuado com teodolito de alta precisão DKM-3 e com distanciômetro Kern Mekometer ME-3.000. As coordenadas dos marcos foram obtidas com um erro máximo de 1 cm. Desses marcos foram calculadas as coordenadas dos pontos *G* e *H*, entrada e saída do túnel. Com isso, o ponto I de encontro das duas frentes de perfuração foi determinado com um erro médio de ± 3,7 cm na longitude, ± 5,5 cm para desvio lateral e ± 1 cm na cota.

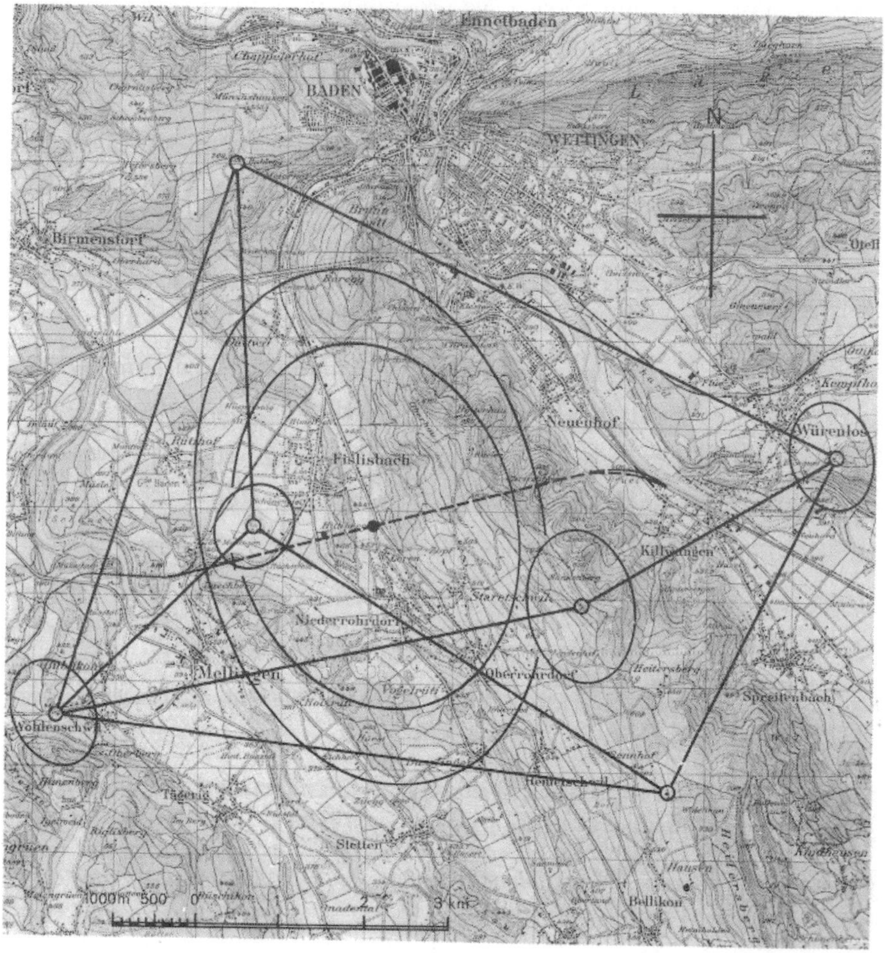

Figura 20.17 Rede de Heitersberg, elipses de erros em escala 1:1.

Bibliografia

A.A.S.H.O. *A policy on geometric design of rural highways,* American Association of State Highway Officials.

A.A.S.H.O. *A policy on design of urban highways ande arterial streets,* American Association of State Highway Officials.

DAVIS, Raimond E.; Francis, S.; Anderson, James M.; Mikhail, Edward M. *Surveying--Theory and Practice,* Mc Graw Hill.

HICKERSON, Thomas F. *Route Location and Design,* MC Graw Hill.

IVES, Howard C. *Highway Curves,* John Wiley & Sons.

KISSAM, Philip. *Surveying for Civil Engineers,* Mc Graw Hill.

OGLESBY, Clarkson H.; Hewes, Laurence I. *Highway Engineering,* John Wiley & Sons.

SCHMIDT, Milton O.; Rayner, William H. *Fundamental of Surveying,* D. Van Nostrand Co.

SMIRNOFF, Michael V. *Measurements for Emgineering and other sur-veys,* Prentice-Hall, Inc.

SOUZA, José Otávio. *Estradas de rodagem,* Nobel.

TENRYD, Cari Olof; Lundin, Eliz. *Topografia y Fotogrametria en Ia practica moderna,* C.E.C.S.A.-Compania Editorial Continental S.A.

XEREZ, Carvalho. *Topografia Geral*, Vols. I e II, Técnica-Lisboa.